U0175789

致空间

Arata Isozaki

[日] 矶崎新 著

赵仲明 刘琳珂 译

九州出版社 JIUZHOUPRESS | 全国百佳图书出版单位

图书在版编目（CIP）数据

致空间 /（日）矶崎新著；赵仲明，刘琳珂译. ——
北京：九州出版社，2023.1
　　ISBN 978-7-5225-1498-7

Ⅰ.①致… Ⅱ.①矶… ②赵… ③刘… Ⅲ.①建筑设
计-研究 Ⅳ.① TU2

中国版本图书馆 CIP 数据核字（2022）第 230166 号

KUKAN E
by ISOZAKI Arata
Copyright © 2017 ISOZAKI Arata
All rights reserved.
Originally published in Japan by KAWADE SHOBO SHINSHA, Publishers, Tokyo.
Chinese (in simplified character only) translation rights arranged with
KAWADE SHOBO SHINSHA LTD. Publishers, Japan
through THE SAKAI AGENCY and BARDON-CHINESE MEDIA AGENCY.

版权合同登记号 图字：01-2022-7175

致空间

作　　者	（日）矶崎新 著　赵仲明　刘琳珂 译	
责任编辑	周红斌	
出版发行	九州出版社	
地　　址	北京市西城区阜外大街甲 35 号（100037）	
发行电话	（010）68992190/3/5/6	
网　　址	ww.jiuzhoupress.com	
印　　刷	嘉业印刷（天津）有限公司	
开　　本	787 毫米×1092 毫米　32 开	
印　　张	16	
字　　数	258 千字	
版　　次	2023 年 2 月第 1 版	
印　　次	2023 年 2 月第 1 次印刷	
书　　号	ISBN 978-7-5225-1498-7	
定　　价	78.00 元	

CONTENTS **目 录**

城市破坏业KK

你们切莫嗤笑这一奇特的行业。这家公司的存在是极其认真的。它一边飘浮在东京中心部的上空，一边伺机潜入你们生活的缝隙。

我通过朋友S先生的名片第一次知道了这家公司的名称。S先生曾经是该领域有名的"杀手"，现在已经金盆洗手，成了"城市破坏业"这一公司的创始人。他为何要当"杀手"，原因不明。我只知他有一句口头禅——"这是来钱最快的买卖啊"，对此我也无意深究。不过我觉得比较遗憾的是，当我对他说如果把那些对城市规划和城市设计不敢有所作为的胆小的日本建筑杂志的编辑片甲不留地全部"抹去"，那么我们在城市设计上倒还有施展的余地，这时他轻轻缩起脖子，便把这张名片递到我的面前。这举动看上去是希望我们合作，实际上却是让我进他的公司。

放弃"杀手"职业，是他深思后的选择。准确地说，是由于出现了一个日日夜夜伤害他职业良心的怪物。S有着所谓的艺术家气质，不，应该说是显著的匠人气质。比如无论是面对只有十几个部下的小老板，还是面对部长级的实权人物，一旦交易成立，他便毫不留情地将之"抹去"。长期以来，在制订、实施缜密的计划和处理"尸体"方面的出色表现，构成了他的设计本身。既无弗兰克·劳埃德·赖特的附庸风雅，也没有勒·柯布西耶的故弄玄虚，只是不断地将"抹去"变成"现实"，也许他是为数不多的在这一复杂的图景中玩味"空"的概念的人中的一个。然而，他突然发生了一百八十度的转变。

他绝望于陷入职业的相对困境，一边体验着自尊心的挫败带来的异乎寻常的苦涩，一边向着新的事业蜕变。

是什么样的契机令他蜕变？这对我来说是个颇有意思的问题。他摊开手中的报纸给我看：

"昨日交通事故，死者 5 人，伤者 89 人。"

也就是说，在"杀手"行业中，现代文明已经取代了个人。包括交通事故在内，无数非故意杀人事件的增加，尤其在人命的估价不值一百万的当时，行业市价下跌，使他的职业相对受到压迫，导致他的自尊心受损。据他分析，那是现代文明的必然产物，其物理上的支撑，便是所谓的"**城市**"。城市才是"杀手"中的"杀手"，最坏的是它隐姓埋名，是不负任何责任的匪夷所思的企业。他说，要再次将"杀手"业打造成艺术，创造出一个以富有人性的行为为乐的时代，当务之急是破坏这缺乏人性的城市。他的公司将尽一切可能去破坏城市。尤其是像东京这样的城市，它不是已经濒临毁灭了吗？用建筑来类比的话，你只要把它想象成一栋废弃的房屋即可：它地基腐烂，墙皮脱落，水管生锈堵塞，无数根房柱勉强支撑它的躯体，它已不复昔日的美丽，林立的墙柱和墙沿打满补丁，漏雨导致污痕斑斑驳驳。就是这么一栋废弃的房屋，却被华丽地装饰起来，它"杀人"，散发着热气腾腾的能量。它是濒临毁灭的巨大怪物，实施着罪大恶极的非意图性、不可避免的人间大屠杀。他说，这样的城市应该尽快破坏掉。

对于把城市将死亡之重置之脑后，S深感不满，不，实际上这不满来自其职业发展上的不如意，于是他图谋破坏城市。心怀艺术且是"人类屠杀"赞美者的S，志在挑战我们的城市。

我感到神奇的是，S 手上的公司创立意向书中，仅明示了我们概念中的方法——目的是破坏，且只写了方法的探究和执行组织的建立。不，S 是诗人，或许同样是诗人的人所特有的自负能够帮助他们理解他的真实意图，又或许，现在只有对方法的讨论才具有意义，实像只存在于方法中，投身于方法时才有存在的明证，目的和宗旨不过是虚像。不，更为重要的是，"杀手"只关心手段，更明确地说，他们只诉诸行动。其他的一切附属物必须舍弃。

城市破坏业 KK 创立宗旨及业务内容书

本公司旨在彻底破坏性质恶劣、反复实施"人类大屠杀"的大都市，建设易于优美且快乐地"杀人"的文明，为达成目标而实施的各类所需业务概述如下：

（一）物理性破坏

运用人力、炸药、原子弹、氢弹等各种手段破坏建筑物、道路及其他城市设施等。

（二）功能性破坏

通过有组织地拆除交通标识等手段促进交通混乱，

奖励违规建筑，向水源投毒，扰乱通信设施，彻底废除区町名称及地番制[1]，立刻全面实施法定城市规划。

（三）图像破坏

鼓励建立乌托邦式的未来城市的提案，大量建设公团式住宅，用以改造城市，解决住房难问题，消灭包括交通事故在内的各种城市灾害。

在集中精力进行以上破坏行动的同时，逐步添加各种新的创意。

你们尽可以嗤笑 S 的决心。你们热爱这个城市，沉醉于其亲切的笑容中，并源源不断地建造美丽的建筑。你们注定和 S 的雄心壮志无缘。S 大概会说，他从你们美丽的作品中感受不到诗意吧。最重要的是，S 想继续他的那事业。S 与你们是"无关"的。

我和 S 对这家公司的业务内容进行分析讨论，并非因为我有志于城市设计，而是因为和 S 是朋友。讨论中，我和 S 的意见交织在一起，难分彼此，最后终于得出了几个结论。

---

1 对土地进行编号的等级制度。

究竟能否对现代城市进行物理上的破坏？你们可以回想一下十七年前的东京，不，回想一下十七年前的广岛。它比废墟更甚，近乎于无。曾经被认定为七十年内人类无法居住的这片土地，如今已经拥有了远远超出战前的物理性实体，这是无法否认的事实。"No more Hiroshima"[1]，它如不死鸟般重生了。好吧，那时候谁都没说过要破坏城市，现在他们也不会说。作为物理性实体的城市，最初并不存在。

城市是被抽象化了的观念，只是市民基于相互间的契约和实用性而构筑出来的**虚像**。这一虚像代代相传，只有该传承过程是城市的实体。你试一下烧毁自家房屋、掘地三尺，你会记住这一场景，还有人会记录下来。你肯定拥有对你家房屋细枝末节的记忆。只要不忘却、不死，就不会出现文明的断绝。话虽如此，但我并非是在将核战争正当化，核弹拥有同时葬送实体与观念的能力，它会带来毁灭。

或许 S 脑子里对于城市的理解过于简单。可以说，城市正是通过市民基于自卫而建立的复杂的反馈机构加

---

1 该口号诞生于反核武器运动，意为不要让广岛的悲剧再次发生。

以维系的。反馈机构微妙的互相牵连，使 S 列举的那些功能性破坏得以完全修复。

不过，如果立刻全面实施现有的针对日本各城市基本情况制定且获得法律认可的法定城市规划，说不定会引发一场大变革。正是因为经常摆脱不了沦为一纸空文的命运，这些城市才幸存至今。如果那些规划图纸都实现了实体化，市长大概就会下台，议会会陷入混乱。这些法定城市规划遭到拒绝不是因其革新性，而是因其不切实际且落俗套。按规划实施试试，一定会令城市陷入混乱，能量迅速枯竭，僵化不堪。不得不说这是破坏城市的最好手段。日本法定城市规划方案的制定者们从未想过规划能得到认真落实，因此他们三下五除二就将其法制化了。

S 认为，无论是"东京湾海上城市"还是四人委员会制订的"首都搬迁至富士山山麓计划"，都非常精彩。S 所说的精彩，实际上是指合他的心意，他说那计划可能有助于破坏、毁灭东京。了解进化论的人应该都知道"**定向进化**"规律。面对环境的变化，生物通常会发生活性的形态变化，以实现进化，但有时也会发生与环境无关的变化，单纯出于内在原因而向一定的方向进化，用 S 的话来说，这个时候的大东京改造计划，必然带来定向进化。这就好比大象。大象的鼻子最开始并不长，由于身体不断变大，鼻子也随之变长。他说，东京湾上突起的城市轴，就相当于大象鼻子的延长。这种形态学上的类比过于牵强。他更极端的断言是，恐龙身长近二十米，且头部和腰部两个地方均有大脑。用富士山来分化城市的中枢功能，就好像一亿五千万年前的恐龙那样，一个时期内也许能被巨大的身体所控制，最后却只会走上灭绝的道路。他认为，不管是大象鼻子还是两个大脑，采用任何一种规划，东京都将成为一座废都，空想似的提案会越发加快东京毁灭的步伐。

按照他的说法，我所参与的那些改造计划都会导致毁灭。我认为，经由物理模式的提案必然毁灭，**只有充分理解这种毁灭，才能刺激这座城市焕发活力**。针对我的意见，他冷笑着说："你太偷懒了，你应该在提案后立刻付诸行动。"他还说："即便如此，由于职业良心不允许，你只能提出乌托邦那样的提案。"事实上在我看来，他急于实施的"城市破坏业"并不具备促使城市繁荣，从而满足他作为艺术家设想的那样的功能。从现在的建设城市、更新城市、改造城市等口号的空洞性，还有现实中对东京的政治操盘上来看，东京变得越来越像纸糊的小道具，上面不断被蜘蛛网所笼罩，不过，在这种状况下，考虑"破坏"这一方法确实存在其现实性。

S不是职业的城市规划师、城市设计师，也不是建筑师，他充其量只是一个"杀手"，正因为如此，面对这个城市的状况，他表现得十分乐观。由于他从事的工作**存在抽象性、非现实性操作的可能性，所以能够产生一些构想**，而我出于职业习惯，与实体的生产关系密切，因此我会提出具体方案，建立具体对策，在深入推进落实的同时，便越发感觉实施的不可能性。我的朋友S恐怕也是因此创立了他的公司，也因此再次和城市产生了联系，明白了具体规划的不可行性，我加入他的公司成为一员，或许能给我的具体提案盖上一层非现实的面纱。不过，我们的讨论最终还是出现了分歧。

他认为我胆小，我说他不知天高地厚，我们给彼此贴标签，从中获得些许满足。

他的名字叫SIN，我的名字，正如我的署名，叫ARATA[1]。这家公司到底能否经营成功，我也无从得知。

---

1 "SIN"和"ARATA"都是作者名字中"新"字的读音。

附记

这篇"城市破坏业"是我为 1962 年 11 月的《新建筑》杂志撰写的卷首文。或许编辑部认为这是一篇不严肃的文章，又或许觉得它很危险，因而没能做出正确判断，进而得出此文不适合放在卷首的结论，而是采用小号字将它插入卷末铺天盖地的广告页中印刷出来。或许这算得上是一种颇有讽刺意味的做法，对于拥有最大发行量的杂志而言，这一幽默的处理方式在职业规范优先的日本建筑界应该是理所当然的吧。

总之，这篇文章被各类广告淹没，几乎不会进入读者视野。近几年来，看到世界上各城市所发生的事件，我更觉得那个时候的构想具备现实性。虽然并未发生公害问题、大学解体、机场被占领等事件，但城市中充满这种预兆。在将我个人对这种状况的记录集结成书之际，不仅可从广告页中将它发掘出来，还能让它重返卷首，我觉得这个选择很不错。

1960

1960 年，对于我而言意味着一种生活的结束。

是年 6 月，我义无反顾地全身心投入安保斗争中，在国会议事堂周边绕了不下几十圈。然而，很难说我的行为有明确的目的，或是基于合理的判断。

这种投入，在 20 世纪 50 年代以来的学生生活中，无论是在日常生活上，还是在思想上或者在政治行动上，尤其是在对建筑师工作的信念上，都没有达到充分燃烧的状态，因此这次投入，可以说来自焦虑和叛逆。

不久，我所属的丹下健三研究室启动了"东京规划1960"，自此我再次感到了和安保斗争时同样的能量燃烧。结果，从第二年开始的两年时间里，由于长期睡眠不足导致过劳，肉体和精神不断消耗，最后不得不蛰伏在家休养。

就这样,我告别了 30 岁前的生活。

这次休养,也是我预测自己将从丹下健三研究室所负有义务的工作中脱身的过渡期。因为从两年前开始,我就萌生了终于可以开始自己独立工作的想法。大分县医师会馆的设计早在 1959 年业已完成,完成时所写的说明文是"象征的重生"。20 世纪 50 年代,涵盖了我学生时代的一切,当时我是如何受困于 CIAM[1] 魔咒的,这篇文章中便有涉猎。

1960 年,安保斗争达到高潮的一个月前召开的世界设计会议可以说开创了日本战后建筑、设计史的新纪元。这次众多中坚领导阶层聚集一堂的会议,较之具体内容,更多的是在组织过程中回应 20 世纪 60 年代经济高速成长期的需求。该次会议,在从设计者们的发言中挖掘可能性的同时,开始显示出日本对世界的影响。新陈代谢派[2] 的出现最具象征性。这个组织内首先出现了对

---

1 "国际现代建筑协会"的简称。

2 新陈代谢派是在日本著名建筑师丹下健三的影响下,以青年建筑师大高正人、槙文彦、菊竹清训、黑川纪章及评论家川添登为核心,于 1960 年前后形成的建筑创作组织。

未来的乐观提案和对科技的绝对信赖。

从城市和建筑的关系中寻找新的逻辑，是我当时的问题意识所在，因此，我自然非常关注新陈代谢派的各种提案，这一切发挥了将我从 CIAM 的伦理观中解放出来的巨大作用。

作为对这些外部事件的反应，我写了两篇具有互补性的文章，即《现代城市的建筑概念》和《现代城市的空间特征》。夸张地说，我试图通过这两篇文章，脱离近代建筑的陈旧规范。在我的记忆中仅凭如经典般灌输给我的正统的近代建筑的伦理与我日常生活中如切肤般的感觉之间的违和感，经过十年已经完全常识化的概念被一个个地抽取出来。让我惊讶不已的是，今天它们尽是一些常识性的结论。

我的基本意图是提取现代城市所表现出的不定型性，或者说不确定性，以及包括这些在内的变化过程的特征。在我的脑海里，城市越发呈现出熔融状态，不断变化的城市建筑所被赋予的意义，必定被放大。作为通过建筑物对城市这一外部的表象功能加以确认的过程——"象征体的重生"，理所当然地令我对支配城市空间的标识产生了兴趣。同时，我也开始注意到波普艺术的有悖常理的图像的复活，以及广告物对建筑的不断入侵。"为了广告建筑而存在的广告"就是基于对该状况的认知的城市景观论。

　　我开始对城市、建筑美术、科技等领域日常般地关注起来，我觉得"孵化过程"在我的个人意识里以最初的发生状态定格了下来。尽管对于意义的双重性、暧昧性、多义性、二律背反、反问性、悖论性、过程性、消亡性可以有各种解释，对我而言，这一图解和短文，却在无形中成了证明我的自我存在的原型。我感到力竭、颓废、绝望。为了抵达这一荒芜的目的地，恐怕我必须脱去迄今所有生存的表层部分，来一个肉体上的脱胎换骨。我从这一刻起开始了建筑师的人生。

现代城市中的建筑概念

状况之一

在近代建筑运动中，功能主义带来了一场城市和住宅的革命。1930年勒·柯布西耶宣称："对建筑革命已无可赘述，它已经完成，接下来将是城市革命。"在他倾注毕生心血实施的几个项目中，第一次亲手完成的是20世纪50年代对印度的昌迪加尔进行的规划。

对昌迪加尔的规划相当于在尚未开垦的荒野上建设一个首都，这与当今世界上大部分城市的情况大相径庭。这种城市规划所采用的设计手法甚至可以说是19世纪以前的，而非现代的。柯布西耶的数个代表作品也因此被定格在19世纪的舞台，只有这种定格才是从城市暴力中捍卫杰作的有效手段。

我们的城市的骨架基本上是中世纪或近代式的，这么说绝非夸张。它基本上由放射状或方格形的平面道路模式构成，用这种道路进行分割的区域就是建筑的户口所在地，建筑从此扎根于此不再离开。

采用中世纪或近代式的城市骨架意味着该城市是由资产阶级建立的。日本的城市同样如此。从结果上来看，日本城市所有的细分化都做到了极致。我们可以在东京看到数不胜数的房屋，那一家一户正在变成所属资本制的单位，这正是现代日本城市的发展趋势。我们可以想象一张由各种复杂所属关系编织成的巨型网络，现代的所有建筑均存在于这张网下。然而，只要问题还在建筑身上，且不论功能主义，我们就可以断言："建筑的革命已经终结。"因为如果放任过去那种形式的城市自行发展，建筑就可以一个个走向完结。

现在的城市疲敝、混乱，急需一次大换血。战后重建时，城市内部开始再开发，必须从建筑与城市的关系中确认其存在的条件。极端地说，迄今为止的建筑擅自创造了一个世界。在土地限定的范围内，建筑物独自称霸，这在今后或许依然不会改变。我们并非生活在中世纪——只需要住在别墅里考虑和大自然的关系。站在当下的建筑面前，我们看到的将是它与其他建筑重合在一起的图像，这便是城市景观或印象。建筑在城市中是多重的。除了城市规划上的限制，土地被分割、建设主体与目的迥异的各类建筑物，并没有意识到追溯其他条件的必要性。它们由各自为政的建设活动所支撑。我们必须从被分割、独立、无关联、各自为政的建设活动出发，从时间上也是并不确定的连续的事实出发来认识现代城市。

现代城市的建筑拥有各自独立的体系，换言之，它们是城市的构成单位，在整体上可以理解为是不确定的、不定型的活动的连续。

但是，当再开发提上日程，将建筑仅仅视为过去那种小单位现象是不够的。至少，一定的路线、一定的范围、一定的地区将成为全面开发的对象，建筑不再只有左邻右舍，无数个群体开始与整体相关联。

如果将再开发设计视为城市设计的一部分，那么城市设计也可以被看作将多个建筑或建筑群结合起来的手段。对我们来说，当务之急是寻找这种应对各个条件的设计方法。

状况之二

下面我从现代城市建筑最原始的状况开始分析。

例如，日本的聚落。各种独立的建筑聚集成群，呈现出"抱团"这一最原始的城市形态。虽然它几乎由同等单位的住宅构成，但聚落是自然发生的，形态不定。不定型不意味着不统一。将聚落整合起来的是其内部复杂的人员，以及用以通车的小道等系统，这些小道最终在中央街道会合。

建筑作为构成聚落的单位，多数情况下具有一定的形式，比如日本传统的大和民居，中央有庭院。各户千姿百态，规模和主题也各不相同。这些民居群的布局由朝向决定，正屋及数间侧屋将中庭围在中央，经由小道连接，这种模式化的各个单位的存在，使得聚落的整体形成统一感。需要注意的是，这种典型化的模式并非规格上的单调。典型化的模式，和整个聚落联系在一起时尤为重要。

这种带庭院形式的住宅群落，同样出现在中东的街道上。由于这些建筑是民居，所以并不具备一定的规模。独特的群落形成形态不定的集合体，构成中东街道的基本景观。与日本的聚落一样，是狭窄的小道将这些群落一个个都连接起来。在波斯（今称伊朗）的街道上，人们为了走路时免于暴晒，总是将这些小道建在背阴处并相互连接起来。

在这些非现代的住宅群落中，建筑物即为整体的一个构成单位。而且在同一时代同一地区的条件下，它们各自拥有典型化的单位。我们常说的城市，便是这种经过单位化的建筑的集合现象。

这在现代城市中也完全相同。相比民居，纽约街道上的建筑单位大得异乎寻常且毫不统一。虽然如此，但由于土地被有规则地分割，制约着建筑，建筑物作为单位仅仅是街道的一个部分。不管是利华大厦，还是西格拉姆大厦，都被埋没在街道摩天大楼的丛林中。这实证性地证明了：这些现代建筑中引人注目的作品，只不过是纽约街道的一部分，既非象征，亦非中心，只不过是一个构成元素。

过去，将街道上各建筑群联系起来的是道路系统网。这一点，只要看一下最近幸免于开发的街道便一目了然。例如，在沿街发展较好的街道上，你会发现其视觉中心是一条贯穿整个街区的道路。这种集合而成的民居群落，正是由一条道路统合着全部功能。我们因此能够理解，以 20 世纪的视角来看，道路的存在同时彰显了城市的重要功能与表现方式。

在此，我们首先必须确认一个众所周知的常识，即道路的存在是为了将单位化的建筑在视觉上、功能上加以统一。正如前面所述，建筑是一个单位，由形态不定的群落构成整体，成为城市的一部分。换句话说，它既是一个整体的组成部分，又是一个独立的小宇宙。在这种双重结构中，存在着城市建筑的基本矛盾。而且，正如之前给出的实例，以道路为代表的城市设施将单位建筑连接起来。在这种连接系统中，有着规约城市建筑双重结构的关键点和基本出发点。因此，现代城市的矛盾，一方面存在于以道路为代表的城市交通系统、服务系统的变化之中，另一方面存在于每个建筑物内部的活动的拓展中。在人们认清了上述的两个侧面后，便诞生了城市设计。

中世纪的广场是为了应对人流巨大的活动而建立的，虽然不需要和道路一样处理交通问题，但为防止人群的滞留和拥堵，就得建立新的城市设施和功能。因此，道路依据人的不同需求，发生了诸多变形，引起了质的变化。

比如日本随处可见的拱廊商店街。沿街商店前装有拱顶，遮住人行道。人行道不再是简单的平面，还加盖了遮阳的屋顶，这也是对道路进行立体的建筑式处理的萌芽。在已经失去京都商家那种典型化形态的现代日本繁华街道上，拱顶巧妙地统一了建筑样式各异的沿街商店。

前面这些例子都逃不出 20 世纪的范畴，而使现代城市和近代城市彻底撇清关系的是汽车。机械时代为城市带来了超越人类自身极限的速度。最初是火车和电车，将速度集约化，使规划性成为可能。开设一定的线路，也使得人类占据更大的空间成为可能。但是，随着私家车的大量出现，这种速度分散至城市的全域。速度的分散驱逐了人类。可以说在现代城市的地表上，这一超人类的活动，和人类的活动相互交织，存在于压迫人类、制造纠葛的最中心。

汽车专用的高架桥也开始入侵城市内部。我们可以从个人的角度规避将汽车用作城市的主要交通工具。但是，尽管我们手握汽车数量增长趋势的数据，却没有人能够准确预言汽车将失去城市交通工具的资格。因而我们不得不把汽车的导入视作现代城市变革的手段。讨论的重要契机就在这里。

汽车对现代城市的入侵，就好比日耳曼入侵罗马帝国。曾经的蛮族在消灭罗马帝国的同时，也使古代城市毁于一旦。现在，有史以来的第二次重大变革即将在城市登场。变革的契机是机械的诞生，具体而言是汽车的运用。

方法之一

我们身为建筑师，必须将这种对状况的认知转化为创造新型城市和建筑的具体方法，拥有方法化的认知才能参与现实变革。因此，这里要谈论的是有效的方法。

概言之，我们认识城市建筑现状的出发点是：每个建筑都是以单位来建设的，整体上它们的集合体往往是不定型的，这种不定型性通过内部一定的系统连接起来，而该系统必须能够承受长期的变动。不定型性和建筑的设计联系在一起，换句话说，内部系统和城市设计密切相关。

20世纪40年代之前的现代建筑运动的发展，是在机械美学的支持下由功能主义走向形式化的过程。《雅典宪章》并没有规约视觉设计，但它在五十年后发挥作用，使城市内部的建筑陷入一种固定的程式。这是因为形式的产生，偏向于几何学的构成，并偏向于预设结果的定型化的静态设计方法。

观察城市中一定的区域就能明白，现实中的建设活动并非畅通无阻。在经过划分的日本城市里，试想一下，相邻的建筑无论是在数量上还是在高度上都是未知数，是不确定的，彼此建在相邻的位置上纯属偶然。进而，有关建造的顺序、有关拆迁的时期，决定性因素也几乎无法确定。个体建筑所包含的偶然性和不确定性从本质上决定了现代建筑的特征。

这种偶然性和不确定性也可以用来考量一栋建筑，比如内部功能的变动、设备的发展和变更，等等。通常认为，建造灵活的空间，从技术层面入手，就能解决这些问题。不过，单纯的灵活性无法应对功能在质和量上的变动，我们必然考虑建筑的成长。

建筑内部空间和设备的成长问题，大概会和设计未来建筑的方法产生密切的联系。在此，我想展示一个有意识地以城市性意义为前提开展单体建筑，从而对设计加以定型的例子。

马里奥·加尔瓦尼和卡洛深刻意识到了这种不定型性，从而全面制订了里维埃拉的住宅群规划。该规划将单位居室在峭壁上按一定系统进行堆积，粗看随意无序，实则其搭配方式能够形成几种组合。他们将过去平面式的形态不定的住宅群变成了垂直的住宅群。

进一步彰显民居住宅群的垂直化实感的是安德雷·沃根斯基、乔治·坎迪利斯、沙德里奇·伍兹等人的规划。他们将卡斯巴立体化，通过新技术改造本土居住形态以适应现代条件。

　　约恩·乌松的城郊住宅地规划，并非立体化设计，而是以等高线为基础的配置。住宅单元是由砖墙围起的一个正方形，内部带有院落。这种单元之间的连接，从本质上而言直接与自然地貌结合在一起，它整体的空间呈现非常具有个性。在此，经过整理的单纯的单元住宅，以及这些单元住宅的不规则的组合样式出现在设计者的意识中，他们建立起个体和整体结合在一起的系统，融汇在他们富有个性的方法中。

　　由此我们可以理解，这几个实例分别指向几个不定型的造型。在不断重叠、反复中展开的不定型模式是现代城市的反映。对于需要时时关注现代建筑现象并试图将其实体化的作家们来说，不定型性才是设计的基本要素。只要不定型性始终存在，建筑便不可能跃出城市不断扩张的边界。换句话说，只有发现了包含在不定型性中的系统，与现代城市相应的设计方法才能得以确立。

方法之二

　　那么，何谓包含在不定型性中的系统呢？在城市设计中，它与城市设施密切相关。前面已经给出了几个道路发挥作用的例子。

现在，我们重新探讨道路的功能，扩充、丰富其概念，通过再开发的举措，将存在条件不断变化的城市建筑和新系统连接起来。

在 S 市中心地带的再开发规划中，针对住宅区的开发，我们提出了一种网格系统方案。除了中心地带，其他区域同样如此，不管是公共住宅还是个人住宅，最大的问题都是如何获得土地。土地无法预先一次性收购。于是我们想出了一个办法——收集由于寺院、工厂迁移或区划整理造成的过小住宅地，从可能的场地着手建设。因此土地总是不定型的，并且经常伴随着扩张的可能性。对此，必须考虑一种既拥有小单位的整块场地，又能构成整体社区的系统，一个内侧为 20 米 ×20 米的网格结构系统，除汽车外，集合了连接社区内部的所有动线、人、自行车、各种设施的管道等，小道上方覆盖着屋顶，有时这个两层的平面还会成为通向高层的通路。

网格系统内部的土地是自由的，有些属于个人，有些可按规划建成公共住宅。只要满足一定的日照条件，高度也是自由的。设计成什么样更是出于居住者的自由，这恐怕会给人造成形状不定的印象。不过，这个系统无疑能够保证内部的自由，在将建筑作为城市的一部分进行连接和规范这一点上也是毫无疑问的。系统将各自独立的建筑归置于同一整体。

新宿淀桥净水厂遗址的提案则赋予这个系统更加复杂的内容。这个提案里计划对一块 520 米 × 360 米的空地皮进行系统性开发，并不是再开发。但是，从现有的条件可以推测，上层部分计划建设的办公室群，经过很多分割，和一般城市办公室相同，零零散散的建设和活动还会持续下去。为了提高地下停车场的效率，建造了一个圆心之间的直线距离为 40 米、直径为 12 米的垂直交通核心筒，这就是节点核心区。底层部分为圆形，通过节点核心区的张力向外弹出。再上层的楼面，在核心区与核心区之间，通过立体构架的横梁将空间横悬其中。根据设想，其内部建有办公室、宾馆等设施。这一地区的整体是通过垂直节点核心区的配置决定的，我将它称为节点系统。

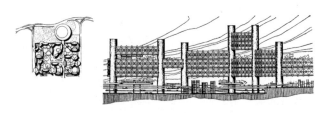

图 1　新宿淀桥净水厂遗址开发规划　矶崎新　1960

从根本上决定新型城市形态的，是前面提到的行驶车辆的道路。就这样下去的话，高架公路恐怕会像撒网一样将城市吞没，这正在变成无法否定的事实，并且在持续发展。

几年前，在西银座建起的名为"高速公路的建筑物"和利权问题纠缠在一起，成为众矢之的。如果我们从建筑物的建造与城市的关系上加以考虑就会意识到，它包含着无法忽视的内容。虽然它扭曲了道路的功能，但它显然已是一种与道路合为一体的建筑，实际上它的实绩超乎我们的想象。进而，高速公路和建筑结合，在东京都的心脏部位，高架铁道拔地而起，出现了最具现代规模的建筑物。即便是巨型建筑，与这一道路建筑相比，也不过沧海一粟。据称白天容纳多达1万人的大手町大楼[1]，也仅有二三十米高。

这意味着出现了一个能够应对新型城市发展速度的建筑物。不过，这个道路建筑并未超出一个现象范围，因为它还不具备与周边建筑的存在条件相互融合的系统。

银座的这种道路建筑同样出现在斯密逊夫妇及日格

---

1 位于东京都千代田区大手町1丁目的大楼，建于1958年。共有地上9层、地下3层、塔楼3层。

蒙德的"柏林规划"中。他们在城市内部设置了规模巨大的步道，仅供步行者使用。该步道为立体化建筑，将沿线路排列的各种设施统括在内，与汽车的慢车道立体交叉，宛如覆盖在中心部位上的网络。同时，针对步道，将按不同用途分类组合的建筑用一定的系统连接起来。

城市设施统合了分散的建筑，于是典型的建筑个性彰显出来。建筑和城市设施，尤其是和循环设施的结合，再次被提到重塑城市建筑的日程上。如今的结合必须拥有系统，而且由该系统连接的大多数建筑形态仍是不固定的，很快就会出现消长。对此，拥有系统的城市设施不得不忍受长期的变动。城市的骨架一直以来都由道路构成，而今后的骨架将由包括道路在内的城市设施的系统决定。

彼时，建筑显然沦落为一种要素。曾经的"建筑即是纪念碑"的时代已经结束。就像我们眺望古代废墟时，会对它的基本骨架和支撑它的若干装饰物留有印象那样，通过拥有结构的城市系统我们可以观察到，城市通常就是物质要素的结合体。

设计，是从那以后开始的。

象征体的重生

　　彼埃·蒙德里安的毕生追求是在画布上呈现他的宇宙。他仅用相交成直角的黑线和原色的面来分割平面，以此在有限的画布中呈现他的宇宙。

　　对他而言，画布作为对象在决定整体构图方面起着重要作用。换言之，画布从外侧限制着他的架构。

　　然而到了晚年，他感到画布已经无法容纳他的小宇宙。于是，他将正方形的画布倾斜到45°，完成了人生最后的杰作——《百老汇的布吉–伍吉》。这是他第一次意识到，他的构图可以不受画布限制，然而这成了他的遗作。

　　没过几年，不，几乎是同时，波洛克也开始创作无框架画作。对他来说，画布是从整体构图中剪裁下来的一部分，因此它的架构或比例已经不再受任何限制。从一开始，他就具备了使构图更加宽阔和自由的手段。

对建筑师而言，一项工作的单位量经常是受限定的，什么建筑建在什么位置上都是确定的，无法变动，建筑师就在这块地皮内部凭想法绘图。

一直以来我们受到的教育是，建筑必须作为城市整体的一部分。如果想从更现代的形态来看待建筑和城市的关系，恐怕要追溯到1933年的《雅典宪章》。那时现代建筑仍为数不多，当时人构想的现代城市可视作一种宣言，表达他们对19世纪城市持续混乱的反感。

可以说国际现代建筑协会所构想的城市与建筑，只存在于未来培养皿之内。在这个培养皿内，建筑与城市合为一体，无缝连接。这一透明的图像正是由《光辉城市》勾画出来的。过去，我们都曾通过这种图像来理解城市和建筑，它成为统一的想象。

大多数情况下，认为建筑能顺利向城市全面扩张的想法是不切实际的，阻碍形形色色。在以私有制为基础的社会，无论建筑拥有什么样的公共性特征，它在整个城市的内部都是受限制且孤立的。若不能否定这点，就绝没有实现透明图像的余地。因此，建筑师总是一边受着《光辉城市》的幻影的威胁，一边沉浸于革命的幻想，并且与来自城市拒绝透明性的实感所产生的绝望联系在一起。

至少在学生时代，我被 CIAM 理论的透明美感所吸引，同时品尝着绝望。城市渐渐成为不可理解之物。就像如今在大街上所能见到的那样，建筑是孤立的，并且强调着自身在城市的所有权。

蒙德里安为破除画框所做的不懈努力，与《雅典宪章》那种破除建筑框架并将其推广到城市建设中的做法并不相同。《雅典宪章》是破除建筑周边的框架，将其消解在城市这一更大的框架之内。它仅仅是概念的单方面扩张，不存在实质性变化。而在蒙德里安那里，他心中的宇宙和现存框架是对立的，他描绘的对象终究仅限于画布之内。尽管如此，当他试图破除框架时，作品便有了生机勃勃的表现力。

包括杰克逊·波洛克在内，那些"行动绘画"的画家均以此为起点，全面否定画布，现代画家在被否定的画布上创作。现在的我们也正和他们站在同一出发点。建筑的框架并未扩张至城市，和过去一样，那个框架依然是框架。但是当我们重新将建筑作为城市的元素来理解时，则会出现全新的决定性的理解方式，同时还有可能赋予其新的意义。

　　仅从观点上而言，将建筑作为城市的元素来把握并不算新鲜，但我想说，当城市中存在一个系统时，建筑便成为该系统的元素。从城市的角度来看，建筑是元素；从建筑的角度来看，城市是制约建筑存在的条件。对各个建筑的设计，就是在准确意识到这个框架的基础上开始的。

　　现代建筑的教义之一，曾经是排除建筑的纪念性特征，从与之相反的或称之为改造性的视角来看，则是为建筑赋予纪念性特征。然而，它们的关系可以说只是一枚硬币上的正反两个面，无法使建筑的正当功能和表现得到统一。各种建筑都有其必要的存在理由，那是建筑在城市中充分发挥其功能的最低条件。而每个建筑又必须具备某种特征，这并非单指纪念碑式的特征，我想称它为建筑固有的象征体。

　　泛灵论认为，象征存在于一切事物的表象中，它是区别各事物的条件。我们也可以说，城市是由无数个象征群创造出来的模式。一度被破除的建筑框架，因其具有象征性，又必须重新安上。象征是强调自我的语言，必须与众不同。由此，建筑得以在城市中创造自己的小宇宙，面对城市，声张自我。

　　在大分县医师会馆这个案例中，虽然我会考虑一些条件，比如它靠近古城，又面对市中心政厅街区的小广场，但我还是感到有必要赋予这一隅以某种有个性的、象征性的特征。

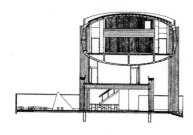

图2 大分县医师会馆（1960）剖面图。剖面为椭圆形的腔体由4根墙柱支撑。

现代的象征体恐怕离不开科技。要为大分县医师会馆赋予象征性特征，就得从基本确定了的空间组织中寻找可行的架构。

剖面为椭圆形的腔体，对于钢筋混凝土而言跨距较大，不过，我们还是发现了使用含钢量为 0.237 吨/坪（1坪≈3.306 ㎡）的钢筋混凝土来进行建设的可能性，因此，我们决定付诸实施。后来这一形状成了该建筑特征的决定性因素。

在这样的场地上建造堪与城市的尺度抗衡的建筑，无法依靠将钢筋水泥单纯分解成梁柱的架构的方法。我们意识到应该从面上来把握钢筋水泥，并像现在这样使其露在外部。这是对两种特征并存的追求，即混凝土带来的大跨及体量上的最大化。

用混凝土浇筑并形成面的经验令人真切地感受到，混凝土并非树木，它接近于石头和泥土。而且，该建筑的样式，也显示出了素材所具有的形态以及质地所拥有的连续性。

我们的意识日夜承受着某种胁迫，身处巨大的机构内部，必须时常投身于难以理解的现象中。但我们也从黑暗的原始状态里，发现了顽强忍受着不安定的生命力。的确，建筑从完工的那一刻起，便与周围的建筑及城市设施绝缘，有时还会陷入敌对状态。但是建筑依然忍受着这一切，坚持突出自我。不过，此时不再有轻快明朗的歌声。处于原始状态的物体，也许恰如灵魂爵士的杰作之一《呻吟》所表达的那样，成为"呻吟"着的物体。

如果建筑就这样不见了轻快的特征，取而代之的是它持续不断的呻吟，那或许是因为我把混凝土当作了石头或泥土，尝试向这些建筑深处的原始物质倾吐我的真实感受。无论何种程度上的轻快，也许都成了象征体。然而，时至今日，每当建筑完工，我能做的只是利用一切可能的技术，在那些沉重坚硬的物体中，不断努力地将轻快变成该建筑的象征体。

孵化过程

在这个密集展开并被掩埋的日本城市中，能量扩散的尽头，呈现了一种均衡状态。分解成极小的、均质化的空间，是闭塞的秩序。这座城市内部的活动虽然拥挤不堪，我们却必须守卫良知的边界。严格的精巧的完成品，它使你们的生活变得安定。闭塞的状况是生成过程的终点，被封印在此的不断蓄积的能量，是孵化的培养皿。不伴随破坏的城市规划大可在养老院中实施。我们城市的变化，始于巨大的龟裂。从大地涌出的黏糊糊的不定型物质，将充满美德和安逸的城市吞噬、破坏，开始新的孵化。这种变动是狂暴的，一定会不容分说地恐吓并"杀死"你。工作课以我们的宿命，给予不定型的物质以运动的秩序。孵化的过程，否定了过去的道路和建筑所拥有的静止模式，只要求基于运动和成长原则下的系统。它们既包含了各种速度，又作为相互独立的函数成为连锁成长的群，城市空间成为多次元的矩阵。对于这种城市而言，需要的不是有限的并完结的整体图像，而是使形形色色的整体图像成为可能且是能够预测部分的机构。该机构自行繁殖变化。同时整体图像不断遭到否定，必定走向崩溃。因此，我们的城市经常是不固定的、处于转变的状态。城市是过程，不存在比这更加切实的概念。那里设定的机构必须是，使自由成长的各种空间得以共存，并将它们连接起来。这里展示出的"柱"——节点核心区——乃是通过内部含有垂直动线的交通核心筒支撑着架设在此处的居住空间，连接着下层移动的汽车群。这一节点核心区是城市空间诞生的原点。如此孵化出的城市，面临着崩溃的命运。废墟，是我们城市未来的姿态，未来的城市本身便是废墟。

我们的现代城市，因此大概只能存活于短暂的"时间"内，发散能量，再次变成物质。我们所有的提案和努力埋葬于此，并再次建成孵化培养皿。

这就是未来。

现代城市中的空间特征

如今，我们的空间概念不断发生巨变。更确切地说，是现实中具体活动着的城市迫使空间概念发生着变化。

要理解这种空间特征，就得从 1950 年前后绘画界发生的一个事件谈起。

矩阵空间

当时，杰克逊·波洛克开始用一种名为"滴色"的手法填充画布。这种手法，不是用画笔直接绘画，而是在平铺的画布上用画具及速干涂料滴成。有人说他的作品传承了超现实主义者的发现，而他所描绘的浓密空间更具活力。滴色最关键的是在平铺的画布上将颜料滴洒、游走，因此必然伴随着动感。波洛克边滴洒颜料边走动，颜料滴落的痕迹接连不断。其间他无法否定前面所绘的内容，没有闲暇制止正在滴洒的颜料，必须马上移向下一步。瞬间的决定在无意识中成为生命行为的反复，无限延伸。他用几种色彩层叠晕染，铺陈出一个万华镜[1]般的世界。他晕染出了过去所有绘画作品未能孕育出的新世界，那是对现代最直接的表现。

波洛克的重要性在于，他没有为画布找一个固定的视点，不，可以说他摘除了画布的边框，证实了一个更鲜明的空间存在的可能性。近代绘画，从文艺复兴单一焦点的空间出发，解体空间，不断尝试重构空间（这在建筑空间上应该也十分适用），但依然没有摆脱与画布相向而立的画家的单一视点。画布的外侧一定存在着一个注视画布的主体位置。波洛克的空间里没有固定下来的主体位置，主体在画布上游移爬行，重叠交织，分解出无数个空间，互相关联，成为多元全景画，消解在一个宇宙中。

我们可以非常畅快地从现实的城市空间中感受到这

---

1 即万花筒。

种空间意识。事实上，我们居住的城市不存在明确的秩序，一眼看上去是混乱且错综复杂的。用绘画来类比的话，现代城市里没有固定的观看视点，也无法将城市看作统一形态的单纯结构。城市中各自独立且繁杂的因素在不断重复、运动，要想具体认识这些因素，就必须将它们视作平行运动的矩阵，提取矩阵所代表的空间，以波洛克的滴色手法表现。单一视点的设定对创造现代城市空间毫无意义。各种不断运动变化的因素形成了一个不断反复、交织的空间，这才是重要的出发点。

开放式布局的空间

功能主义在方法上的主要意图，是将对象分解为功能后再重构。严格追踪的话，其逻辑中并未包含形成空间的方法。现实中建造大量的建筑必然产生空间，当这种空间变成城市空间后，就有了"开放式布局"的观点。这源自瓦尔特·格罗皮乌斯等人开发的板状建筑配置手法，它从日照时间入手，以内部空间的日照时间均等为目的，这是现在日本住宅公团进行小区配置时的主要手法。

在同一时期，波洛克发现新空间之前，人们对城市空间的主要认知基本上就是这样的，即便是勒·柯布西耶对城市的诸多提案也没什么不同，他在1958年春发表的《首都柏林规划》就极具象征意义。这个设计项目的招标条件本就不成熟。当时柏林还在被各国分割管理，城市中心受损地区的重建规划由东柏林和西柏林双方协商。但由于突如其来的冷战和分裂，尽管规划中的一大半地区属于东柏林，东边却不参与规划，整个项目只好在单方面的政治宣传意图下推进。

柯布西耶受邀提交了设计方案。他的提案并无特别之处，不过是自《光辉城市》以来众多规划案中的一个罢了。粗糙的高速公路和行人散步道，以及大家熟知的在作品集中呈现过的众多建筑配置：昌迪加尔的议会建筑、板状楼、筒状楼集合住宅、高高低低连续的低层住宅、Y形办公大楼，等等。我原以为这次招标不那么具有现实性，因此反而会出现更有意思的提案。谁承想柯布西耶提交的方案竟与1946年的"圣埃蒂安规划"及1950年的"波哥大规划"相同。他所追求的城市空间是可以从图式上读取的。为了在城市中营造充满阳光与绿意的空间，对那些内容不同、形态各异的建筑进行巧妙排列，可以说是高度凝练、高度精密化的开放式布局的典型。

我无意指责这样的开放式布局有什么不好，但是现代城市的构建并不能指望这样的布局。作为构建现代城市空间的手法，开放式布局已成为常态。基于能够忍受机械性的简单操作这一点，采用开放式布局甚至已是行业惯例。尤其在现代城市中，建筑的建设单位各自为政、相互独立，在这种观念下方盒子建筑大量出现。

勒·柯布西耶式的城市已经为大家熟知。由于机械性重复的广泛普及，城市变得落寞，建筑体量日益增大，渐渐失去尺度，愈加乏味。开放式布局的特征在于将分解后的建筑如同棋子般排列。这类似于现代绘画试图在画布上重构解体的对象。两者对于空间的把握方式，完全基于相同的认识。在同一视点上推进解体和构成，二者并无差异。

路德维希·密斯·凡德罗将开放式布局彻底贯彻到建筑的内部空间。他的伊利诺伊理工大学校园规划，在7米多的格网线上排列各式建筑。建筑内部用的是1米多的模块。这个规划其实没有内外之分，内外是相连的。他所表达的空间虽然用玻璃做了限定，但在方法上没有任何区别，所有功能都被抽象化，溶解在一个"宇宙空间"中。对他来说，功能、建筑及内部都不存在，只有一个空间支配着一切。

相比之下，勒·柯布西耶的内部空间更具多样性，类似于动物内脏，根据不同内容拥有不同形态，错综复杂地组合起来，但终究是仅仅局限于内部。勒·柯布西耶的建筑，尤其是在具有城市拓展性的设计中，内部空间的总和仍然是一个闭合的单位。他和凡德罗一样，并未在开放式布局的框架内跨出一步。

我认为，只有当勒·柯布西耶把握内部与外部空间的方法和各自表现出来的特征被逆转时，才有可能出现使之更接近现代城市空间的途径。在现代城市空间中，正如我后述的那样，比起打开外部空间并赋予其秩序，不如用同样的方式形成内部空间来得重要，并且由此形成的建筑单体聚集成群，在诸多不同因素的刺激下，外部空间产生相互间的交集，并不断发生变化，这也是十分重要的。

过程产生的空间

如果要用一个词来描述现代城市的空间特征，我觉得是"废墟"。这种废墟并不具有过去乡愁情怀下尚古的意味，只是单纯从物理性崩溃过程的角度来考虑时所呈现出来的特征。出于各种偶然性事件，空间被破坏，不断风化。我们可以视其为曾经拥有某种形态的物体，失去形态、回归尘土的过程。对于我们而言，赋予废墟以美学之类的意义并无必要，它只是变化过程中的状态。

从这种变动、成长的城市中任意截取某个时间点，其都可以被看作一个状态向另一个状态转变的过程。这样的城市像废墟也是理所当然的，因为只要将废墟所包含的时间逆转，那么，反之也可以说，废墟本身也是成长的状态。在诸多的城市规划里，我们并不总有闲暇去完成所定目标，由于不断出现新的因素，我们不得不变更甚至埋葬那些规划，采取新的形态。为了使运动无限持续下去，我们深知没有采取固定形态的先例。不，确实存在着拥有某种完成形态的城市，但多数情况下这都是一些停止成长的城市，不再有新要素的持续出现，当我们反观细节，也只能发现旧形态在不断解体和被埋没。

因此，我们应该放弃对跨城市空间全域的固定空间的预测。正确的看法是，城市空间是由那些互不相干的、独立而连续的突发事件不断塑造成形的。在以自由主义经济为基础的城市中，即使位于同一断面下，显然也是不确定因素的累积，这一点可以理解。但是，假如这些因素放在一个统一化的、计划好了的经济体制中，那么随着时间的推移，它会经常发生更改和变化，这也是不言而喻的道理，我们应当清晰地认识这种过程性的特征。概言之，只有过程才是具体的事实，只有过程才是可信的。

我在1960年发表的《新宿淀桥净水厂遗址开发规划》，试图建立一种模型，对抗几种独立因素在不确定的情况下产生的状况。

建设现代城市，考虑其构成因素的复杂性是不可避免的。例如，在几挡速度之间迅速切换并侵入的汽车，任意运动状态下的移动群体，容纳人的活动的建筑群等，这些活动在保有各个空间的同时在一定的地区展开。在这些地区的规划中，设施的出现有一定顺序。为了对它们进行组合，使之互相产生关联，并作为一个有机活动的整体获得成长，就必须设计出能够使各独立因素自由活动并不断重复循环的系统。由此我们可以想到矩阵，它可将各种因素分解于地下、地上、空中等各个层级，并能在各自的横断面上成为独立的变数。

我们可以将包含垂直动线在内的支柱视为连接这一矩阵空间的坐标轴。从结果而言，如此设定的系统，正是过程自身的表现。

我们不需要固定化的、难以移动的空间。我们应该追求的是那种"变动""互相交集""伸展"的空间。拥有这类性质的建筑形态，已经不可能收容到过去的方盒子里，而是要突破方盒子的框架，伸展、互相交集，可以说这种特性更贴近拓扑空间。将拥有同种特征的功能放入空间，这种空间的成长是拓扑几何学的空间特性的问题。我们讨论过程问题，与讨论城市空间中的拓扑问题是相同的。

如果说迄今所谓的"开放式布局"是具有统治性的理念，那么，我觉得这一理念将被称为"过程规划论"的理念所置换。

这种征兆已然出现了无数次。

为广告式建筑而存在的广告

路易维希·密斯·凡德罗因在1920年年初发表了一个用铁和玻璃特制的塔状办公大楼规划案而早早为人熟知，不过他的首个杰作应该是1950年的范斯沃斯住宅，据说凡德罗设计这栋小型住宅花了五年时间。竣工后这个建筑的外形是一个8.5米×24米×2.8米的单纯的长方形玻璃盒子，由8根铁柱支撑，悬浮在地上，风格简单明了。

凡德罗信奉一种"少即是多"的哲学，他追求在一个小作品中贯彻他所信仰的理论。不用说，范斯沃斯住宅正是这种理论的完美呈现。

然而，问题就出在这里。凡德罗之所以被允许花五年时间对设计精雕细琢，恐怕也是因为房主的充分信赖。

可是房屋建好后，房主范斯沃斯夫人却因为无法忍受凡德罗的张狂和浪费，最重要的是难以忍受居住上的极度不便，而将设计师告上了法庭。

凡德罗追求简约并对居住空间进行了抽象处理，在强行带入个人想象的过程中，不知不觉越过了拥有独立趣味的房主。特定的个人将在里面生活，这是住宅所具有的特殊性，凡德罗越过了这个边界。他通过简约追求"普遍空间"。范斯沃斯住宅不具备特定个人住宅的特殊性，留存至今不是作为居住空间，而是作为凡德罗表达个人信念或哲学意义上的"普遍空间"的杰作。如今，无论哪一部现代建筑史，都不会漏掉这个作品，并将它视作凡德罗最伟大的杰作。这种故事注定与那些尊重房屋居住者，一味投其所好，并以此为使命的木讷的人道主义建筑师无缘。不过，我们也不得不承认，有时只有通过这种手段才能创造杰作。

换言之，这栋小住宅在表达范斯沃斯夫人的意向，并产生广告效应这一点上是失败的，但它作为凡德罗个人的广告活了下来。这件事对凡德罗全无负面影响，他随后在曼哈顿采用青铜配以隔热玻璃，设计出了豪华的西格拉姆大厦。这一次他尝试了各种更大胆的冒险，却没有造成任何冲突，西格拉姆公司所具备的十足的广告效应，远远超出了设计师个人的广告效应。范斯沃斯住宅出现纠纷，也许跟居住者是个歇斯底里的妇人有关吧。

如今论述广告所拥有的奇异功能已经不重要。我记得我曾参与更为神奇的讨论。著有《窗后看见的现代住宅》的伯纳德·鲁道夫斯基，一手承接了布鲁塞尔世博会美国馆的内部设计企划案，他让漫画家，不，画家斯坦伯格一人，将整个馆内的巨大墙面填满，在中央仅有的一小块空间内设置的池中舞台上表演时装秀。这种大胆的设计时不时在日本出现，对于在濑户内海小岛上住了半年而不想动弹的我来说，鲁道夫斯基的企划真是不可思议。我认为构成现代城市的核心要素是城市中心的高层建筑，只要具备高层建筑成立的条件，城市和建筑交错的特征自然会鲜明，因此我对摩天大楼尤其感兴趣。当时，说起来也是几年前的事了，米兰才开始陆续出现典型的有摩天大楼范儿且设计优秀的建筑物，我知道鲁道夫斯基和设计者们关系密切，于是带着对善意的批评的期待，向他询问了对摩天大楼也就是倍耐力大厦的意见。他言简意赅地说，那不是建筑，是广告。讨论因此复杂了起来。曼哈顿林立的摩天大楼群及其中数个优秀作品，在他看来"不过是一些广告"。如果他所言不假，那么曼哈顿就被一些为广告而存在的高层建筑所填埋，各个建筑都在最大限度地表达安居其中的企业或所有者的意向。只要被冠以高层建筑之名，它们便在狭小的空地上不断向高空延伸。事实上，第一次世界大战至1930年经济大萧条期间，纽约建造的众多摩天大楼，其设计甚至可以用"广告"二字一言蔽之。建筑一旦向空中延伸得更高，便呈鹤立鸡群之势，结果其特征开始显现，建筑所有者也不失时机地利用它做宣传。我想，这应该就是高层建筑即广告建筑的逻辑。鲁道夫斯基的话说得有些不太友好，但推测一下就能理解。第一，他和当时倍耐力大厦的设计师虽然关系密切，但出于某种原因，二人失和；第二，鲁道夫斯基那超人的尺度无法表达浓郁的人情味，以至于有观点认为摩天大楼算不上是建筑。

尽管凡德罗设计的西格拉姆大厦在体量上轻易地超出了人的尺度，但它仍然是一个卓越的设计作品，窗框与柱子的简洁结构所体现出的均衡之美便足以让我们理解这一点。另外，正如鲁道夫斯基所说，我们不得不承认，西格拉姆大厦在与公园大道上的摩天高楼群的高度和造型竞相争锋的同时，最终还是成了西格拉姆威士忌公司的广告。凡德罗以远远超出令范斯沃斯夫人盛怒的巧妙和精致设计了西格拉姆大厦，也可以说西格拉姆大厦的设计是他四十多年来追求的哲学与美学的结晶。值得一提的还有西格拉姆家的千金所做的努力。她推翻其他建筑师业已完成并行将动工的大楼设计方案，力排众议，举荐凡德罗，因而凡德罗才能在不被看好的情况下，建成这座公认的最为出色的摩天大楼，最终成就其美学，成功进入现代企业广告的行列。我不得不说鲁道夫斯基是一位批评家，虽然他也从事住宅设计，但他依然能行使批评家的特权，向我展示他的正当逻辑。只要我们承认鲁道夫斯基的逻辑，即在以人性的关照和审慎的处理打造细节所带来的愉悦中，发现来自建筑师的努力和人性化空间的复活，那么，当我们在画报上见到航拍的曼哈顿时，一边变换角度，一边感受摩天大楼族群的不可思议的氛围时，或者直升机突然带着我们在曼哈顿的上空环游时，（索尔·巴斯设计的《西区故事》片头）魅力便无从解释了。

诺曼·梅勒在自己的短篇和杂文集出版时，分别加上了标题为《为自己做广告》的解说性短文，而且他还为整本合集起了一模一样的标题，我觉得这并非因为他是神奇文体的爱好者，而是因为他深谙在当今美国，无论你拥有多么个人化的美学，一旦作品被印刷或被建造出来，脱离创作者之手，便不再是纯粹的独立存在，而是被赋予了各种杂物，迟早会被别人掌控，因此不如将计就计，索性写上"为自己做广告"，以保护自我。如果是鲁道夫斯基，在那样的处境下，恐怕不会一味地期待自己的作品畅销，而是想方设法筹措资金自费出版，用以坚持自己的立场吧。梅勒深知在这一点上，现代广告的风格不再如20世纪20年代那么简单明快，甚至凡德罗那种一味追求个人美学的人，其设计也不属于本人，不过是企业广告的一部分而已。换言之，一切创作活动在经历社会化的瞬间，便被附加上了广告，成为邮票一样的东西。广告充斥其中，如果只有通过广告才能抵达事物内部，拥有广告般的特征也未必不能用来证明现代内容的属性。犹如阿堪萨斯的叶片象征希腊建筑、刺入苍穹的尖塔象征哥特式建筑那样，内含广告性特征或许能出人意料地表现现代性。无论你接受与否，创作活动只有通过广告才能实现社会化，这已是不争的事实。在这一点上，比起故作姿态地感叹作品被卷入了广告机制，我反倒对梅勒那种厚着脸皮利用广告将计就计的方式更有好感。事实上，如果在谈论现代城市设计并尝试找出方法论时排除广告，就意味着去掉了问题的核心。在广告的集聚体中，存在着新型城市空间的图像。广告就是广告，所以是非人的、非建筑的，它会淹没城市，这种争议即便在凡德罗或者鲁道夫斯基那里行得通，却很难成为现代的问题。被鲁道夫斯基批评"尽是些广告"的曼哈顿摩天大楼群，正如《西区故事》或者劳森伯格的融合技法一样有着复杂的魅力，从我们真切的感受中诞生出了新的想象。

广告直接与建筑纠缠在一起的经典性问题，就是如何在"建筑"上附加广告牌或广告塔。此时，建筑自身必须具有自律的规则。样式主义的建筑是这样，现在大多数的建筑师都试图赋予建筑以广告之外的规则。前面提到的凡德罗，若是站在他的角度来推测，恐怕不能说他是为了给对方做广告而建造的西格拉姆大厦吧？毋宁说他是在为自己做广告，也许事实的确如此，只是他没有像梅勒那样把其中的规则说得那么直截了当罢了。

银座的广告塔在各栋建筑楼顶上以各种姿态争奇斗艳，因为那是人们读取霓虹灯最适宜的高度。拉斯维加斯也好，洛杉矶也罢，都是如此。但是到了曼哈顿的摩天大楼，其高度使得在屋顶上设置广告塔失去了意义，于是鲁道夫斯基的观点开始显现出意义。在日本，只要不到东京铁塔那样的高度，就不会出现这种问题，因此所有建筑物中都存在着附加的广告物所蕴含的危险性。

大约三年前，我所属的丹下健三研究室设计了电通大阪分公司大楼，我们针对如何在大楼上添加广告展开讨论。这座大楼本身就是广告，即便如此，我们还是想在设计上追求建一栋纯粹的办公大楼。至少企业与企业之间并不像过去的日本神社那样，按照各自体系在造型设计上有明确的类别区分，一旦赋予它"办公大楼"这种最一般化的抽象特征，想要追求"电通"的公司大楼本身的特征便几乎是不可能的，这与凡德罗对西格拉姆大厦的探索一样。建筑物按照办公大楼的制式设计，而广告的添加就成了更大的难题。最终，我们设计了两行英文——"DENTSU"（电通）和"ADVERTISING"（广告）——安装上去。设计师对广告的独特情结通过这一妥协姑且得到满足。我不是设计负责人，所以不太清楚电通具体对此做出了何种反应。建筑师一边同与广告有密切关系的企业打交道，一边竭力拒绝广告，尽管他们十分清楚广告的存在，但并不想就此"沦落"，乃至以建筑的基本概念与之对抗。在这一点上，可以说古典建筑的纯粹性得到了维护吧，起码在古典的观念上。

如果觉得使用"沦落"一词不妥，也可以换成"以广告作为建筑主题"这种说法。例如，建于斯大林时代的莫斯科摩天大楼，全部装有花式蛋糕般的尖塔，非常朴素；阿尔考亚大厦更是将自家公司的铝制品贴满外墙从而成为宝利大厦和日轻金大楼的先驱；大阪歌舞伎座则以桃山文化为主题，全面装饰成"唐破风"的变种风格；大洋渔业的博物馆，制作了与鲸鱼等身大的外框，在空中支撑起正在弄潮的鲸鱼形态，躯干部分用作资料展示厅。诸如此类的建筑，都将广告或自我宣传用作建筑的主题。一旦广告开始侵入建筑设计，便不会轻易停止，它吞噬建筑，使之成为不毛之地，这种危险始终存在。若想保护建筑的纯粹性，我们所能做的显然就是不断拒绝广告。倘若我们认为即便拒绝、无视广告而建筑的姿态本身就能被广告化的状况就是现代的话，那么我们也不是不能看到诸如三爱大厦这一建筑安于现状并从中脱颖而出的实例。三爱大厦使用堪称世界上最先进的技术，占据堪称世界上最贵的一大块地皮，难以分辨它是直接还是在暗地里构建起了建筑的广告化现象。或许位于银座四丁目十字路口这一具有特征性的条件，使得这一现象的出现成为可能。这栋大楼的设计者——日建设计的林昌二的努力也值得充分肯定。不过显而易见，弗兰克·劳埃德·赖特在二十多年前为约翰逊·瓦克斯公司研究所设计的尖塔实验室是这栋大楼的原型。类似的广告塔出现在了银座的一隅，而它与赖特为了将实验室安置在美国大草原上特意选择尖塔的意趣迥然相异。从城市设计的观点来看，上述每种广告的特征也有不同。

无论是贴在建筑上还是安装在屋顶上，无论建筑是否受到侵蚀，最终广告都不过是构成城市的一个要素而已。正如劳森伯格组合各种素材展现其强烈的现实意向那样，在一定条件下，广告群会丰富城市空间。墓石般的高楼大厦群，丛生林立，因而一如营造出奇特的混合型现代空间那样，城市对于各种广告乱象表现得较为坦然，有时甚至可以说是十分天真无邪。这或许是因为我想象中的城市设计，并不受广告塔规则或霓虹灯颜色的限制。我追求的是能够使尽可能多的要素得以共存的系统。尽管配置时需要注意使各种要素均能清楚强调各自存在的理由，但是强调存在的理由也与广告没有什么区别，即便广告本身成为城市整体的构成要素也不足为怪了。

上述事实越发使得各个建筑的自律性变得不明确，病灶时常败露于外。尽管如此，它却表明必须将广告视为整体的一部分，建筑设计不得不背负这一不合理性。换言之，广告的存在有其必要性。将城市作为生态来看，若想从中总结出建筑的特征，诸如鲁道夫斯基那样将一切说成是广告，只能是倒退，一味地拒绝广告是行不通的。新型城市建筑的设计不得不接受广告性特征，除了像诺曼·梅勒一样深知其害而将计就计，将其充作跳板之外，几乎别无他法。如果是广告式的建筑，反倒可以做大胆的细节实验。虽说那种细节的或者特技的形态也能充分提高广告效果，但并不能诞生让人怦然心动的设计。从结果来看，无论是否利用广告，坚持远离、拒绝广告要素的作品能够产生杰作也是事实。因此，建筑的广告性在给建筑的存在逻辑带来重大影响的同时，也会引发设计的质量和建筑师的姿态的变革。这个推论通过那种将建筑视为群体中之个体的城市设计构想而变得更加明确。不过，设计只有在与设计对象正面较量时才能解决问题，这也是不争的事实。

1962

　　我开始落入先入为主的窠臼，认为建筑师在确认自身主体性的过程中，应该将头脑里的图像用某种方法记录下来。这也是一种义务。我似乎深信，假如建筑设计是由团体来推进的，总是由他者的介入才能得以实现的话，就必须找到客观化的传达方式。其中一个缘由，是为了让城市设计成为一份工作，我们建立了自主研究团队，试图从中建立逻辑构架。1963年年末，我们团队将一篇题为《日本的城市空间》的调查结果发表在1963年12月的《建筑文化》杂志上。这似乎就是当下所谓的"设计调研"的前奏，是工作的重心，同时设置了日本城市的空间论这个主题。卷首的文章是《城市设计之方法》，城市设计所指的领域在世界各国也尚不明确，有时还会被理解为外部空间设计这一层面上的意思。在这里，我将其视为和城市设计中的设计论相近的含义。我的兴趣点不在那种将各类技法组合起来的技术论上，而在屡屡飞跃至支撑设计的观念本身上。"最后的看不见的城市"这一概念的提出，恐怕是在学究式的思维下，在试图把握城市设计前景的整体脉络中混入了异质的东西，也不能说是合乎情理的。尽管如此，我好像还是在不知不觉中形成了一种直观性的思维结构——只要不存在那种不连续的点，这样的论文便无法成立。在那之后，我也试图以这一脉络为基础进行授课，可一旦涉及不连续的点就立刻陷入僵局。一旦陷入僵局则无力阐明，只好找借口对学生们说："刚才所讲的内容，如果觉得不可信，就当没听见吧。"似乎每当我快要接近某种终点时，清晰的逻辑就会变得不踏实起来，它们会闭上眼睛跑得无影无踪。这种东西究竟能不能称为方法？非要称为方法的话，那也必须在前面加上"对我而言"几个字。

"过程规划"是在设计大分县立图书馆时整合出的"对我而言的方法论"。这栋建筑的设计是我能直接参与的第一份工作。让一座图书馆坐落于某一地域内，要从条件的分析开始。基本构思、提案、预算、设计、实施等，从建筑的起步到建成必经的所有过程，按我自己的方式来建构，将它和密布于毫无特点的官僚机构内部的日本独有的本土机制联系起来加以推进，这是我尝试将这一过程置于建筑师行为基准之上的逻辑。话虽如此，貌似客观化了的逻辑，在这里也不过是将所有一切压在"切断"这一行为上而已。深究设计工作，那是建筑师一边在与无尽浪潮中的物质展开格斗，一边寻找和肉体联系在一起的瞬间。当我考虑将这单纯的认识，以"切断"这一行为为媒介，在那一瞬间固定下来时，论文的整体意图便得以确定。将终结导入现时点的技巧，实际也是将"切断"合法化的逻辑的一部分。

记述建筑空间的原初体验，对于日常设计活动来说无论如何都是必要的，这种想法是在我设计 N 宅邸时开始出现的。如果将它视为我自身独有的接近法——使得"过程规划论"成为俗称为"建设规划"中的一部分——的话，那么，"黑暗空间"就是从内部空间本身出发，以各种空间的记忆为线索进行建筑设计所展开的空间论。作为具体建造建筑的建筑师，我只能用"黑暗"来记述空间，这令我十分不安，但时至今日我也只能说，我依然只是用语言进行了准确表述，而不是用图形或画面。对于我来说最大的理由在于，我时常感到，当适逢设计工作的一个极限时，需要将作业的行为或为它所赋予的图像用语言加以表述。

　　"过程规划"和"黑暗空间"，是我作为建筑师首次记述个人方法的两篇文章。和介绍完成的建筑截然不同，这是我在设计的出发点上进行自我确认的过程。尽管是关于建筑设计详细过程的个案论，但我总是想在其中加入将其普适化的可能性。从这一意义而言，为了表明对建筑论和空间论的最大的重视，我特意用印刷体的大字号来进行强调。如果将"看不见的城市"作为城市论来理解，那么，这三者，在各自的领域都成了支柱。

过程规划论

建筑中的终结论

建筑堪称创造的同义词，通过创造和无尽的未来相连。也许没有比"建筑"这一概念更能与未来的建设联系在一起的了。并且，针对这个定义，我们没有质疑的余地。尽管如此，我们还是必须讨论建筑的终结论问题。所谓建筑，通常它在向未来打开一扇窗户的同时，也陷入了终结。例如，我们可以试想一栋业已完工的建筑的命运。你是认为它和未来的建设联系在了一起，还是在目睹它活生生的姿态的同时脑子里想象着它最终走向毁灭的结局？

废墟果真意味着建筑的终结吗？不，并非如此。那一废墟，在它作为完成的建筑存在的瞬间，实际上就已经诞生了。对我们来说，眼前的废墟是当下的状况，通过当下状况的片段，能够想象它曾经拥有的完整图像。这种想象当然因人而异，但这种思维的过程，可以说和构想未来的过程是完全相同的。

未来的图像，不正是你现在设计的某个建筑的终结吗？未来的图像存在众多可能性，因此它给予我们希望，可是我们却能通过设计未来图像的行为本身，看到你当下正欲使其诞生的该建筑的最终结局。

那是着手建设你面向未来所设计的建筑，建筑投入建设的瞬间，便开始脱离你的手独自生存。换言之，你在设计出独自生存的建筑的同时，也为它安排好了最终的结局。建筑之所以需要终结论，我觉得在这一阶段，建筑从作为实体诞生的瞬间起，便内含了复杂的活动，在各种活动的驱使下，建筑不容分说地以一个生命体的姿态开始生存。

可以说建筑一旦被创作、建造出来，它就成为一个有生命的有机体。这一有机体，在与内部含有的诸多活动的相互关联中产生各种变化，从而生存下去。我们从实体的建筑身上感受建筑"生存下去"的这一侧面。它是力图从一个阶段移动至另一个阶段的过程。我之所以试图导入"过程规划"的规划概念，也只是出自对那样的建筑生态状况所做出的反应，但为了将该过程作为创作方法加以把握，对终结论的最终态度便显得极为重要。

终结论，正是有机体（甚至文明）诞生的决定性瞬间对过程进行动态性把握的图像。终结论对于实际存在的，或者将要存在的建筑而言，是与宇宙法则对立的视点。将这种与宇宙法则对立的事物图像化，明确建筑的实际存在，使我们能够把握实际存在的建筑的变化方向。

时间因素，并不局限于西格弗莱德·吉迪恩（Sigfried Giedion）所叙述的时间即空间的那种受限制的视觉性空间体验的范畴，时间有着侵蚀存在、使存在回转、令其最终消亡或令其彻底改变形态的强大作用力，"过程规划"就是这一规划阶段的方法论，它的存在基础便是当下对所有建筑的状况的认识。终结论，正是使"过程规划"具体化的钥匙。终结论既把握当下也放眼未来。未来即终结的思维刺激它的存在，它显然越来越倾向于对未来的认识。"过程"是用来把握建筑在各阶段发生变化的条件的概念，它不是固定的、不再变化的实体，它是用来理解不断流动、变化的现实而导入的方法论，因此终结论这一与宇宙法则对立的设想，必定在某个时点上截断流动变化的实体，当我们身陷旋涡而不得不做出决断时，对于具体的建筑设计而言，它也应该是最为有效的方法。

设计即是决断。在那个瞬间，未来的一切均受到投射。如果说对"未来"的所有判定都与"当下"有关，那么必须找到一种能够统括从当下至未来的方法及图像。这一头绪就蕴含在一句话中："未来即终结。"

整体性的概念

建筑的完美恰是它的终结，因为它已经不会再活动了，它的成长和消亡均已停止。

无论何种实体性建筑，都无法止于完美。它永远在慢慢变化，物理性风化和污染，偶然或故意的受损，被修理，被改变。止于完美只是一种想象。然而，从历史的角度来看，建筑往往要在一定的时间节点内完成，完成之后又因"维持"这一极其暧昧的概念而被放弃。如此一来，也可以说，建筑中并不存在终结这一现实问题。事实上，终结论不存在于实体中，而存在于方法的假定中，存在于原有的图像中。只有这样的终结论，才能够使得随自然性、社会性的时间推移发生变化的建筑停留在图像内部。

我们也可以认为，寻找这一停留点正是设计工作的中心内容。并且，究竟是在未来的某个时点上规划终结，还是在当下创作的作品的完美性中发现终结，二者有着决定性差异。同时抓取创作的现阶段和终结，能够决定建筑创作的态度和方法，我认为可以将这种基于时间因素的对建筑的认知，用"整体性"的概念来概括。对于建筑整体性的意识存在于任何时代。并且，建立整体性图像的方法不同，这决定了截然不同的规划概念的出现。

当我们通过规划的方法，思考这种整体性图像的规划概念的变化时，图书馆建筑所拥有的特征让我们看到了一种典型的模式。这是因为，图书馆的机构本身总是在拥有复杂结构的同时，片刻不停地显示出它在内容上的变动，如构成要素的变动，即藏书的增加、使用形式的变化、新型管理系统的导入等。为了应对这些变动，图书馆的规划方法通过几个阶段加以展开。甚至当下似乎已经得到公认的方法本身也在不断受到刺激而发生变动。

规划概念中的三个阶段

"建筑是成长的"这一说法只是泛泛而论，难以传达出具体的图像，尤其对于图书馆建筑，无论什么样的参考书里都设置了"成长"项，即针对"扩建"系统进行论述。"扩建"可理解为建筑成长的某个侧面。在图书馆的规划中，这个点才更应成为中心主题。

提到这一点，这本图书馆建筑的特辑（《建筑文化》1963年3月）的编辑部问卷调查上，却没有出现成长的问题，这难免让我觉得不够全面。不，这或许应该理解为，它包含在了如何看待模数协调的提问项中。模数协调确实包含了与变动有关的特定内容，它甚至能够干预空间内的用途变化，不过建筑的成长还是应该以更广的阶段为对象。

前述的"整体性"意义，在讨论成长的问题上显得尤为重要。在建筑从生到死的过程中，如果设想在其所有内容中一定存在变动，那么在处理这些变动时，便会呈现出方法上的差异。

（1）预先制造缺损，依次填补，迟早完成。建筑的图像一开始便预设了建成后的终结。

（2）从开始便能联想空间内部的用途变化，或体量的扩张，作为对应的处理方法，对空间不断加以均质化。模数规划基本上可视为代表。在此，建筑的整体图像变成了堪称经过均质化了的无限制空间，它试图对时间上不断发生蜕变的内容加以均质化的技术处理，我们可以将时间上的各个断面视为建筑的终结。

（3）还有一个方法，将随时间变化的各个断面视为总是在向下一个阶段移行的过程。它们的每一个瞬间总是和未来的终结对峙，同时捕捉当下的存在和终结，在这样的状况下，反之，所有的一切都集约在不断移行的动态的目标决定中。换言之，成长或者灭亡的过程本身，便是建筑整体性的图像。

这三个阶段，可以说对应了历史性规划概念的发展阶段。我决定通过图书馆建筑规划对这些阶段进行分析，姑且将它们称呼如下：

（1）封闭式规划

（2）模数规划或者开放式布局

（3）过程规划

中断的建筑

国会图书馆的第一期工程暂且完成，在写报告的过程中，从竞标阶段到实施过程，最令相关设计人员烦恼的是，原计划的 15000 坪在第一期工程中被缩小至

8000 坪。

所有的一切都按照 15000 坪的规模规划。图书馆一方有强烈的愿望，强调以建造 15000 坪规模的图书馆为前提，本次建造的 8000 坪是其中的一部分（不是考虑先以 8000 坪的规模完成建设，将来进行扩建，而是本次以图书馆的未完成形态进行建设……）。设计采取了按 15000 坪的规模推进然后适当地或大刀阔斧地加以砍削的手段。在建造 8000 坪的时期，设计者采取了不惜留下一个不成形建筑的建筑方针，中标的设计者如是说。

15000 坪成了 8000 坪，剩下的 7000 坪成了未完成品，站在这种特征的建筑的政治立场来看，虽然也可以善意地解释为，不完整的建筑有促进下期工程的宣传效应，但相关设计人员仍难免有种遗憾的心情。如果规模是主要问题，倒也无话可说。但是看一下该建筑的平面，它采用了中央书库的形式，书库居于平面的中心，在视觉上隐藏了书库，这是自欧洲近代以来的且在东京大学图书馆身上也能看到的传统形式。东大图书馆历经三十年后也暴露出了设计不完整的内情。国会图书馆也面临着同样的命运。

规划是阶段性的，也许经常会陷入中断状态，这是不言而喻的。回顾一下上野帝国图书馆的阶段性建设状态会有参考价值。

上野帝国图书馆历经半个世纪，完成了四分之一的建设，至今依然是个"未完成品"，并且反将主要功能让给了国会图书馆。

帝国图书馆是仿古建筑类型，今后应该不会继续建设。但是它拥有"完整"的设计图，并朝着设计目标走过了六十年的岁月，最终未能抵达终点。完整的设计图也只能说是徒劳。这份毫无意义的设计图，一定是什么地方出了错。可以说这个错就出在建筑平面规划的根本概念上。这些建筑的规划概念是封闭的，它是基于封闭式规划（封闭式建筑）的产物。

基于封闭式规划的建筑，如果预设了其成长，那么就必须预先设定其中缺损的部分，根据它的成长需求来逐渐填补。如果预设完成后的建筑物必须是封闭的形态，那么该建筑物的"成长"也就意味着促使它迅速走向固有的终结。在不完整的状态中，那栋建筑便会像国会图书馆设计者一样留下十足的"遗憾"。封闭式的建筑所呈现的美学，通常是在努力回避这种因中断而留下的"遗憾"。

不得不说这一事例，是图书馆被活生生的现实背叛的确凿证据。

放弃判断的建筑

图书馆的设计规划有两个重要的基本条件。第一，建筑在现实中必须作为完整之物存在，同时，无论平面的还是立体的，都应具备未来扩张的可能性。第二，针对各要素的房间配置，应可根据需要变更、互换。为此，需要考虑柱子间距、层高应适用于一切用途的房间，房间切割尽可能利用书架等进行空间划分，使空间能适用于不同使用目的，这已经是当下世界范围内的趋势。

图书馆建设中，模数规划已然成为霸主，它在现代建筑各类型中极具典型意义。模数规划，正如我在此也谈到的那样，它显然是由图书馆建设中所包含的成长性和变动性所带来的。事实上，关于国会图书馆的竞标，如果之后对中标的设计方案不满意，那也是因为该方案是按照国会图书馆方面的意愿确定下来的，它采用了封闭式建筑的形式。可以说，它处于国会图书馆规划概念的转换期。采用模数规划的开放式建筑方案跌出了前三。

用均等框架获得均质空间，这是所谓正统派近代建筑的宏愿。柯布西耶也好，密斯也好，一直在追求均等框架。尽管人们觉得他们的空间表现截然对立，但支撑他们的方法是相同的。他们所获得的方法，经过抽象化、无名化，从而令模数规划得以发展。在图书馆方面，正如《建筑学大系》作者阐述的那样，它是通过成长性和变动性导引出来的，为什么必须考虑"柱子间距、层高应适用于一切用途的房间"呢？

对于图书馆而言，适于所有用途的房间指的是，将书库和阅览室视为地位同等，将事务管理空间也设计成能够相互自由渗透。打个不好听的比方：

"你去书库里看书！"

"你去厕所里看书！"

"你去厕所里吃饭！"

在诸如模数规划这样的概念中，建筑内部的各种行为都具有同等价值，从中隐藏着使单一空间与这些行为进行对应的意图。

原来如此，通过技术性处理，在一定程度上，我们将均质空间与各种目的性相对应的意图成为可能。更确切地说，模数规划是在这种技术层面上的周密考虑和可能性的前提下得以成立的。我们可以相信这种技术会进一步展开，但是，究竟为什么会深入到将不同行为与等质空间进行对应的方法中去的？在图书馆的建设上，对等质空间的假设，发生在单纯理解其成长性和变动性，并放弃对其所内含的成长与变动的"方向性"进行判断之时。也可以说，等质空间的概念是发现了欲使成长与变动绝对性对应的结果。其中，成长与变动是自由自在的。说得严谨一些，自由自在不是拥有百分之百的完整性，而是寻找所有用途中的最大公约数。放弃"方向性"判断，便失去了对建筑进行动态性把握的机会。

这种建筑空间总是均质的，总是完成了的，总是终结了的，也不再有动态性的发展。它所内含的空间当然只能产生不完整性，丧失戏剧性的建筑就诞生于此。该空间除了对成长和变动消极应对之外，别无他法。如果不触发内部功能的法阵，甚至无法控制，从而被维持在神经质的且被动的管理之下，那么那种空间看起来一定是被动而赢弱的，通过模数规划期待空间的戏剧性则变得不可能，同时，功能的戏剧性成长也是不可能的。

这一切的原因，均来自放弃对成长与变动的"方向性"的判断。柯布西耶与密斯都做出了实质性的判断，在决断下撕开空间。可以说，当时他们的空间脱离了抽象的模数规划，发生了飞跃。

成长的建筑

综上所述，我按照不同的阶段对规划概念进行了追溯，我想阐释的"过程规划"的内容也在某种程度上浮出水面了吧。正如我反复指出的那样，它是在建筑作为一个有机体开始活动时，由针对预计的成长和变动所采取的规划方法的差异性中导引出来的。

关于图书馆的情况，从历史性的视点来看，应对这种成长性与变动性的长期对策，是在各种条件下产生的。在此，我将这些对策再次进行整理。最重要的是，我可以通过讨论如何随时间推移而增加建筑规模的方法来进行整理。说得简单一点，就是扩建对策。

（a）通过彻底重建放弃过去的建筑。（美国议会图书馆）

（b）保留旧馆，增建新馆。（波士顿公共图书馆）

（c）计划性地设置大规模建筑目标，对缺损部分进行阶段性填补。（东京大学图书馆）

（d）按照模数规划，在任意方向上进行自由扩建。（都柏林圣三一学院图书馆）

以上诸多方法中，很显然，前三者基本上是以封闭式规划的封闭式建筑概念为基础的。封闭的方式，即完成阶段的意图各不相同。（d）为自由扩展，原则上不带有方向性是其特征，可称为开放式布局。

"成长的建筑"要求的新阶段，必须建立在建筑必然内含的成长性与其所构成的各要素充分共存的基础上。这些要素拥有各自的独特性、独立性、自由发展性。

在使各要素得以共存，确保它们的自我同一性，且保持诸要素间阶段性的有机结合状态的同时，拥有承受整体规模增加和活跃变动的可能性，支撑这种建筑的方法便是"过程规划"。"过程规划"是规划概念，但它与对建筑的具体想象联系在一起。该建筑，必须保持其构成要素所拥有的各自业已完结的目的性空间，针对扩建及其他的变动，也必须在不使其发生质变的情况下保存下去。并且，这些要素间内在的联结是建筑的基本框架，这一框架，在一定的规模范围内对建筑的构成起支配性的作用。因此在处理结构系统、设备系统时，必须使其能够分别对这一空间起到支撑作用，与空间的体系在原则上应达到一体化。

以下，我将通过迄今为止大分县立图书馆的设计经过具体说明对于上述特征的追求。

空间的体系化及功能的类型

事实上，大分县立图书馆的规划，只有地皮是确定的，规模和预算等都不确定，这一规划就是从该阶段起步的。因此，我们的工作首先是确定图书馆的性质，然后根据县中央图书馆这一性质，对规模进行推算，最后在推算出的构成空间这一极其基本的条件下推进设计。规模不确定，或者规模也许会变动，这一条件，也意味着在建筑的设计阶段无法产生最终的图像。我们经常在确定的各种条件框架下，为了顺利推进而不得不消耗大量的能量，但是，如果对这种操作产生麻痹，就容易产生一种错觉——建筑总是存在确定的框架，框架中的分割作业才是重心。建筑的整体图像关闭，出现无法承受变动的结果，就是在这种本末倒置的时候发生的。这些建筑一旦出现，便开始逐步变动。但是，封闭的规划，在美学上也是封闭的，它们已经孕育出了终结之后的僵硬状态。所幸在这个规划中，我们只能采用那种方法。

确定规模，建筑的体量在某种程度上是可以推定的。例如，昭和三十五年（1960），一个人口为124万的县，可以根据将要建造的设施的周边情况来预测使用该设施的人数、图书馆分馆的数量。这些因素，可以根据其他众多县立中央图书馆的规模进行推测从而确定下来。但是，一味地信赖这些条件或者数据可行吗？正如所有的建筑设计那样，规模存在于与预算的相互关系中。

因此，无论将日本的哪个数据拿出来看，都不具备决定性的参考价值，最终还是无法产生精确的计算。加之预算未定这件事，从结果上就必须预设规模的增减。在这种情况下，究竟该以什么为依据决定规模？且如前所述，图书馆存在不断扩建的可能性。在这种不确定的情况下，一边思考成长或消亡的可能性，一边制作、确立设计方案，这可行吗？我们就是在这种最为基础的条件设定下开始了工作。

作为其中的一项工作，我尝试整理图书馆的空间体系。现在的图书馆拥有复杂的机构，但是它的原初形态是"人类的阅读空间"。它从原初形态出发，增大规模，加上了众多复杂的功能，而后分化，最终成长为多样化的综合体。纵向地整理这一空间，我们能捕捉到某种图像。那是将"空间体系化"，使其成为可能的是也可称之为"功能的类型化"的操作。

所谓功能的类型化，即设想在图书馆中有一个可以互相交换的功能群，在使内部的变动成为可能的同时，还要保持独立个性的类型，在整体上对各种功能加以整理，并且通过使之与特定空间对应来明确各自的构成要素。

发生性要因或创发性形质

综上所述，通过功能的类型化手段来对空间进行系统化，我们能够读取伴随规模系列的一种进化过程。至此我们便能发现，上述几个阶段，伴随着体量的膨胀会产生新的功能，或某阶段比重较轻的功能突然发生质的飞跃，成为发挥决定性作用的功能，因此进程绝非畅通无阻。例如，我们来看一下参考功能。在小规模阶段，它是管理工作的一部分，在空间上重复存在，但随着规模逐渐增大，开始显示出规划的决定性作用。所有房间都围绕该功能发生足以重新规划的变化。扩展至这一阶段，就需要对复杂的功能加以合理的整理，导入某种构架来保证各要素的独立性。

我们可以充分预测，在某个阶段（或者规模）背后隐藏的功能，会随着规模的增大而在下个阶段变得举足轻重。我曾在城市发展阶段的分析中将这种特征称为发生性要因，用生物学的相关术语来描述的话，也可称之为创发性形质。创发性形质的概念中包含的不是单调的进化，而是突发式的剧烈的展开。换言之，成长是不连续的。在论述建筑的成长时也是如此，如果只是千篇一律的体量扩张，还比较容易理解和处理，事实上其展开是不规则的，甚至伴随着剧烈变化。我们需要面向成长来确定临界点。为了将其具体化，也有必要导入创发性形质的概念。

我在这篇文章的开头论述了终结意识和整体性概念，如果用同样的方法来看建筑的成长具体有何意义，想必各位都能够理解。也就是说，将建筑放在成长的全过程中来看，这里的全过程也就是整体性的意思。只封闭在一个阶段的形态不能视为整体性。因为如果设定了固定的目标那就成了终结论。对于该把设计阶段的终结定在何处的问题，由于迄今为止只是将焦点对准纵向系列，所以尚不明确。只有赋予其横向系列概念，才能真正完善与终结论相关的整体性。何谓横向系列？它是针对特定规模来确定成长方向的问题。换言之，规模必须确定下来。从县立中央图书馆中，我们选出了其特定阶段的特征，将图书馆视为一种综合体来看待。至少，我们可以认为，规模是由外部决定的框架（建筑的周边情况、预算、具体要求）和建筑内含的空间体系之间的相互关系决定的。严格意义上的精准规模大概是不存在的吧。在相当范围内，在指定的阶段应该可以做到。之后的作业，便是通过和将要建设的特殊条件之间的抗衡来保持"平衡"。

框架的设定

赋予类型化的功能群以框架，正是规划的工作内容。

这个框架可以看成骨架或一般意义上的结构。简单理解，建筑的模式是确定的。例如前面提到对应图书馆的各个成长阶段，必须考虑横向系列中潜藏着无数种框架的可能性。在推进这些设计的过程中，要研究所有框架是不可能的，但至少要考虑其中的一部分。这座图书馆被建在特定的土地上，仅这一点，选择的范围就大大缩小，并且明确了几种可能的模式。

图书馆基本上是书库、阅览室、管理部门、各种附属部门、中央休息室等配置，设计这些配置，需用实体的或假想的方式，设想连接它们的框架。确定框架，便是确定这一规模阶段的规划，通过赋予框架具体意义，与视觉性、结构性骨架联系起来。它既是结构体，又是交通动线，还可以是各房间的连接系统。

成长的方向性

不仅如此，框架还能决定建筑的成长。成长须有方向。建筑并非一个逐渐膨胀的整体，建筑各要素是作为独立个体成长起来的。由于模数规划中没有使各要素独立的意图，所以均质的成长是一场黄粱美梦。过程规划，需要在明确保持要素的统一性和要素间的相互关系的同时，也需要保证建筑的成长。哪怕就为这一点，框架的模式也必须是利于成长的、开放性的。但是，仅仅如此是不够的，还需明示方向性。我们必须在满足这两个条件的同时做出"决定"。可以说，这就是"具体地决定框架"。

而且，设计便是赋予意义。

我们的设计，试图为这一框架赋予众多意义。其中一点，正如空间依其性能特征可以拥有各自的特殊性那样，我们设计的层高和跨度各不相同。我们考虑让这一框架和该架构的系统直接匹配。进而，我们打算让该架构直接表现设备的系统，因而设计了一根中空管状的横梁。我们想从技术的角度发掘使空间的独立成长和结构即使设备的系统一体化并成长的可能性，当下，我们正在继续这一研究。

城市设计的方法

"真的受够了。"堂吉诃德自言自语道。这等鼠辈，要让他们做出道德之事，简直就像是在沙漠里说教。这次的事件中，一定有强大的魔法缠住了两人。他们互相粉碎了对方的企图。

——摘自塞万提斯的《堂吉诃德》

状况的考察

现代就是这样的时代，即当所有趋于综合的意图貌似达成的瞬间，它就已经沦落成了构成混沌整体的单个的微粒子，这种不定型在对不定型进行再生产的同时，边拆解所有固化的逻辑，边进行着运动。

因此我们对各种综合的规划，也经常面临着解体的危险，而只有对综合的谋划，才能证明逻辑的实际存在，也使方法的有效性得到确认。

即便将城市设计定义为人类总体环境的形成方法，当这种总体得以完成时，方法也包含了解体的契机。但是，城市设计仍在建筑和城市规划分解的缝隙中诞生，可以说它正不断成长为或可将二者分类解体的媒介。

时至20世纪60年代，城市设计开始受人瞩目，这显然是因为社会性建设规模的增加和变化速度的上升，人们开始谋求人类环境建设的新方法。事实上，哈佛大学设计学系的"城市规划"（Civic Design）学科、宾夕法尼亚大学的跨建筑"城市规划"课程、加利福尼亚大学的"环境设计"学科的重置等，都是社会性需求开始影响到教育系统的表现。

不过，应该说城市设计的方法至今还是不明确的吧。究其原因，可以想到的是，其总体意图的不明确，以及缺失将纷繁复杂的内容加以系统化的一贯逻辑。

我想探究当下堪称已经令城市设计的现代方法完全分裂的20世纪建筑和城市计划的对立状况，在来自日本的城市空间内部的触动下，对主要图像进行一个方法上的提案。

建筑和城市规划的分裂

被认为始于帕特里克·盖迪斯的现代城市规划，将社会经济的分析放在了问题的中心位置，从而和直到 19 世纪还处于统治地位的巴洛克城市规划划清了界限。

如今"城市规划"一词的图像产生了各式各样的对立，例如建筑师和规划师变成不同概念，也是进入 20 世纪之后才出现的。

19 世纪的城市规划，以巴黎的奥斯曼规划为代表。在奥斯曼规划中，试图以中世纪的干道网络为杠杆进行重新规划。通过这一规划，可以显而易见地想象，城市以造型为目的得到统一。奥斯曼原本是以祭典、防御，以及消灭城市病灶这一口号为前提来进行道路建设的，那终究不过是以美感来统一的城市建设。在那里，无论是建筑还是城市规划均是同一件事，可以说就是城市设计本身。

现在的城市设计方法论上的差异，是自盖迪斯用近代式的方法对城市进行调查分析时开始出现的。此时，近代城市已经进入资本主义发展期，五花八门的创意自由出现并开始占据统治地位。没有了城市执政者挥舞近似于奥斯曼案例中的蛮勇权力，仅还残留着一些对无序的城市规划的限制。因此，规划师们的关注点主要落在上述的城市控制系统的开发上。

当然，他们也就对城市的造型处理不再过问，不，应该说要对多得棘手的各种造型、各种城市问题层出不穷的现代城市直接下手，需要这种干脆明了的方法。

将城市想象为统一体，试图导出造型式提案的所有努力，无疑都成了乌托邦式的提案。无论是埃比尼泽·霍华德的"田园城市案"，还是未来派的圣伊里亚的素描，又或者是以柯布西耶为首的现代城市提案"300万人口的明日之城"，都不是面向具体城市的处方药，全都是空想的提案。

在此，方法的目的在于具体的城市控制，还是未来城市的图像，只是由于这一目标上的差异而产生了分裂。然而，正是这种分裂，控制着现代的建筑设计。它不仅仅是社会性职能的差别，还包含了城市规划方法的两面性。那种认为或许并非是分裂而是两面性的假说，现在成了对城市设计方法和支撑该方法的意识形态进行解读的关键。当规划师和建筑师处于城市设计方法现实化的阶段时，甚至可以想象，他们的职能或许会面临解体的局面。

方法的互补性

在此我想提出一个假说，即根据城市规划师所开发的数量调查所做的城市解析，与建筑师提出的来自形态的提案，实际上起着互补的作用吗？城市在规划时必须经历的两面性，不正是彼此的互补性吗？并且，所谓城市设计，不就是在数量解析和形态操作所拥有的方法上互为辅佐的综合条件下才得以成立的吗？

只要试想一下具体的方案实施或提案时的形式就能够了解这一点。例如，在对城市进行数量式解析时，具体的提案一定拥有了某种形态。无论是城市拥有的自然发生物，还是意图使之变形物，当它们在被加以具体谋划时，其规划案中必然存在着形态。舍弃一方，即是对该提案的非现实化。规划的谋划或者实践，便是以貌似无关的两个侧面为媒介的。

城市设计开发的应有目标很显而易见吧，那就是设定使这种拥有互补性的方法得以成立的场合，以及对该方法进行技术上的体系化。因此，我想在19世纪那个蜜月时代以来不断分裂的城市规划的图景中，从形态的侧面对其方法进行追踪。通过这一追踪，当下的城市设计的状况便能凸显出来。

城市设计的四个阶段

就结论而言，城市设计中包含了来自城市规划的建筑规划，这种规划性的方法概念，是经过以下几个阶段发展而来的，即实体论阶段、功能论阶段、构造论阶段、象征论阶段。

在某种层面上，它和卡西尔的方法式展开是平行的。当然，如果我们认为城市的方法概念，在那个时期和其他领域的成果有着密切关联，那么平行展开也是理所当然的。通过这种阶段论的假说，可以明确看出彼时城市设计正处于开发阶段，它是构造论和象征论的一部分。

对于上述各个阶段的发展，我们不能认为它们是完全分离的、独自形成的，而应该认为，它们总是包含着前一阶段，对前一阶段加以消化，并在下一个新的阶段中进行消解。

城市设计要在现实的城市中发挥作用，其方法的内部，必须包含能够还原为实体的过程。也就是说，在各个阶段的方法论中，还原为实体的操作当然是必需的。它即是城市设计的技术，支撑这一技术的意识形态就是这里所说的方法。技术有了体系，方法论才可成立。且支撑这些的，是和具体图像相结合的实体概念。实体概念成为核心，技术体系方能完成。

城市美容术——实体论的系谱 I

在很长时期内，人们认为城市是物质的存在，城市规划就是用物理方式将其完美呈现的手法。在近代形态的城市被规划出来的 19 世纪，城市规划的技法在巴洛克空间的引导下确立了一种模式：它由多焦点轴的道路构成，焦点上是纪念碑，轴干上配有主要设施，将城市装点得十分美丽。这种技法是该时代的产物。

前面论述的奥斯曼的巴黎规划自不待言，彭威廉的费城规划、朗方的华盛顿规划都以放射线和方格组合而成，重点在于，它们配上了各种类型的拥有纪念性特征的设施，这一点具有典型意义。这是一种 18 世纪占据统

图 3
皮埃尔·朗方
华盛顿规划（1789）
堪称 18 世纪殖民风格的典型。放射状的道路和方格形的道路非常巧妙地组合在一起，该要点上建有广场。伯纳姆推动了城市美化运动规划的理论，美国各地建造了同样的街道景观。

治性地位的殖民风格，变成了折中主义的布杂学派的手法，波及全世界。在美国，彭汉终结了芝加哥派，导入了城市美容术这一手法。

卡米诺·西特，因其著作《城市建设艺术：根据艺术原则建设城市》现在正重获好评。他绝不是折中主义的布杂学派的支流，他主要关注的是中世纪欧洲各城市所形成的外部空间的组织术。他并不仅仅将那种方法用于分析各城市的中心部广场，而且用于各种位置上拥有的广场。完全融入日常生活的广场，它们几乎都不是文艺复兴以来被形式化了的东西，而是在有意无意中成了中世纪以来的城市生活的核心，卡米诺·西特对这个空间给予了重视。他的解析是按旅行者的叙述来进行的，充满智慧。这本著作经常受到质疑，其中蕴藏着最终成为经典的秘密。他本人并未做出提案，但我们能感受到他对冥冥中越发变得杂乱无章的资本主义城市，对丝毫不打算去除模式框架的布杂学派的僵化印象的抵抗。人文派对外部空间的组织技术因此得以发展。他的分析，显然就是广场空间本身，且明显集中在拥有形态的实体本身。之所以在现代实体论发展之际人们每每将这部著作视为出发点，这完全仰仗于他丰富及谦逊的态度。

图 4
维罗纳的广场
卡米诺·西特对中世纪形成的欧洲广场有机的、人性化的空间构成进行了分析，为其赋予了艺术论的基础。

城市设计派——实体论谱系 II

在城市规划的总体工作中，城市设计总是受到重视，在英国有时还占据正统地位。以霍华德为先端，在支撑战后多个新城区规划的英国传统田园都市的图像中，出现了城市不仅仅是规划，还必须经过充分设计的见解。W. 霍尔福德和 F. 吉伯德的诸多提案和论文对该见解起到了支撑作用。按照他们的手法，城市空间与各元素的配置密切相关，诸如道路的形态、包围它们的建筑物的高度和比例、主干的意识、高低的变化等，应该将城市空间视为实体形态来加以考察和设计。这一完全正统的手法，在最终决定城市空间时不可或缺。换言之，这种手法是和建筑设计本身联系起来的。

发展了这一手法的是戈登·卡伦。他历经数年，着手对英格兰的各个城市进行具体分析，在建筑评论杂志上连载发表了表现城市构成要素意义的写真和素描，之后集结成册。

图5
戈登·卡伦
城市的视觉性结构分析（来自《城市景观》）
他分析城市空间，不但停留于其形态，而且以构成它的诸要素为线索进行。尤其是他根据简化的素描分析城市的视觉性构成，与外部空间的设计手法联系在一起。

他不仅着眼于城市空间的形态，还关注城市空间的构成要素。有时是空间的连续性，有时是突然发现的惊人之物，有时是城市生活的流动，等等。他试图用明确这些构成城市景观的诸多要素的方法，赋予建筑集群及建筑集群间的相互关系以意义。其后他又进一步推进，试图将技法拓展为将城市建设过程中图式化的规划还原为带有具体性的实体时的技法。同样，在实体性地把握城市的方法上，从巴洛克城市规划到卡伦等人所追求的景观设计的过程中，大概可以发现其中出现的重要质变。在巴洛克时代，与那种对城市总体进行物理性设计相对，城市设计派已经在认可近代城市规划的基础上承担起对视觉部分的处理，分工的意识逐渐明确。虽然是分工，也可以看作他们的工作通过将据点压缩至建筑师的范围，从而在规划师铺设的轨道上发挥装饰家施展城市美容术的作用。

至此，城市规划和城市设计从完全合体的态势，转向了在分裂后相互妥协、各守其职的这一分工系统。城市设计是建筑的延长，如果将其单纯定义为扩大，则这个分工还会再次如 19 世纪那样顺利进行下去。他们时而是城市规划师，时而扮演建筑师，这样就行了，不需要在他们之间导入其他新型媒介。事实上，只要将城市设计限定在实体上讨论，那些疑问就不复存在了。

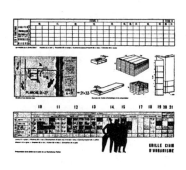

图 6
CIAM 格网（1947）
简化城市四种功能图式以适用于城市设计，并整理为格网以便于展示。

功能系的网络

如果使用《雅典宪章》的方法性评价，那就意味着从城市的实体中抽出功能并加以定型。

只要强行将实体概念消解在功能概念中，那么就能造就城市由"四大功能——居住、工作、游憩、交通"来确立的神话。至少，将城市理解为各种功能的系统，根据配置来构筑城市的操作，就会和奥斯曼式、西特式的城市设计彻底断绝关系。巴洛克城市模式中，虽然存在设施的造型配置概念，但并没有以功能网络来建造城市的意图。加尼叶的工业城市方案中，首次出现了城市功能配置的萌芽。虽然他的计划是由各功能群所构成的实体的有机配置，但从实体中抽出功能从而导出通用的方法，还是不得不等到《雅典宪章》的出现。在这个意义上，柯布西耶当初也是从实体的城市概念出发的。

功能主义下的城市设计的方法，被认为与过去的近代城市规划派水火不容，但是从方法上来考察的话，可以看到事实上二者处于非常相似的阶段。

即被称为"Land Youth Planning"的土地利用的基本手法和四大功能下的城市构成手法分别脱胎于实体概念，一个作为土地利用体系，另一个作为功能分配体系，它们都试图将图式用作各自的构成方法，在这一点上甚至具有了近亲性。但是，它们各自的方法体系在将其作为技术还原为实体时是有差异的。前者作为现实性的手段，是城市自然产生的，将自由活动的间接性控制具体化，与此相对，因为后者是建筑师的集团，其提案通常使用限定性的方法，即在实体性建筑上填满细节。

CIAM 的方法，其产生的原因在于，无法开发出在将城市这一整体图像具体化时，以断绝为媒介使建筑和城市之间产生某种关联这一有机的方法。其理由也在于他们处于城市建设的外围，接触现实的城市建设机制的机会较少，急切描绘出完结的图像。当他们消解实体，集中于功能概念的操作，将操作结果再次还原成实体时，城市这一总体或者说整体，和建筑体这一部分或者元素绝不是连续的。当整体包含部分时，只有经由断绝这一媒介，相互的关联才能得以成立，他们并未意识到这一否定式媒介[1]。这一否定式媒介，正是规划方案对现实城市进行自身筹划的行为本身。在"Land Youth Planning"体系中，这一媒介，是实施总体规划时的各种控制方式。这种方式虽然在现实的城市规划中获得了最小限度的有效性，但现在还只能做到消极控制，并不包括在视觉上形成城市空间的方法。

1《城市的形态与活力》，《建筑文化》1961 年 11 月刊（城市设计特辑）。该文章对构成城市整体的模式、作为其部分的元素，以及作为其媒介装置的系统进行了分析。

功能主义的空间及实体概念

功能主义试图通过功能系的网络把握城市，在这里已经表明与实体论阶段空间不同的异质空间概念已然出现。功能系统的配置，对应的是图式的空间。图式的空间是抽象化了的图像，不带有具体性。城市的全貌到了这个阶段，在方法上已经能够从样式的设施配置转而成为概念操作的对象。

之后，功能主义构想所面临的诸多问题和矛盾，基本上都起因于功能主义的空间只是图式的，绝非实体本身。在将功能分析过的图式还原到实体的过程中，出现了各种手法的差异。这种还原并不是轻而易举的，在有了某种概念的媒介之后才最终成为可能。实体概念便是如此。

在国际现代建筑协会的城市规划的图像中寻找实体性事物的话，就会看到诸如"绿色、太阳、空间"这样的勒·柯布西耶的口号。柯布西耶在方法上拥有 4 个功能的图式，并且他总是在使这些功能与 3 个口号相对立的同时，开发出一种灵活的设计。他的设计至今仍在我们眼前呈现出现实感，这是因为他总是有意识地令诸多功能和那种实体概念相对立。

同时，他还开发了诸如桩柱、屋顶花园、居住单位、居住的延长、7V 法则等包含对立在内的、形成实体化的媒介的众多技术手法。

根据这种方法，确立了将图式空间还原成拥有具体特征的实在空间，即"物"的空间的媒介。

人性派的修正——城市的中心

在 CIAM 贯彻《雅典宪章》的纲领并持续活动的二十年后，1951 年，孕育在其内部的危机最终达到高潮。这一年的第八次会议，主题为"城市中心"。虽然诸多记录表明，这次会议上，《雅典宪章》的意图出现了一次质的飞跃，而实际上，城市人性化的主题，不过是典型地意识到功能主义城市构成方法的矛盾时所进行的修正罢了。1959 年，通过 X 团队 CIAM 发布解体宣言的契机已经显现。

"城市的中心"，即是为了将机械化的无序城市人性化，而创造出相当于城市心脏的核心，通过这一手段，使其能够和人类联系起来。这便是用于在现代城市内部创造类似于欧洲传统广场的空间的研究和提案。

这显然缘于功能主义的城市构成手法所蕴含的矛盾。

正如上文所分析的那样，功能主义中，除了极少数案例，均不包含实体概念。因此很多提案都很抽象，缺少对现实城市的冲击力，也缺乏充分包含具体性、特殊性的现实图像。这明显是将方法限定在图式空间内而产生的自相矛盾。作为对《雅典宪章》的修正，导入城市人性化这一概念，这终究是建立在承认《雅典宪章》阶段是正确的这一基础上的。

于是，功能主义的修正，以对西特的重新评价的面目现身，出现了以城市内的广场设计、外部空间的构成技法等多彩的提案。

但是，在这个时点上，不仅是单纯的修正，让人感觉到以非功能主义为出发点所提出的意识形态拥有更重要的概念。例如，北欧的新经验主义，从功能主义的角度来看，它仅获得了"是一种地域主义"的评价，而在空间实体化的阶段，事实上是必须发现一个重要的图像。在此可以列举拉斯姆森的著作。他不仅在世界性的视野中对以丹麦建筑为中心的北欧派的意义进行评价，还主张将空间作为经验来看待。

空间不是由构成它的要素所制造出的形态，当人们存在于空间内并体验空间时，它才开始能被感知到。空间在与人的存在相呼应时才开始被意识，只在那个瞬间是实际存在的，这是对存在论视点的导入。实际上这是完全正统的空间论，和布鲁诺赛维及阿尔多·凡·艾克的立场如出一辙。

阿尔多·凡·艾克指出，不仅是功能，时间、空间也不过是抽象的概念。他强调，重要的是应该将人类在特定时间、空间存在的瞬间视为问题点，将时间和空间理解为机会与场所。将这一理论进行展开的话，对人类而言，城市和建筑应被理解为同时的双重现象。"城市即是建筑，建筑亦是城市"的这一纲领由此成立。

在此，功能主义阶段所存在的缺陷应该是显而易见

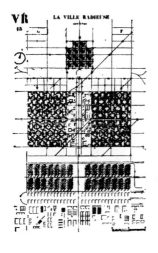

图7
勒·柯布西耶
光辉城市（1930）
该规划描绘了抽象化的理想城市，在这一规划中，城市的整体构造都是仿照人体来设置的。大脑、心脏、内脏、各种神经系统，等等，都可以看作城市的各种功能和内部交通系统。这种结构成为日后昌迪加尔（1950）的原型。

的。其一，空间虽然实现了图式化，但将其还原成实体媒介的这种实体概念意识不足，更没有理解实体空间存在的意义。其二，当然，在配置功能阶段，对必须意识到的城市的结构性把握不足。

城市的结构——模拟有机体

通过具体规划提出的方案，正因为其具体化，潜藏于功能配置内部的结构必然能浮现出来。但是，这一意义上的结构意识，在《雅典宪章》阶段并未加以明确认知和定义。城市设计反倒被分解后的功能的"任意"构成遗留了下来。城市的图像，被视为分解后的功能的综合体，而不是有机的综合体。

因此，无法把握支撑被视为综合体的城市的结构。如前所述，城市与建筑的关系绝不是连续的，通过对二者从概念上加以分离并置于对立关系，无法将二者终于诞生的相互图像化的关联方法化，进而无法意识到使这种对立关系走向完结的否定式媒体，最终，就像在 CIAM 的很多提案中可以看到的那样，产生"城市淹没在同质的建筑中"这一结果。

然而，在具体的规划方案中，不仅仅是图式，也一定包含着某种结构。MARS[1]的伦敦改造计划案（1938），展示了从线状的中心地区呈直角向外扩张的住宅地的结构模式。巴西利亚明显是对蒸汽机机械结构学的模拟，昌迪加尔则属于人体结构的范畴。

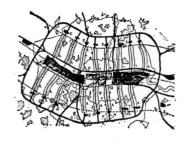

图 8
MARS
伦敦规划（1938）
沿泰晤士河建立线状的商业和工业区，左右建造住宅，是典型的线状模式。

将城市结构模拟为某种机构，实际上间接表明了城市是一个有机综合体。这种有机模拟的构想，可以看作以勒·柯布西耶的"光辉城市"为原型的。他将分解后的城市功能群进行统合，以此来模拟人体结构。即总部为大脑中枢，居住区和商业区及工厂等区域规划相当于身体的各个器官，很明显交通就是血液循环系统或者神经系统。

对有机体的模拟，开发出了城市结构的图像，那时

---

1 MARS：CIAM 在英国的团队。

已经不再仅限于图式的阶段。应该可以将这种结构意识较为明确的阶段称为构造论的阶段。

构造论阶段，在城市设计方法中，始于城市结构实体概念被开发之时。

史密森夫妇的"城市及基础设施"，以及坎迪利斯、伍兹等人的图卢兹规划的"主干"中的街道，丹下健三研究室的"东京规划1960"中的"都市轴"，等等，明显可以称为实体概念。我们应该记住的是，这些实体概念的出发点均是各个有机体的图像。史密森所说的城市的铺垫结构，具体而言，是现代城市的主要特征——对应流动性干线道路。这种道路结构是城市各种活动的基础，同时通过这种结构相互连接起来的各种设施之间，拥有了某种关联，成为像细胞增殖一样连续的存在。史密森所说的建筑集群城市，就是在那样的骨架上运作起来的，可以说是始于一种代谢的图像。

在图卢兹规划中，很显然中心街道相当于果树的树干。从树干分出各枝干，居住设施如同树叶一样挂在枝头。这里的树干，在功能主义的纲领中，并不是抽象的循环回路，而是如同过去的街道那样，将支撑城市生活的各种活动，如散步、休憩、购物，花园及集会场所等包括在内。在形成城市结构体骨架的同时，将具体的城市活动实体化。"东京规划1960"中，城市中心部呈线性展开，显然是从脊椎动物的生成过程导引出来的图像。脊椎的骨骼与链状交通网及市区中心街道线状化的图像重合。这一脊椎是"城市轴"，它成了真正的轴，从中可以看出对东京进行结构重组的意图。

在将这种结构式的实体概念作为方法提出来时，它就已经达到了《雅典宪章》无法比拟的更高阶段。

在对各种类型的结构实施完善的规划时，这种方法更加有效。它不仅可以决定新型城市的物理性结构，反过来，还可以通过城市结构来解析城市社会形象，将该形象实体化并加以把握。

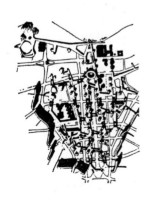

图9
彼得·史密森
柏林首都规划（1958）
在城市内部，作为一种基础设施建设与步行者流动一体化的三层平台的格网，在其周围配置各类集群设施。建筑集群的展开呈连锁性反应，令人联想到细菌的增殖。

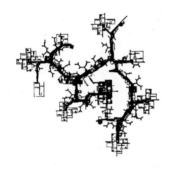

图 10
坎迪利斯、伍兹和图卢兹规划
（1961）
"主干"的中心街道上集中了支撑
城市公共生活的设施，住宅楼成为
主干上的枝和叶，彼此密切关联并
拓展延伸。

物理性模式和活动性模式

城市设计，或多或少都会通过形态化这一操作被提案，因此，这些城市结构体，无论是具体的还是图式的都需要成为模式。

与通过形态化的模式来分析城市相对的另一种方法是，通过城市内部活动的分布即活动模式的线索对城市进行解构，它已经开始成为城市规划的主流。在现实的城市中，其物理性实体被理解为密度分布、容积分布、道路网……这种物理性模式，与城市内部形成的各种活动的分布即各种交流、人类及物资的流动、资本投入的类型等通常并不一致。尽管二者是完全不同的概念，但是与名为建筑的这一物理性的实体空间与其内部包含的功能活动的关系也很相似，必须是相互依存和相互制约的。此时所发生的偏差，或矛盾、弊端等，实际上甚至可能成为撼动城市的能量。当双方方法上的差异被意识到时便出现了问题，需要生成新的城市。对于这种城市的总体性把握，到了构造论阶段才终于显示出了生命力。因此，模式总是开放式的，必须预想成长及消亡的可能性，这一状况大概可以说来自在有机对应城市活动分布的变动方面所下的功夫。

所谓模式，是指构造论阶段的城市空间的图像。从这一视点来思考的话，空间在和实体概念联系起来的同时又能够成为实施规划的对象。空间并非物理性形态，它在和人类的行为产生关联时才开始存在，这种认识必然导入物理性模式和活动性模式的对应关系分析。这一统合也就是城市设计。

而且在这一操作中，城市空间所拥有的多样性特征，尤其是和人类的图像联系在一起的视觉结构，以及元素象征化等各种方法的导入，引出了下一个象征论阶段。

城市空间的象征性解析

在象征论阶段，暂且以象征操作的逻辑为基础建立城市设计，随后通过特定的手段，将其还原成能够在下一步实施的实体。这个阶段的实体概念虽然还不明确，但是可以认为相当于各种"模型"或"概念装置"之类的概念。

无论这一阶段的理论是否有效，总之，该分析导出了城市的构成方法，这和城市在实际上能否进行设计联系在一起。这个实例虽然至今尚不充分，但它反而告诉了我们未知领域的可能性，至少看上去我们可以说，虽然那种立志对该领域进行开拓的团体不多，但仍然存在着。G. 凯佩斯、K. 林奇、D. 克莱恩、P. 塞尔等主要所属于各大学、研究所的这些人，他们所做的便是这一工作。

他们的方法，未必一定是从与具体设计或规划的结合点上出发的，更是始于将城市这一既存的对象感知成视觉的行为的分析，如此被感知的对象，即开始拥有了作为象征体的意义，但反之，由此也能看到组织、构成

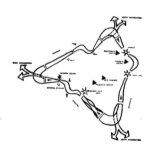

图11
阿普尔亚德、林奇、迈尔
波士顿高速公路视觉分析（1964）
将波士顿市中心区域周边规划的环状高速公路，作为驾驶员得到的空间体验及象征的认知结构来进行分析，提出了需进行有效修正的提案。

城市空间是带有意图的行为。这种分析手法还得益于格式塔心理学、意义论、符号逻辑学等其他领域的成果。

G.凯佩斯在对城市景观进行视觉解析时将之定义为，表现和传播城市的是象征体的并设关系，并将城市定义为是为了将它作为象征体来理解的观念。K.林奇努力使这一概念严谨化和具体化，分析了城市的视觉结构，进而确立了直至配置规划的一以贯之的方法。D.克莱恩在城市规划的具体实施方面，强调了象征体装置所产生的有效性，推出了力图使其上升到系统性阶段的提案。P.塞尔则一味地将论点放在城市空间的记述方法上。作为这种方法的展开，他将波士顿的环状高速公路，视为空间体验与移动中的记忆的线索加以分析，有了对它进行重新设计的提案。

综上所述，从象征体入手进行分析时可以看到的共通的方法是，将所有对象从实体中抽离，转化成所谓的假象的符号。根据兰格尔的记述，象征体中包含了两种意义，即传达和对象有关的表象，以及表象事物或状况。这意味着，象征体不仅是实体的对象，它所处的状况，即按照我们的用语所说的元素和它们存在的场所，换言之，甚至城市空间的整体都成了象征体，从而符号化变得可行。在这里，我们面对的已经不再是实体本身，只有其表象和状况即能被认知的假象对象、场合，对此必须写明。同样地，即使被称为城市空间，在这里也难以成为拥有形态的物体，或者说将其称作象征体的分布浓度才更加合适。

图12
方格形媒介（1963）
坎迪利斯、尤西克、伍兹

系统模型和假想模型

将这种经象征化手段理解的城市空间还原成实体的媒介中，有一种模型概念。这种模型在今后应该会更多出现，其中一个类型就是一直以来我们称之为"城市系统"的一个系列。

所谓系统，就是为城市空间内部各元素的存在赋予各种关系，对这种关系进行定义。当我们对组织化的系统、结合或分离的系统、重复系统或序列化的系统等具有意图的系统进行重新审视时就会发现，它们都是元素在城市整体模式内部存在时的内在样式。换言之，即通过相互赋予元素以特定的意义"使关系得以建立"。如果现在将元素的表象视为象征体，那么，这个系统本身就可以成为一个模型。因此在计划阶段投放几个诸如此类的系统的话，就能够在整体中考察要素。反之，如果象征体配置的变位才算是规划，那么，限定该变位的也还是这个系统。系统、模型，在这里堪称令定义城市空间内相互关系成为可能的媒介物。

C.亚历山大通过对系统的分析，找到了可称为模式意义论的方法。他并不像系统工程学所说的"Tree"（树）那样，为现实中的城市结构建立明确的关系，而是发表了一种假说，他认为应该采用一种松弛的、内含可变性的、可称为"半格子状城市"的模式，这个论点指出了现存几乎所有拥有结构模式的提案的非现实性。这一研究应该说还有一个意图，就是将城市作为一个系统模型来构筑。

进而，从这一阶段的基本特征是象征体操作这一点来看，正如构造论阶段将模式从城市抽离一般，在此，从城市抽出几种模型也是可能的。换言之，在将模式进一步普适化的同时，模型的概念应运而生。这一事实，反之能为城市投入新的模型。它拓展了为城市置入一个骨架的范围，还包含尝试为城市适用完全不同种类的新概念。如它描绘了双生城市[1]、塔状城市[2]、海上城市[3]、山岳城市[4]、空中城市[5]、可动城市[6]等这些乍看和现存城市毫无关系的想象中的概念。

空想的城市图像，自柏拉图的理想国以来不胜枚举，虽然不是直接的，但间接上对现实城市产生了很大影响。我们重新回头看一下的话便会发现，它是将新的假定投射到城市中的尝试。当我们对这种投射进行具体探讨，形成了操作的概念和方法时，空想城市就会走向现实化的道路。甚至会出现越是空想的规划越能成为现实的这种反论。如果拓展模型的意义，甚至就能如此这般地将仅来自假说的方案视为对象。在制订某项规划时，原本所有的一切也仅由假说构成，进行设计，包括这种想象中的概念操作在内，我在这里姑且称它们为假想模型。

---

1 《双生巴黎计划》。

2 菊竹清训的提案（1958—1960）。

3 同上。

4 西山卯三的提案（1948）。

5 尤纳·弗莱德曼的空中框架研究（1960），矶崎新的 Joint Core 提案（1960）。

6 如阿基格拉姆集团的"插入城市"（1964）或尤纳·弗莱德曼的"移动建筑研究小组"（1962）。

假想模型，不仅限于空想都市，也包含新型城市的基本图像。支撑这种提案的图像，其本身是有可能作为模型来看待的。所谓的空想城市，虽然受到批评，说它不过是虚构的，但用象征论的方法来看，甚至会得出一个讽刺的结论，正因为空想城市是没有实体的假象，它反而备受好评。这种假象模型的操作，才逐渐成为象征论阶段核心的开发主题。

互补方法的技术性媒介

我在此要指出一点，实际上类似于盾有正反两面那样，当今建筑师和城市规划师在方法上的分裂，起因于形态操作和数量操作的比重上的差异，只是在具体性提案这一行为作为媒介时二者才能统合。但是，到了将城市空间完全符号化的阶段，数量操作和形态操作可以说就开始完全紧密地贴合在一起了。即形态成为符号的分布，数量成为符号的密度。换言之，在此存在于同一层面上把握方法的可能性。

例如，从该阶段建立在将象征体操作变成可能的观点出发，由电子计算机高度组织化产生的数量解析，和模型的提出是互为表里的。考虑到电子计算机的使用过程，它必须通过复杂的程序，将具体城市系统化，进而转换成抽象化的模型。当该模型能够被量化时，城市设计才开始和那种使用电子计算机的计量手法结合起来。使用城市模型与电子计算机建立的计量解析手法的体系，可以说恰好是互补关系。将城市设计具体化和精密化，可以说存在于这一条件下，即在象征体操作这一时点上，模型认知和计量手法才能得以配合使用。

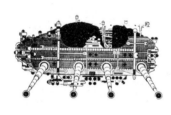

图13 "行走的城市"计划（1964）
四处行走的都市这一提案乍看有些科幻，实际上可视它为将现实中的城市所拥有的特征放大并形象化的产物。社会的可移动性，或者说行走的城市，间接对应我们今天面临的状况。同时，该计划还暗示"集合的环境"才是未来应有的姿态。

所谓系统工程的手法，如果它针对的是电子计算机城市设计内部的系统模型，那么它已经在交通量的解析方面得到了长久的很好的开发，也并非不能将想象中速写和图表作为具体的设计以计算机为媒介来进行推进。例如哈佛大学 MIT 的城市研究联合中心的 M. 曼海姆和 C. 亚历山大，他们将计划开发的综合设计置换为图表式的技术，经由电子器械，探索几种决定性因素的重复，这就是一个案例。

图像的矩阵，恐怕也要通过集合论来进行解析。这种方法，过去是在某个设计师的无意识的思想内部形成的，一个综合体中只有某一部分被导出设计师的外部，这才开始受到客观看待，何况人的眼睛，是比迄今电子器械所开发出的任何方法更为独特和强有力的"计算机"，无论是制作模型还是确立程序，都只有人类的想象部分参与，这一点在此必须明言。城市设计师在这个过程中，也成了掌握新型解析手法的想象的设计师。而且，城市的最终形态，出自人类设计师之手的事实仍不会改变。

空间的浓度和流动及"场"的概念

在此我必须阐明，上述追溯的城市空间的图像，站在我们日常所感知的实体的城市空间的视角来看，恐怕已经是彻底被抽象化了的另一个世界。人们开始意识到，将实体的城市空间转化为抽象空间，对转化后的抽象空间进行操作的技术体系，正是当下的主要方法。关于那种空间图像获得实体性属性的过程，已经在各阶段的分析中提到了，之后也会进行概括和总结吧。首先，我认为需要对看似与日常性体验空间分割开来的城市空间的特征定义几个概念。

　　在此，我想回顾一下我所谓的"象征体"的意义和功能。象征体，首先是存在于城市空间内元素的表象。并且，这种元素对其存在空间产生的各类型影响效果也是象征体的一部分。进而，由空间内部的人或物质的活动而产生变质的空间本身即状况，也是象征体，这一认知也意味着能够直接将它符号化。换言之，现在出现了将所有元素、元素效果、产生活动的空间或城市空间本身等所有的一切转化为符号的可能性。站在这一视点来理解的话，仅仅将其定义为城市空间是不准确的。对城市空间进行表达的图像及与其相连的技法的重要性也将不断增加。

　　城市空间，开始成为象征体视觉化后的符号的"浓度"分布。诸如此类的符号，根据不同计划、分析的项目及意图，大多能进行整理和分类。各种符号的浓度分布成了空间表达。进而，这些符号还拥有"流程"，即城市总是存在于生成发展的过程中，只有能将符号作为"流程"处理时，才能够把握这个过程。从交通或者交流等特定侧面中的"流程"，到意味着其分布密度的时间性变质的生成流程，也同时应该被列入考察范围吧。

　　如果可以从符号的浓度和流程来把握城市，甚至我笼统称之为"城市空间"的对象也符号化了，通常，人们将符号本身视为没有质量的点，因此这里应该更适合导入一个"场"的概念来对那些状况进行操作。

于是，城市空间通过存在于"场"中的符号浓度和符号流程表现出来。通过逻辑性来构成这一预测，城市空间开始有了充溢无数规划的可能性。

城市空间，因此更像是一种氛围，将它想象为非实体的雾气比较合适。不，再回头审视一下的话，氛围的图像完全是日常的城市空间。我们在分析日本城市空间时，评价"界隈"[1]这一词或者概念的重要性，其原因也在于此。"界隈"的图像才是最具现代性的城市空间。

我之前虽然提到了抽象化的空间，但比起抽象化，更合适的说法是，包含非视觉化各系统在内的空间。"界隈"或"气配"[2]，这种日本空间的表达方式贴切地传达出我们日常所感觉到的城市空间未必是仅靠物理实体构成的。缠绕在人的周围，诉诸五官的全部，通过五官所感受到的才是城市空间。要对这些加以描述或记录，除了符号别无他法。城市不仅仅是被视觉化的，还充满了不可视性，这样重新审视便会发现，将城市视为方法进行

---

1 日语"周边"之意。

2 日语"氛围"之意。

重组时，具体的图像也有可能直接下降。日本传统的空间感知方式，教会了我如此考虑问题。正如"界限"或者"气配"，那是界限模糊、流动的空间。那里有着不被机械式地简单化、拥有未分化状态的直觉的空间感应能力的图像的源泉。因为现代空间已经被不可视的电动媒介所充盈，成为这些媒介传播的"场"。

看不见的城市

如此规划的城市样貌，其常态必然是朦胧的，如迷雾般飘忽不定。它没有确定的未来的样貌，城市形态会在我们眼中变得越发难以明辨。在你用具体的形态将你现在想要描绘的未来城市呈现出来的瞬间，你的设计就会从未来的图像返回到当下。因此，未来城市必然总是在你的想象内部飘忽不定。最有可能接近这种图像的，就是我称之为"象征论阶段"的方法论体系。这种象征性的空间图像，事实上也是日本的空间。姑且可以将那种飘忽不定的图像称为"看不见的城市"。实际上，看不见的城市才是未来的城市。接近这种"看不见的城市"的具体方法，其中之一已经在象征论阶段得到开发，它能够支撑对其进行重新规划的概念。

　　"看不见的城市"内部，建筑和城市溶解后变成了雾状。城市设计，如果以城市和建筑方法上的分裂作为媒介，那么，这一图像则在方法上得以开发。二者或许是令人吃惊的魔术师，互相破坏彼此的企图，最终得到的结果是堂吉诃德式的叹息。但是，眼下堂吉诃德千疮百孔的勇气才是美德。只有将"看不见的城市"这一幻影实体化才是有效的策略。勇敢地挺进这一策略，纵然是杜尔西内娅公主，也会忍不住发出赞叹吧。

日本的城市空间

象征体的空间分布

从现代视点评价日本的城市空间图像的话，就意味着试图以彻头彻尾的象征体分布图表现空间。例如，我们看一下天保十四年（1843）发行的《怀宝御江户绘图》。后图以《怀宝御江户绘图》为样本，为了更清楚地传达其表现意图，我们用手进行了重新绘制。尽管是重新绘制的，但保留了道路分割的原样，将家徽放大，省略了一些今天的我们觉得不必要的文字。

该图主要由两部分内容构成。一部分是用地划分，也就是道路的模式，另一部分是表示各大名位置的家徽和几个带有地标性意义的神社、佛寺的标识。用地分配图没有做过任何修改，因此，可以将道路模式及护城河的位置与现在的东京的都心进行对比。不过你应该会发现该道路模式的不准确性。

和实际存在的道路对比，有些扭曲的模式，以及地图上标出的用于象征体的分布，仅靠这些材料，反而使得我们能够"准确地"描绘江户城的图像。也就是说，通过家徽的分布，我们才能够了解那些成为重要地标的设施的位置和方向。通过变形后的道路模式，我们可以发现当时江户道路的重要程度或关注度的强弱差别。中心部位的道路距离感是比较准确的，图面上的周边部分被极度压缩，应该是出于关注度比较低的缘故，甚至道路的长度也受到了压缩。

实际上，变形后的地图和具有解释性的象征体的布局，在现今的很多观光导游手册上都能看到。不过，这里的变形更加严重。想必大家也都有过这样的亲身体验，比起按照参谋总部以五万分之一的地图或实际测量制成的精准的城市规划图，那些出自无名之手的观光导游手册上附带的简略图反而给人们带来更多便利。这绝不是什么羞耻的事。因为如果要追求忠实于直观印象，简略图反而能够更准确地表达城市空间。

图14　江户绘图

　　如果站在绝对性距离、可以测定的间隔这一视角，完全"不准确"的表述反而能够"准确"地传达某种图像的事实，即便不借助立体主义及黎曼几何，也能充分看到日本人的感性方式。现在当我们解析城市空间并试图提出图像的时候，我们应该承认，比起拥有测量准确度的平面地图，用变形、抽象化的技法才更有可能准确地传达这一事实。现在，以现代视点评价日本的感性空间表达并将其技法化，这一点越来越重要。

　　空间图像的传达，受到以此为媒介的技法左右。在充当媒介的技法内部，开始潜藏空间图像。具体而言，尽管称作城市空间，但并非实际存在于人类外部，当它被认知的瞬间便出现在意识的内部。因此，城市空间的表现技法，必须是内在图像的传达手段。我们应该追求的正是以这种传达为媒介的技法体系，只有体系化了的技法，才能使空间认识成为可能。

曼陀罗式宇宙和卡巴拉式宇宙

城市空间的图像，有时就是宇宙空间本身。在宇宙的整体图像支配人类生活的时代更是如此。

如今我们置身于分裂的宇宙图像中。假如将人类的生活或存在的整体图像视为一个微观宇宙，那么，现代科学所开发的物理学上的宇宙图像才是宏观宇宙。宇宙图像如此分裂，是从近代才开始的。曾经的微观宇宙也是宏观宇宙。

城市空间的设定也同样如此。城市在一定程度上受到平面上的地形或功能分布的影响，但在东方，城市的骨架往往连接着宏观宇宙。近似于巫术的宇宙观，就是城市图像。与阴阳道合为一体的佛教中的秘密仪式，往往决定了城市空间的结构。

我们可以在密教的曼陀罗中找到一种具有根源性的宇宙图像的展开技法。我在此并不想论述密教曼陀罗的秘密仪式和哲学，我认为曼陀罗的视觉的展开技法才是应当重视的。

曼陀罗通过在平面上记录诸佛的排列，图解密教哲学，意图传达这一图像。这种排列，一旦出现在宇宙空间，就能显示出想象中的诸佛的位置。曼陀罗的整体也就是宏观宇宙，通过有限的平面上的图示，制造出了新的宇宙。当诸佛的配置和编织出的宇宙空间合为一体时，人类才得以存在，这一瞬间，整个宇宙得以统一。不用说这也是一种宏大的宇宙结构的美学。

重要的事实是，这种曼陀罗在它的起始阶段是临时搭建的土坛，在土坛上举行佛教的秘密仪式，仪式结束，它即被拆除。诸佛的宇宙分布被压缩后在地面上再现，其中有着宇宙整体图像的缩略图。而且，可能出于排列在地上之故，其往往模仿王城。王城是神圣的都城，诸佛排列在它的空间内部。一个是宇宙空间，一个是城市空间，还有一个是具体的人类居于其上的有限的土坛，这些重叠的图像浑然一体，构成一个曼陀罗。诸佛分别拥有各自的意义，被象征化，还经常用一个梵字来表现。梵字的分布图即为宏观宇宙。

人坐在坛上，即这个宇宙空间是从上方俯视的，制成图像悬挂于墙上的事情出现在后世。这一宇宙空间作为象征体的分布，其视角来自上方，即便它变成绘画挂上墙后，在密教的佛堂中，它也与该分布图形成对照。

人的视线徘徊于诸佛的图案式配置图上。曼陀罗将这种原始的创意留存下来，也画成能铺展在地板上的图像。因此，将这一切鸟瞰于眼底的必要性随之产生，于是形成了鸟瞰图。之后，在日本开发的空间图像中，尤其是表现技法，可以说它们都集约在曼陀罗中。

归根结底，它就是分布图。

如果寻找能和曼陀罗进行对比的宇宙图式，就会发现犹太教内部派生的秘传教义下的卡巴拉。和诸佛的分布不同，卡巴拉的整个宇宙是由希伯来语 22 个字母和 10 个数字构成的。通过这些字母和数字的操作，卡巴拉主义者制订了全世界机构的规划，他们相信可以通过思辨性推论来理解神。10 个数字，即通过生命之树的配置来表现宇宙，它并不一定是曼陀罗图那样的分布图，显示的是基于关系处理的结构。而且这 10 个数字既是宇宙原理，又是人类存在的原理。因此，其图式并不是由人类从外部眺望的，而是以图式为媒介，思辨性地理解宇宙的手段。它是被抽象化了的原理的结构，必须表现逻辑的体系。

卡巴拉主义所描绘的宏观宇宙，是与人类自身相匹配的微观宇宙。它呈现的宇宙，是神名义下的人类分析图。那不是多种人类或物的分布，而是单一的宇宙结构由多样元素所构成，人类自身也被抽象化，成为那一思辨性逻辑的直接素材。

卡巴拉式的思维，在采用神秘仪式的同时，甚至带有炼金术师所想象的分析技法，由此孕育出了和文艺复兴的透视法的发现联系起来的内容。说到底，它的目标在于对空间进行结构性把握，而非如曼陀罗所展现的对空间进行分布图式的把握。

云雾技法　关系空间

在表现城市全景时，人们经常会采用鸟瞰图的形式。

例如1521年至1525年间描绘京城街景的町田家藏《洛中洛外图屏风》，明显是基于鸟瞰式技法绘制而成的。这幅图将当时京城的主要设施置于四季变化、一年惯例的节庆活动中，分布于整个空间。该作品通过城市生活的整体来表现京都这一城市，并试图将京都全景化。鸟瞰技法，当然也存在于欧洲。看一下1562年的铜版画，在中世纪典型的城堡中，城市的中心部分也采用了同样的鸟瞰技法。

两幅鸟瞰图的根本差异显而易见吧。

《洛中洛外图屏风》使用的技法也被称为"云烟技

法"，云和霞遮蔽了相当一部分内容，在云霞的缝隙里隐约可见分布、排列着当时京都的主要元素。与此相对，铜版画中，通过一种我们称之为等角投影的技法，对城市的所有元素进行了翔实的描绘，城市空间被这些连续的元素填满。

前者显然是基于主观意图的有意识的省略，后者依据鸟瞰技法的精确性原理得以成立。虽然同样是鸟瞰图，但在此表现的空间内核，使其特征出现了根本性的差异。

如果讨论鸟瞰的技法，正如石田尚丰明所明示的那样，町田家藏的《洛中洛外图屏风》，将这一六曲一双的屏风直立时，所有的线集中于一点，通过这个焦点，洛中洛外的景观犹如站在相国寺七重塔的塔尖上眺望一般突现在眼前，这就是《洛中洛外图屏风》所拥有的结构。这里能够看到的城市空间，通过成对的屏风形式，宛如全景电影，带着宽阔的视野迫近眼前。但是，等角投影技法，并不具备这种戏剧性的呈现效果。它没有空间表现密度的差别，只是一味地按照将部分投影在立体方格上的方式加以填满。这种方式渗透整个画面。它并不是通过改变表现形式来进行主观强调的，而是专注于以冷静的逻辑、均一的技法来把握整个空间。细节的精确度的叠加，即与整个空间表现的精确性一致的信念毋庸置疑。此时，城市空间看起来犹如通过这种技法被放置在了主体外部。

　　尽管如此，使得《洛中洛外图屏风》的这一戏剧性的城市空间得以把握的秘诀是什么呢？将焦点拉近至看图的人一侧，换言之，即所谓以反其道而行之的技法，营造出巨大的戏剧性效果，其秘诀在于：其一，传统的"云烟技法"；其二，在曼陀罗中见到的象征性元素的鸟瞰分布图构图的审美意识。这些融为一体，诞生了《洛中洛外图屏风》。

　　曼陀罗，换言之，它是宏观宇宙图像的元素的分布，因此，该空间并不会受到"不写实"的非议。但是，在《洛中洛外图屏风》中，还是存在写实性地表现城市的意图。不过，它仍旧保持了曼陀罗式的分布图样式。虽然作为元素的各种设施和庆典活动的画面被详细地描绘出来，但由于云烟的存在使得元素之间彼此割裂，以一种不连续的状态排列。现实中的城市，一如铜版画所示，通过集聚在一起的元素之间的连续而得以成立。如果将这种呈现出连续元素的空间称为实体性空间，那么，通过云烟等省略的不连续元素的排列，便可称为相对关系空间。

　　分布图是仅靠元素的相对关系得以成立的空间。从曼陀罗到《洛中洛外图屏风》的空间图像，事实上都是对象征体进行分布排列的相对关系空间。我们的城市空间认知结构，绝不是实体性描绘的集聚，而是律动的印象总和所引起的拓展。如果这种印象的总和就是城市空间的真实图像，那么，也可将象征元素的特写视为仅由元素的不连续排列的相对关系构成的空间，称为十分有效且是唯一准确的表现技法。

不连续分布的空间，即仅靠元素的相对关系得以成立的空间，可以从现代的视点进行解析。首先，通过特定的手段赋予元素以意义、符号化。对其进行排列时，通过对彼此间的距离、时间及方向，进而为显示重要度的序列加上定义，给予空间分布的整体以更高的意义。具体而言，就是使明暗、扩展、视点轴、倾斜度、构成素材等符号化的元素成为媒介。经历这一过程，被抽象化、视觉化了的空间才开始准确地表现城市空间。象征体分布的空间图像才是曼陀罗及《洛中洛外图屏风》的图像，我们应当头脑清醒地认识到这一点。

视点的移动和固定 继起的空间体验

透视法的出现，直接激发了文艺复兴之星形堡垒的图像，其进而发展成巴洛克的多焦点放射状的城市，这已成定论。

在日本的空间表现中，透视法之类的技法也曾几度入侵，最终不断遭到拒绝，其原因无非在于下面这一理念，即空间不是通过实体性解析来把握的，它终究是通过元素的相对配置而显现出的"间"。

事实上，在构成日本城市空间的框架中，最典型的是密教寺院那种追随点的分布营造出的空间图像。在此，人类的空间体验，通过对点的追踪创造出线形的条状记忆。《东海道五十三次》《四国八十八所》等表现的图像也完全如此。这里的空间是通过人类进入后的活动体验而得以成立的。

当空间图像总是和视点的移动相连时，不用说，拥有固定焦点的透视法就不再适用于表现空间的全貌了。透视法的基本原理是，设定一个视点的虚像——灭点，朝着这一点收缩的各个线上元素，按照距离的比例进行缩小。沿着视线对整个空间的压缩，反过来使视线发生源的人类的存在显现在空间中。在这个意义上，透视法也是个人主义的空间感情。

但是，在仅靠视点的移动和体验性记忆的集聚形成空间的这一图像中，上述的透视法是无法成立的。视点必定是移动的。集聚、固定且因此而受限的表现技法是注定要被舍弃的。因此，欧洲近代城市的那种透视法的空间图像在日本是不存在的。即便在江户时代，虽然以江户城为中心存在巨大的外延，但城市的道路网绝非放射状的，而是接近于旋涡状。用旋涡状来把握空间的扩展，证明了当时人们还只是以线条形的斜纹来看待空间。

空间往往在视点的移动中被意识到，只要想象一下卷轴画这一形式便能很容易地理解这一点。卷轴画所描绘的场景并不是连续的全景，而是一幅幅不连续的场景。视点在各个独立的场景上飘浮、移动。换言之，无法预测视点将完全停止在哪个瞬间。由于视点总是处于移动的过程中，所以，被描绘的对象不可能拥有固定的焦点。图像通常是前后重叠的，尽管元素各自独立，彼此互不连续，但在其构成的内部，元素又必须是连续的。这里所采用的技法，其一是有别于曼陀罗将对象置于一个平面上的技法，而是将对象分布在一条线上，进而使用《洛中洛外图屏风》中看到的云烟技法，再通过极端的省略等技法，最终消除了不自然感。

逆焦点和多焦点的画法，经常能够在称之为《吹拔屋台》[1]的绘卷中见到的对居住空间的描绘，以及通过各元素的排列所构成的浮世绘等绘画中发现。这种空间表现技法，在非透视这一点上和立体主义有些许相似之处，但立体主义是通过分析对象来进行把握的，与此相对，逆焦点和多焦点的表现技法近似于视点移动带来的"间"的空间感觉。它是以空间的连续性体验为基础的，绝不是分析式的解析，而是图像在连续的时间中产生的综合的空间把握。

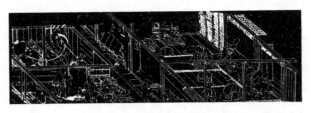

图15 《吹拔屋台》绘卷

符号化的空间 和现代城市的连接

我们通过分析日本城市空间的表现技法，得知它

---

1 日本绘卷的一种独特技法，即主要为表现室内场景而去掉屋顶的鸟瞰式构图。

是一个象征体分布的空间，进而，它是一种通过对配置后的象征体进行继起式体验，从而获得图像的线性复合空间。

这一特征和欧洲那种通过对城市进行逻辑式、分析式解析，尽可能地使空间表现密切贴合实体的技法相比，是非实体性的。换言之，它显示了在图像内部所产生的假象的空间表现。它不是实体性地把握空间，而是在反刍图像内部的同时加以抽象化、象征化，这一方法，如今在分析现代城市空间时开始显示出其重要性。

这一城市，想必要成为由多种原因构成的复合体了吧。事实上，这种复合的多样性密度也一定会越来越高。为了同时对该空间及其内部发生的活动加以把握，它不能只是单维度的实体空间。在那里，需要通过对在复合体中意识到的图像的象征体操作进行翻译。城市空间，只有在那一象征体的操作手段体系得到确立时，才能同时通过形态和活动使传达成为可能。城市空间的图像在现代城市中还会进一步发生质变。它不是实体而是假象，不是形态而是幻影，它恐怕会作为象征成为被符号化的密度分布。城市空间不过是这些符号存在并活动的场所而已，说到底，它是构成某种氛围的符号分布。

我们在日本的城市空间中发现了这种表现空间的图

像。它曾经是感性的、直观的技法，通过对这种技法的意义进行解读，我们可以看到将它转换成对现代城市空间图像化的重要的逻辑性技法的可能性。即便只从表现技法的角度而言，日本城市空间也包含了和现代城市空间相连的诸多问题。

黑暗空间

迷幻的空间结构

魔法空间

这个周日若有时间，我建议你去最近的游乐场转转。

游乐场有过山车、射击等项目，传统的旋转木马也保留至今，还有疯狂角及镜子迷宫等，那里是一个相当神奇的地方。你只需跟从自己的好奇心行动。各种各样的游乐设施都在等待你的光临。你尽可纵情游玩，也要做好偶尔惊恐的心理准备。总之，我想说的是，这个周日痛快地玩一场，你才有资格谈论新型空间。

去游乐场玩这件事虽然有些幼稚，但不用觉得羞耻。在游乐场获得的空间体验，或许和你之前在建筑空间中获得的空间体验不同，对于这种差异，我们将其放大并还原为建筑或者城市空间的问题时，突然出现了堪称新型空间原型的这一空间。

我之所以引出游乐场的话题，实际上是因为去年（1963 年）年末，我在接受某杂志"战后建筑十二佳"的问卷调查时，有些草率地举出了后乐园的"魔法小屋"等地。它原本不过是很久以前去过一次便已忘记的小剧场，不，确切地说不是小剧场，而是满足人类好奇心的魔法游乐场，只因我煞费苦心想要搜寻一些战后建筑的杰作，在数量不足的情况下，作为权宜之计脑子里冒出了一个哭笑不得的案例。

从那以后，我对诸如此类的草率发言便有所顾忌了。虽然我对未知的事物充满期待，但一谈到空间，还是绕不开游乐场这种奇妙的空间体验，这种空间体验令我痴迷。

你花 30、50 日元穿过"疯狂角"的门，坐到长椅上等候，一定会有工作人员来到你跟前，为你做一番咒语般的科学讲解。随后他带你缓步进入一个模拟"大峡谷"，这里有一条墙上涂满砂浆的裂缝。你开始穿越隧道。道路复杂、凹凸不平。前方出现了房间，有一扇门。

突如其来的事件就在此发生。

你一走进直角十分精准的房间便开始头晕目眩，眼前漆黑一团。在这个看起来完全普通的房间里，你开始无法控制双脚向某个无从判断的方向移动。你难以直立，终于跟跟跄跄地来到一个架子前，向两侧张望，这个房间里，水在朝上流。

如果用伽利略的眼光冷静观察就会发现，这一空间只是受单纯的重力控制。这里并不像我们熟悉的《第四维度》小说中出现的那种空间突然消失或跌落到沙漠上那么难以理解，只是相对水平面发生了一点倾斜。为了营造这种单纯的错觉，这里的空间预先准备了一条通道。尽管你知道隔墙就有一个常见的空间，但是你还是被扔进了异常的世界。哥白尼说，"大地是运动的"，你居然被这种单纯的魔法所蒙骗，感觉颇为迟钝。

或者你也可以去挂着"镜子迷宫"牌子的房间玩一下。这种由连续的正六边形构成的平面迷宫，两面是镜子，两面是透明玻璃，剩下的两面是出口和入口，它们连接在一起，并随意分布。当你通过这种蜂巢结构的地带时，空间开始伸缩。它并非如相对论所阐述的质量随运动变化、宇宙空间扭曲等非日常现象，而是每经过一个单纯的单位，空间纵深、时光凝缩，时而阻止你前行。尽管从物理学角度而言，你通过的是等量且同形的空间，但你所感知到的却是种种纷繁复杂的延展。单纯的系统空间，开始了繁杂奇特的呈现。

空间的人类学

这种面向孩子的幼稚的魔法空间，实际上解开了有关空间存在的一个基本谜题。存在于外部的实体空间，通过感知过程，以未必与其一致的图像投影于我们的脑部。换言之，这是事物的外在空间，随着时间和场所的变化，以完全不同的假象呈现于我们脑海中。这种现象的产生，可以说是外部现象在传递至大脑的过程中发生的各种质变，它随着传递次数而闪现不同的空间。

我的目的并不在于讨论空间现象学。如何创造出其中充满各种圈套、幻觉、事件的崭新的空间，才是我想讨论的问题。不过，在这之前，空间究竟是什么？它存在于何处？这些问题似乎是难以回避的。

阿姆斯特丹的"儿童之家"的设计者阿尔多·凡·艾克提出了人类学的空间图像。对他而言，由于人不是建筑中的对象而是主题，所以，"时间"和"空间"这些词本身就过于抽象了。他认为应该用场所和时机来代替空间和时间。因为场所表达了人的图像中的空间，时机是被人想象的时间。场所和时机分别表示了特殊状况下的空间和时间。人类必须认同进入那里，获得感知的那个瞬间的特殊性。空间作为场所，时间作为时机显现出来。换言之，人类只有通过具体而特殊的场所和时机，才能与空间和时间产生关联。那种关联，也就是关系性的成立，可以说是活生生的人存在的唯一瞬间。

我们面临的所有现代性课题，最终的归结点都是这一纯粹意义上的关系性是否成立的问题。究竟能否拥有那种关系性？如何把握那种关系性？可以说所有问题都指向这一点。暂且不提这些，在此我想说的问题是，所谓的空间，是身处其中的人类感知到"时"之后才出现的，因此，它总是特殊的、具体的、忽明忽暗的，绝非固定的。

通过对投射到图像内部的空间进行思考，我们也有可能在图像外部寻找另一个实际存在的空间。建筑空间也可以通过定义该现象发生时的关系性，潜入我们的双手可以触及的地方。空间设计，就是将这一现象逆转并使得现实存在。在此，应该说空间具有双重结构。这种双重结构很容易让我们陷入魔法，我们见到司空见惯的空间突然发生变样这一事实，也能让我们看到上述这一点。我们通过定义这种现象的"质"，反而使得空间的表演成为可能。魔法本身就是最单纯的表演。

另一个焦点

"镜子迷宫"就是预想伴随人的运动产生错觉的一种魔法，使这种表演成为可能的便是镜子。镜子被置入空间，人因而发生了奇妙的错觉。

已经有很多人谈到镜子刚开始入侵到我们的生活空间时所产生的震惊，不过，我还是觉得有必要提一下扬·凡·艾克的《乔凡尼·阿尔诺芬尼夫妇肖像》(1434年) 中位于画面中心部位的凸面镜。

这面上色的凸面镜，并不是日常生活中的手持镜或穿衣镜。总之，仅仅是出于需要镜子这种单纯的目的，放入了一面装饰镜。或许从技术史角度可以解释"实际上制作平面镜有技术上的难度"，但我强烈感觉到，凸面镜，与突然想抓取一个发生质变后的居住空间这一对于新型空间的欲望是联系在一起的。恐怕这面红棕色的凸面镜被悬挂起来的那一刻，固定、受限的空间里就出现了另一个焦点。实际上，那个实像的空间，作为虚像被吸入、汇集于犹如鱼眼般的镜面。此时，空间的实像和虚像开始奇妙地混合在一起。总是关注主体视线的文艺复兴的空间，在发现主体视线的虚焦点时，终于对空间图像有了整体的把握，这种凸面镜，对那种虚像加以变形，从而使人"看见"。

空间内出现了两个焦点。

与文艺复兴拘泥于圆形相对，巴洛克始于椭圆形的发现，如果要在此引出这一例子，那么扬·凡·艾克的这幅肖像画可以说是对巴洛克的预感。不，这个时代的空间感觉，已经围绕"另一个焦点"开始萌动了。如果说悬挂在墙上的凸面镜的秘密就在于在空间内完成两个焦点的椭圆，这也未必是不可思议的。

开普勒发现行星运行的轨道定律，是为了完成拥有双重引力的焦点的宇宙秩序。椭圆的定律扩展到宇宙的结论，成了他的轨道理论。通过对椭圆的意识，空间将原型的圆形和正方形加以变形。在圣彼得大教堂，贝尔尼尼将米开朗琪罗的规整的球面圆形屋顶换成了旋转的椭圆形，并且他在前面的广场上设置了两个焦点，建造了两座喷泉。这是一种对位法。空间往往因为另一个要素而受吸引，并在移动的同时流动。在这里，不仅让人感受到存在于此的物体本身，还有意识地让人感受到超越物体的堪称"反常之物"的存在。

可以说，巴洛克空间的幻觉，其意图就在于此。它既是错觉，也是充满幻觉的实际存在的空间。

幻 觉

如果说空间的幻影是实际存在的，那么，光线恐怕可以称为其存在的重要因素。巴洛克空间最重要的便是它和外光之间的斗争。通过各种各样的方式将外部自然光线引入内部空间，由光线交织而成的各种效果，将进入该空间的人们带入梦幻之境。它既是两个焦点，同时也是光与影两极的对位法。这两个焦点，或者说极致的图像，在空间内流动，营造该空间的效果。从各种角度和方向投射进来的由外部光线交织而成的光与影，纵横交错，开始充溢整个空间。这种光线的浓度分布成为该空间的本身。

罗马万神庙的剖面图上，可以看到神庙与直径为40米的球体的完美内接，只在最顶部开了一个采光天窗。这个甚至可以和广场匹敌的巨大空间，完全与外界隔绝，仅仅面向这一片天空开放。我们可以通过这个唯一的采光孔和外界连接起来，但是，通过斜侧进来的圆柱状的光束，甚至能感受到天空和光束的运行。按照拉斯姆森的《建筑体验》的说法，光束从完全密封的建筑上方射入万神庙的内部空间，极其美丽，然而，它甚至还能让人感受到，依靠一点光束将球状封闭的微观宇宙与宏观宇宙连接起来的可能性。独立的空间，开始具备作为一个个体不可思议的象征性，这都是由一点光束展现出来的。

我有时也会觉得，欧洲的建筑空间，不正可以说是将外部光线引入内部空间的技法的发展历史吗？结构在形式上的发展，其目的也可以说是确认光线引入的自由度。为了营造空间的戏剧化效果而将光线引入做到极致，这就是巴洛克的空间图像。

托莱多大教堂内的透明彩色玻璃犹如你从其断面看到的那样，拥有最具匠心的采光系统。在这里预设了向上浮动的幻觉。从隐藏着的窗户射入的光线，照亮了断断续续向上延伸的空间。我们应该考虑，巴洛克的那种流动的融合形态，并非一定出自其自身的偏好，而是他孜孜不倦追求空间幻觉时无法避免的手法之一。使得幻觉产生的空间图像总是先行一步，让一切元素浑然一体，这是来自光线的效果。

路易·康规划中的犹太教会堂，在侧壁设置了圆孔，圆孔引入外部光线，使光线扩散，其目的仅仅是将聚集在此的微光缓缓导入教堂内部。光线甚至可以弯曲、聚集、引出。勒·柯布西耶喜欢用的"cannons à lumière"，就是一个"采光炮筒"。

光汇成束照射进来。可以说空间在这种光线的流动中得以组合。由于意识到外部光线，空间发生变化，为了强制产生那种变化，空间形态甚至开始变形。在此，我们可以看到由光线交织而成的戏剧化效果。

黑暗的空间

你见过"灯光照亮的黑暗"这种色彩吗？谷崎润一郎在《阴翳礼赞》中这样问道。他说的是在岛原的一个角屋里见到的记忆中的黑暗。这个宽敞的日式房间里，竖着巨大的屏风，放着烛台。"在只有两张榻榻米大小的明亮世界，即屏风的后面，仿佛从天花板上洒落下来的高处的且浓郁的清一色的黑暗，正在徐徐下垂。摇摆不定的烛光，仿佛无法穿透那浓郁的黑暗，被黑色的墙壁弹了回来。"

谷崎在这篇文章中，沉浸于日本建筑空间高超的黑暗中，但黑暗中由闪烁的烛光造就的阴翳，赋予了空间鲜明的特征。"以前的官邸或妓院，一般天花板较高，走廊宽敞，分隔成数十张榻榻米的大居室，室内犹如薄雾弥漫似的为黑暗所笼罩。而那些高贵的妇人则完全浸淫在这种黑暗的涩味中。现代人早已习惯电灯照明，忘却了曾经有过的那种黑暗。尤其将'目所能及的黑暗',认作纷纷霏霏的烟霭,十分容易引起幻觉,有时觉得比屋外的黑暗更可怕。"

谷崎在文中过分赞誉日本居住空间的阴翳,否定一切"闪闪发光"的近代的生活器具,反过来看,他毫不掩饰地表达了对传统日式住宅的乡愁,对此我不甚喜欢。但是,对于他对日本建筑空间的敏锐洞察,对光影所创造的美学意识的挖掘,我不得不表达敬意。空间,不就是黑暗本身吗?因为我记得自己曾经有过这种切身感受。

大概三年前,我因被怀疑脑内长了肿瘤而在医院躺了很长一段时间用来做检查。从前的我每天奔波于被噪声和各类事件包围的东京,突然从这种生活中剥离,被扔进病房,并且还存在一定的死亡概率。每晚九点准时熄灯后,我便带着这样的心情,望着黑色的天花板出神。我的确被关在了有形的空间里,和涂满白色油漆的天花板相向而视,一旦所有的光线消失,那里便不再有有形之物,仿佛出现了一个在不断扩散的可怕怪物,它幽深难测、形态不定、朦胧不清,它吞没、溶解了所有想象。与其说它是空间,不如说是黑暗更能传达其意。不,如果使空间与人类赤裸裸的想象正面相对,连膨胀到极限的想象都被吞没,那么,该空间不就是黑暗本身吗？或者对于我们而言，黑暗也是绝对的原型。在这样的黑暗中，我穿越到了平安时代的夜晚，横卧在寝殿的帷幔中。天花板的背后，正如谷崎润一郎出色描写的那样，是黑暗。因此，在这一空间里上演了"魑魅魍魉、妖魔鬼怪的跃动"，他们在与黑暗的对峙中，撕碎了夜晚。

《阴翳礼赞》通过阴翳的分布，理解日本建筑的空间。更重要的是，谷崎认为阴翳始终是由掠过黑暗的光亮制造的。换言之，日本的建筑空间完全浸没在黑暗中，当光亮在这一黑暗中闪烁时它才呈现出来。光或影都在黑暗中消失，吞噬所有一切的黑暗渗透于空间。在此我需要指出，虽然巴洛克空间是光与影交织而成的幻觉，但是，哪怕是同样的光影要素，也与日本的存在本质上的不同。

不仅巴洛克，在欧洲的建筑空间中，光与影也是对立的。它们各自独立，都是创造空间的要素。从对位法的角度来看，由于它们相互贯穿，使得空间效果成为可能，所以，演绎的空间才能是戏剧性的，也才能营造完全的幻觉。

与此相对，日本建筑空间中的光，仅仅是在黑暗这一原型本质中偶尔忽闪一下而已。谷崎所称的"阴翳"，并不是光线投射产生的阴影，而是光线划过黑暗时残留下来的一切。因此，光不可能是绝对的，它总是一时性的，是为了消失而存在的。就这样，空间变成光的浓度显现出来，该浓度会变化，最终变成黑暗。日本空间，必然被弥漫的黑暗所笼罩。这种黑暗无法构成对位法，因为它是绝对的黑暗，它还在头脑中支撑着我们的观念——所有现象皆以其为背景才能显现。

也许可以将日本的建筑空间理论称为"黑暗一元论"。在一元论下，空间被绝对化，无法逻辑性解体，或是操作，因此或许可以说，日本有虚空却无空间。但是在我看来，在这种被绝对化了的原型中，非实体的特征也应该包含在空间概念中，因为它表现出空间的某种极端状况。这种极端状况被绝对化，作为根源反之催生出了演绎，这种操作或者说图像，恐怕今后还会更加强烈地产生。

符号的统治

我想带你再去一次游乐场。那里是黑暗的迷宫，有地面突然旋转、来回摇摆的场所，有在空中盘旋忽然下降的机器，你也可以被幽闭在离心力作用下的旋转体中，或身体贴在墙上无法动弹。你更应该坐一下碰碰车。以冲撞为目的的碰碰车群，放置在一定的场地内。坐在碰碰车上的驾驶员们，听到发令号的同时，双手握住笨拙的方向盘。碰碰车在场地内各自移动，东奔西跑，相互碰撞，改变方向后，又接着碰撞。在一定的时间内，你完全被置入了不确定事件发生的空间。从宏观视角来看，玩具汽车的移动就是气体的布朗运动，随机冲撞诱发下一次冲撞。而且你作为主体，目光始终处于这一布朗运动的中心。驾驶这一行为，是以机械为媒介在特定空间内产生的运动。此时的空间图像，只有通过机械这一媒介才能把握。这一运动，是由该游乐场内连续的突发事件构成的。当车辆的驾驶得以日常化时，这种空间体验的日常性也就遭到了完美破坏。这种体验性破坏在游戏中获得了实现。

如果说空间显然是出现在人类想象内部的事物，那么，人类操控机械这一运动的空间图像又是什么呢？例如，你想象一下夜晚或糟糕天气下的仪表飞行。此时，飞行员能依靠的只有仪表收到的信号。由于夜晚无法直接用肉眼辨认外界，所以只能通过读取仪表来了解空间内的位置。让他足以信任的，不是自身的空间感觉，而是由空间转化成的符号，即仪表盘上的指针。对我们而言，现代城市空间正是由这些符号群组成的。交通中的各种信号，是传达特定系统和事件的媒介。只需辨认并信任它，你就能够抵达城市空间内的特定地点，它是一种线索。由各种信号构成的交通网络，可以说覆盖了整个城市。想要对城市空间进行解读，以这样的符号为媒介是唯一的手段。

但是，符号所统治的空间，聚焦于从实体中抽取出的假象，因此，也可以说它变成了以符号为媒介的抽象空间。这样的空间，仅因此就让人产生了幻觉，就像玩具碰碰车的运动一样，主体由于将符号投入了各种转动的空间中，便建立了更为复杂的图像。

《城堡》中，测量技师 K 先生挑战的是一个奇怪的组织机构——城堡，它就是那种抽象符号空间的幻视的模型。卡夫卡让主人公奔走于和城堡有关系的乡村之间，但他无论如何都无法进入城堡。城堡和乡村之间的唯一沟通手段是一部电话，这部电话也非常神奇地发生了质变。

"在城堡里，电话机的作用好像非常强大。我听人家说，那里电话整天不断，从这个村子的电话机里就可以听到不停的电话声，就像低声哼歌的声音似的。我们的电话机传送的这种低声哼歌的声音，是你听到的唯一真实和可靠的声音，除此之外都是噪声。从我们这儿打电话给城堡的时候，所有下属部门的电话机都会响起来……不时也会有那么一个极其疲倦的官员需要找一点儿乐子，他会接起电话，于是，我们就听到了一声回话。不过，他的回话实际上不过是开一下玩笑罢了。"

（卡夫卡，《城堡》第五章）

如果说符号替代亮光所统治的空间存在幻觉，那是因为符号的组合路径时常由于突发事件而陷入混乱的状况。卡夫卡准确地预料到了这种质地的空间。他的《城堡》是符号纵横交错的虚体，可以说这个虚体的构筑和现代城市空间的图像是连接在一起的。如果我们试图把城市的扩展理解为空间，那就要用符号来创造完全的虚体了。这种符号空间的一个极端状况，接下来就成为一种虚体的图像了。

空间的图式

知觉结构的日常性受到破坏时出现的幻觉，当这点上的空间特征遭到有意识的解体时，便能产生最戏剧化的演绎。从迄今由镜子或光线产生的错觉，以及反之由符号的路径出现间断的突发事件或由不确定的结合产生的一种错误的错觉等出发，尽管有限，但在我的内部，在对不得不开发的现代空间的方式和特征加以把握时，一个图式浮现了出来。这个图式极其不完整，我以前述为线索，在此姑且进行如下描述。

假如以人类正常的知觉对象——三维的实体空间为核心轴，一极是连接"黑暗"的深层心理学、魔术、象征性空间系列，另一极是和"虚"像连接的，符号式的、抽象的、多维度的空间系列。

黑暗或者虚像，提示的是各个空间的某种极限状况。包括对位法的演绎，这里暂且不提将各个极限绝对化并加以推定的方法性问题。可以确定的是，它是一种近似于一元论的方法。

试想一下人类或空间的主体，黑暗的空间，是个人挖掘意识直至底层的过程；虚像的空间，是个人的人格或单一主体，被作为多元化的、错综复杂运动的空间被逻辑性解析的过程。这些空间，通过感知的方式和媒介得以各种呈现。当然，必须个别地、具体地进行解读，在确定这些空间特征并对其进行设计时，设定极限状况，想必可以拓展问题的振幅，发现矛盾。假如黑暗是幻觉的极限，那么，它就变成了带有现实性的概念。从核心轴推及的这两个概念，是否能在其深层处连接起来，尚未可知。

1964

　　如果我能够将有关建筑的体验记录下来，那么，对于城市不也可以使用同样的方式吗？不过，那绝不是确认城市系统的发展，或者分析城市结构、调查开发状态，而应该像一个旅行者，将有关风景的每一个瞬间挖掘出来。除此之外，恐怕找不到其他方法来说明城市的空间体验了。我曾策划过几次旅行，探访世界各地的城市，抛开偏见，成为一个彻底的异乡人，我觉得只有这样才能和那座城市产生联系。依我之见，长期居住不会提高对空间"本质"的理解。首先，我多次造访纽约，初次从肯尼迪机场坐汽车前往曼哈顿的途中，除了那些犹如墓碑丛林般的摩天大楼的轮廓外，我描绘不出更加准确的图像。之后，我漫步街头，诸如此类的印象不断加深，脑子不断被它们填满。这一时期，我确实有一种想要尽可能走遍世界各城市的欲望。我不能把它视为我工作上的义务，只是梦想家随性而为的旅行就够了。我还想，有机会的话，对每一次的个人体验加以职业性说明，通过这种方式触摸支撑城市文明的根底。《世界的城市》，是从形态上将作为文明的一部分的城市进行分类所写的散文式的文章，刊登在了报纸上。它既非城市史，又非规划史，也不是文明史，完全是个人"旅行者"印象的叠加，抓取散落在世界各个角落的城市空间的特征。如果可以，我还想把城市设计的思考添加进去。

如果从文化地理学或文化人类学的视点采集全世界各种不同模式的城市，恐怕是无穷无尽的。本书中所涉及的各个城市，将其放在世界地图上来看的话，显然极其有限，活动范围仅限于常识以内。尽管如此，这两年间对城市空间的记录，在空间上扩大了我思考的领域，去除了过去东西文明那种教科书式的分类框架，将历史、传统等时间因素也糅合在一起。我总是将自己置身于白纸状态，执着于这种状态下受限的个人的空间体验记忆，我觉得，这也和我对建筑的基本思想多少有些联系。

1. 昌迪加尔

2. 阿格拉

3. 乌代普尔

4. 波斯波利斯

5. 莫斯科

6. 开罗

7. 卢克索

8. 桑托林

9. 雅典

10. 伊斯坦布尔

11. 列宁格勒

12. 赫尔辛基

13. 罗滕堡

14. 威尼斯

15. 佛罗伦萨

16. 罗马

17. 锡耶纳

18. 巴黎

19. 巴塞罗那

20. 格拉纳达

21. 伦敦

22. 纽约

23. 芝加哥

24. 拉斯维加斯

25. 洛杉矶

26. 旧金山

27. 东京

28. 香港

虚像与符号的城市：纽约

两年前卢·索尔在费城拥有了自己的办公室。他是土生土长的芝加哥人，毕业于当地的大学，因为觉得这个充斥着包豪斯风格的城市了无生趣，便跟随路易·康搬到了费城。他开着大众车带我前往宾夕法尼亚大学的医学研究院，他嘟哝道："美国的建筑师现在都得了'中世纪病'。"他的工作，实际上是确保这座城镇上的砖石民房在所有点上保持其连续性，根据某个规划方案，刻意寻找所有只留下外壁的农家废墟，从半坏的墙壁入手，尝试增建新的部分。该规划的目的在于，将美国的本土性植入设计方法的根部。按理说美国应该是世界上最新的国家，但是，经过三百年，这个城市中出现了本土的生活样式，它们开始发展到难以忽视的程度。

卢的工作是从正面致力于本土性的开发，这让我很有好感，并且也觉得开发本土性是可能的，但我同时也感觉到他身上有一部分已经被他自己嗤之以鼻的"中世纪病"侵蚀了。

关于纽约，我究竟该谈些什么？我没记错的话，据说这个城市中定居着8000个日本人，每天约有数百个日本游客出入。也就是说，这个城市容纳了近10000个日本人。这个将足以构成一座城市的人流量淹没得全然不见踪影的城市，可以说在各个方面都为人熟知。从机场出发的大巴驶近纽约时，我头一次远远望见曼哈顿的摩天大楼，那个瞬间，突然在我的脑海中和先前旅程中的意大利的圣吉米亚诺的影像重合在一起。印刻在我脑海里的重叠影像，存在着奇怪的偏离。我第一次出现如果抽取这种偏离或许就能理解这座城市的想法，是在卢说出"中世纪病"的时候。从建筑家的角度我理解卢，同时，我也感到了从异乡人的角度来理解纽约的契机。

随口一句"曼哈顿像墓地"是很轻而易举的事。傍晚6点你可以去华尔街闲庭信步。犹如横亘在裂缝底部的街道上矗立着巨岩般的商务大楼，一楼的橱窗拉下了卷帘门，层层叠叠的窗户后面甚至不见人的身影。空洞的躯壳沉重而巨大。我们未尝不可将那座空虚的巨塔视作墓碑，圣吉米亚诺用石灰岩堆砌而成的拥有正方形平面的灰白色塔楼同样也是空洞的躯壳。我在格林尼治村的咖啡馆里遇见了阿尔方斯，他是从维也纳来的画家，靠打工维持生计。他每天绕着这片犹如墓碑林立的塔群行走，寻找无窗的建筑。对他来说，窗户是这些墓碑拥有的有关人类生活的最不起眼的表象。去除这种不起眼的表象，平面的量块才是未来城市决定性的图像。有一天他发现了这种建筑物。那是一栋电话公司的大楼，大楼内部全都是机械。机械塞满内脏的大楼，竟和无数栋有着大量窗户的办公大楼拥有同样的形态，颇为奇妙。阿尔方斯却并不在意这一点。他断定"人类最终会变成机械"。之后，我参观了他的 loft 公寓中的画室，气氛肃杀的宽敞住宅里没有一件家具，只有一本诺伯特·维纳的《人类机械论》和一张画得如同火箭发射基地般的地下城市的素描。他说，他的城市和火箭一样，只要按下按钮就能从地面升空，向着光芒四射的太阳飞去。而且在一定的时间后，它会再次返回地面，开始活动。这种天马行空的想象，放在这个城市里却让人觉得十分自然，因为至少那些像墓碑一样的巨塔大得荒谬绝伦。与圣吉米亚诺那种一切均可以人类的尺度来加以测定和构筑的城市是受到温柔保护的温暖空间不同，超越人类尺度的空间，使得疯狂的创意出乎意料地成为可能。还有一位维也纳的建筑师沃尔特·皮克勒对我解释，一堆规模不详的铁块是紧凑型城市，他们两人一起痛骂同乡前辈老基斯勒。基斯勒更是想把怪物一般的空间铸入铝块中。身为建筑师的他无所作为，当下却作为一名雕刻家名声在外，他批评紧凑型城市不是人类的图像，因而受到两人的反驳和谩骂。

我在黑色墓碑般的西格拉姆大厦身上感受到了与基斯勒相同的心情。青铜的直棂和暗褐色的隔热玻璃的量块，拥有考究的细部和匀称的比例，素材上恐怕也印刻上了让人联想西欧传统的那种微妙的氛围。不过，这在其他大部分是幕墙的摩天大楼中是特例中的特例。与那种神经质般的处理毫无关系，巨大的体量使得现实中的纽约得以成立。结构如此明晰，因不锈钢的垂直线而令它具备了几乎近似于洛克菲勒中心的石壁那样的力量。如果生搬硬套固有的逻辑，结果导致无法展现人类尺度，那么，不是如同西格拉姆那样加以粉饰，就只能展现原初的状态。

费城尚可，纽黑文和波士顿都开始露骨地被"中世纪病"所统治。

这些城市的大学校园中，类似于19世纪折中主义时代建造的哥特式、罗马式建筑的建筑风格经过变形，正在植入新的建筑。鲁道夫埃勒寄宿学校里，砖石被巧妙地晕染出古旧的色彩，富有戏剧性和诙谐感。

建筑师中出现了"中世纪病"，这让我觉得纽约内部恐怕也存在相同状况，其中之一就是尺度问题。

中世纪的建筑，例如哥特式教堂，每个单位均拥有人类的尺度，经由它们的重复而构成整体，另外，在古典主义建筑中，虽然样式是既定的，并且样式优先，拥有一定模数，但在尺度上却没有绝对单位。在不同的尺度下，固定的样式做出改变，扩大或者缩小。从这一角度思考，美国的超高层设计实际上和古典主义有着完全不同的内涵，它在一切尺度中将量和结构放在了最优先的位置。这不是中世纪的处理方式，而是更加理性又富有逻辑性的构成。由这种方式生成的结果就是塔群。因此，诸如密斯所在意的稀少价值，或许也开始垂青于建筑师了。然而，比起密斯，卢·索尔等人，更具有路易·康的罗马范式。或许可以说这种问题意识是共通的。

仅就高层建筑而言，当建设中的埃罗·沙里宁的遗作——CBS大楼呈现出漆黑一团的容貌时，我们大概可以窥见一个解决问题的案例。

兼具直棂功能的钢筋混凝土柱上，贴有黑色花岗岩，其精细的程度恐怕可与西格拉姆媲美。但是，从各种条件来推断，这个作品也许依然没有脱离"中世纪病"的窠臼。

较之圣吉米亚诺的双重印象中的最大偏差，是道路模式。中世纪的城市，给人的感觉是它只准备了从外界截取的人工空间，而从道路通往中心部的广场的连续流动的空间绝不是畅通无阻的。一个个建筑物的角落造成了阻碍，人们巧妙地将这些角落用于户外公共生活。纽约，换言之就是由抽象切割的道路网络所造就的空间。因此，如果那是由同质的平行线构成的，那么，较之费城那种将道路命名为胡桃木、栗树的大街，曼哈顿的数字符号就更加一目了然，可以仅靠符号对相应街区进行计算。

总之，我们在美国大街上基本上看不到有人在闲逛。人们在迈开步伐之前总是需要明确设置目的地，因此步行者们从来都是直奔主题。比如开车，如果没有目标，就根本不知道能去哪里。通过犹如意大利面一般缠绕的高架桥，无论多么高大明显的建筑物都无法成为地标。对车辆行驶的方向而言，这些建筑物可以从所有的角度看到。用双眼锁定一个目标，不断接近的只是最后的一个点。在这个过程中，向目标行进的驾驶员，唯一能依靠的就是标识了。可以说，正因为是这样的空间，所以受到了符号全方位的控制。

因此，美国城市的方格形道路布局的模式，堪称是从中世纪以步行者为基准的地标配置发展而来的，它具有向汽车等机械活动的符号式抽象空间过渡的特征。而且高速公路的符号空间，是将人排除在外的另类空间。

"我给你介绍一下我的死面"——当年33岁的巴黎建筑家托马带我去的是留存在卡尔捷一隅的11世纪的二层楼建筑。地上一楼稍稍位于纵深位置的是餐馆，入口边上有很窄的台阶，拾级而上就是工作室。居住在此的雕塑家，不，也许称为匠人更加恰当，这个男人肤色白皙得近乎透明，五官犹如他制作的面具那么硬朗。在踏入这个房间的一瞬间，我就被密密麻麻地挂在一面又黑又脏的厚石墙上的无数个石膏面具所震撼。托马取下其中的一个面具对我说："这是1956年的我。"

所有面具都是死相。有的是临死前的痛苦表情，大部分都是还活着的年轻人的死相。由这些面具所装饰的11世纪的空间，让我不禁想起古欧洲街头的小巷中生与死不断循环往复刻印下的痕迹。这一空间，换言之拥有"活生生的死相"。可以说，欧洲的城市是在人类死亡的气息中不断生存下来的，而托马仿佛爱着的就是巴黎的古旧本身，因此，他竭力反对清洗旧纪念碑上的污迹——那是巴黎美化运动中的一环。因为巴黎的纪念碑是由相对较软的砂岩系岩石所雕刻的，大多呈暗褐色。现在其中有几个已经被清洗过。有的露出了乳白色的全貌，就像托马所叹息的那样，清洗旧纪念碑并非不会让人觉得有异质感。犹如被死面团团围住的空间，在保留着旧物的同时，又使人感觉到人们普遍地擅长与旧物同调并生活下去。因此，如同圣吉米亚诺，或者像很多城市那样，历经数百年，依然能够在保持原貌的城市中圆满地生活。很多大街上，几乎见不到住家的门牌，只在电梯大厅的墙上写有名片大小的户名，有时让人颇感困惑。街景古朴依旧，在石头和砖瓦等素材的包裹中，有着城市的织体和空间，这也是事实。城市构成的质地，也联系着城市的生命。换言之，从中可以见到城市在整个生命过程中与"时间"较量的方式。也可以说，欧洲的城市是一种同调装置。

纽约则更加乐观和干脆。这个城市留给我的第一印象是它的巨大体量，摩天大楼全都轻松地超越了人的所有尺度。这些量块一旦成立，便立刻转向下一次生产。城市中，这相当于一种排泄。在此不需要"同调"这种机智的行为。所需之物不断涌现，持续叠加。你也可以将它看作人体上的小疙瘩。一旦小疙瘩不断生长，就会令人意外地产生巨大量块不断附加上去的规模感。那是因为量块内部的生活，来自各个单位的生产。小疙瘩可以说是一种废物。我们在美国的各种街道遇到铁铸的室外楼梯，它们应该是为了逃生而安装的。这些在外壁延伸的楼梯，和那种试图费尽周折保护古旧部分的良苦用心毫无关系。因为必需，所以安装，仅此而已。而且这种安装方式，充斥在城市的所有街角。它的繁殖速度之快令人瞠目，不过，比起繁殖速度，它那单一体系的覆盖量的扩张更让人在意。它堪称一种"批量生产"。

我们根本无法从城市的景观中发现人们将那些存在的物质纳入自己的生活进行保存的行为。在欧洲的各个城市中，无数美国游客大手大脚地购买廉价纪念品，不断写着明信片，生怕浪费每一秒时间。这些记忆究竟消失在了什么地方？城市迅速被新事物覆盖，绝不存在固定之物。物质只是为了消费和消灭而存在。

这个国家为何如此喜欢油漆？从欧洲一飞到美国，给我留下第一印象的便是色彩。在这里，城市可以用"色彩的量"来形容。巴黎带着骄傲度过了漫长的岁月，但是无论哪条大街上，基本上都是近乎单一的色彩。大多数情况下，本土的建筑材料统一支配一整条街道，但这个国家却基本上是由五花八门的颜色构成的。郊外的木结构住宅群更是典型。一个住宅群作为一个单位，规模大同小异，只有入口的拱廊和屋檐的设计略有差异，一眼看去如出一辙。各个建筑，色彩随心所欲。一般而言，机场建在郊外，因此从低空可以看到开发商开发的住宅地。而且，停车场通常也是同时列入规划的。我在向下俯视时意识到一件事，即对于美国人来说，住宅等同于汽车。住宅是偶然固定下来的汽车。汽车如果一段时间不使用，很快就会被丢弃。住宅也一样，也只能承受一段时间的使用。汽车的大小基本是一定的。设计稍有不同，色彩则随性涂抹。对于我们来说，停车场的风景已经变得很熟悉了，而住宅地就是本质稍有不同的停车场，不同的仅在于，停留在那里的年月等时间长度上的差别。

这种典型的行为模式支配着整个城市。想要明示自己的位置，只能在同质的建筑群里改变一下色彩。道路，说到底也具有同质性，是同质的连续或反复。让人对空间留下印象的空间的自身形态在这里不发生变化。从这种同质的事物中提取出来的线索应该就是符号吧。住宅上所涂的颜色，或许就是人们意想不到的符号本身。汽车的颜色也一样。所有一切都被抽象化，并进行逻辑性分割，存在于其中的，只有这种符号浮现的空间。

　　例如那种有着大理石楼梯、铁架拱廊、木制框架的典型的砖石住宅街，街上的住宅，经常是同一类型的住宅连续覆盖一整片区域。这些住宅的每个主立面都涂满了单一的色彩。在这个国家，油漆并不会根据素材的种类而有所变化。选择了粉色，所有材料都会被粉色覆盖。这样一来，邻居家就选择其他颜色。例如黑色。然后再是绿色。

　　我在欧洲所感受到的那种与死同在的印记，经历了漫长岁月仍深深镌刻在城市中，而在这里是决计不可能发生的。准确地说，过去的一切，都不断被抹去、消失，徒留干巴巴的现在，而现在的生活也在下一个瞬间被碾碎，随风而逝。在欧洲的城市里，构成城市的岩石就是岩石本身。岩石经过时间的砥砺，将人类的生活记录在这一过程中，岩石是实体。同样，在美国的城市，能够挺住半个世纪以上的建筑都是由岩石和砖体制成的。然而，这些岩石被油漆层层涂抹，仅用来记录岩石和人类相互关系的那部分岩石外表也被涂抹殆尽。在这里，藏在油漆下的岩石对于人类来说并非实体，人们只会记住涂在表面的那层薄薄的色彩。此时支配城市的并非实体，而是从实体中抽象出来的假象。

不知为何，我发现美国人家里一般都摆放花木，因此街上花店数量众多也在情理之中。有次我在纽约街头的人行道上偶然看到杂乱堆放的盆栽，用手摸了一下后大吃一惊，触感又重又硬。原来那些并不是真的盆栽，都是用塑料制成的（回日本后我才头一次知道，这种塑料盆栽——"香港花"是从日本出口到美国的）。将岩石涂上油漆，喜爱塑料花，经常意识不到对象并非实体，仅是假象，只有假象才有这种有效的功能，如果这么认为也绝不矛盾。塑料盆栽和雷·奥登伯格制作的仿真馅饼是相似的。我们并非不能看到，被称为"波谱文化"的那一类艺术家，他们的工作正开始从美国的这种状况中诞生出来。对于他们来说重要的是假象。假象作为假象本身，除了记录之外并没有把握现实的手段，这一点可以说是从美国城市本身的特征中导出的结论。从实体中作为广告分离出来，或者作为废弃物失去正当功能，只有这些印刷品及架空的宣传卷起旋涡，最终一切还是一样地处于假象的统治之下。我们可以从波普文化中发现，如果对这种状况加以翔实记录，它将会立即转变成反语。城市就是被这种符号掩埋的。

美国建筑师的"中世纪病"，至少可以视作对巨大生产物的自行泛滥充斥于城市中，所有空间必然性地被非实体性的符号所掩埋，无法找到可以用来保护人类自身机制的一种反动。例如，鲁德鲁夫、沙里宁、约翰逊等人不断在耶鲁大学的校园里完成他们的工作，然而，这些呈现在我们眼前的却是他们无意识中所做的处理，均是试图与哥特折中主义既存的设施保持连续性。只有戈登·邦夏的珍本图书馆采用了大理石大间隔的结构。该图书馆被批评为无视环境，因而口碑不好。但是，当我踏入这座未完成的建筑内部，站在曚昽的光线通过一英寸厚度的大理石从四面射入的通顶的空间中，我发现本应厚重的大理石，变得如此轻薄，甚至可以透过光线，这一事实忽然令我对大理石的印象发生了转变。我们必须注意到，这个国家的技术和生产力带来了让人棘手的数量上的泛滥，但它拥有甚至改变物质存在本身的强大力量。诚然邦夏的设计并非特别有魅力，但我们不得不承认，他所发起的是强有力的正面进攻。在这里，技术改变了物质的固有印象，甚至改变了空间的本质。在思考中世纪的哥特式或罗马式建筑时，将从中认识到的人类尺度作为重新思考的契机不是问题，问题在于，众多建筑正在走进修饰样式的死胡同，屡屡陷入玩弄设计小聪明的危险境地。

更重要的是，曼哈顿那样的城市内部果真无法成为建筑师和城市设计的控制对象吗？至少那些远超人类的尺度，已然作为自然生产物而存在。那种空间被无数非实体性符号填满也是事实。"波普艺术"这一在我看来表面颇具反语意义的表述，用中世纪的观点，也可以将它视为在极端非人性的状况下借以确认自我存在的手段。不厌其烦地复制印刷品、广告和废弃物，掀起自身制造的假象的浪潮，这一行为反之使人类的存在得以浮现。与被摩天大楼凌驾的空间较量，无法用"中世纪病"一言蔽之。将建筑的图像置换为立体的城市，用观念创造城市存在的新图像，只有通过诸如此类的行动，方能迎接迎面而来的较量。我觉得曼哈顿无意识中创造了改变建筑存在维度的城市空间。

世界的城市

东 京

东京是一个经常不按规划出牌的城市，哪怕是奥运会规划业已完成的今天仍可以这么断言。

该城市的变化，并非都是由奥运会带来的。根据计算，日本最近五年的建设投资相当于 20 世纪以来六十年的总和。其中用于奥运会的投资只占百分之几。如果面向未来展望这种投资倾向，由于呈加速上升，二十年后的投资数额将会大到令人晕眩。最终这一庞大的数量会在城市的外观上显现出来。事实上，不出几年，东京就会拥有多座 30 层以上的超高层建筑。

"二战"结束后不久，东京恢复 300 万人口的计划被认为是不切实际的。究竟有谁预料到，仅仅二十年的光景，东京的人口便膨胀到了1000万？战后城市复兴规划轻易败下阵来。因此，我们现在见到的东京，是由那些曾经遭到否定的规划又被一次次地充作应急措施上马后堆砌而成的。

例如涩谷。国有铁路、地铁、二条私铁、无数条公交线路等呈放射状和环状的各种道路都看上了这片低洼地。它们蜂拥而至，在各种维度上聚集，缝隙中则塞满了购物中心、百货公司、公交车站、剧场、电影院等设施，通过微妙复杂的路径连接起来。要用一眼便能看懂的地图显示这种关系是不可能的。不仅如此，建筑物和各种设施是经年累月独立建造的，拥有形形色色的外观，并且，它们的表面和屋顶上毫无章法地矗立着不计其数的广告牌。

毫无关联的异质物体，都瞄准了"副都心"，将这里变成了错综复杂的多重空间，放眼望去，都是不连续的堆积。世界上找不出第二个在空间上如此富有活力且变化莫测的地区。虽然这里存在着功能上的不便，但我们也必须承认，这里有着偶发性关系所产生的奇特美感。由各种综合体组成的东京的空间，混沌得令人摸不着头脑。然而，在它杂乱无章的动态深处，隐藏着巨大的能量。

在未来的东京规划中，或许需要能使这座城市一举发生变化的强有力的创造力，从现在起，我们需要开发这种能经受住未来考验的城市图像。

瓜迪斯（西班牙）

和动物一样，人类最初建起来的家是洞穴。

这种横穴式住宅群，在西班牙南部的安达卢西亚依然存在。从远处眺望山顶常年白雪覆盖的内华达山脉背后的高原，可以看到由于塌陷造成的巨大断层。在可以见到表面的一些山地上，分布着人们挖掘的洞穴。

白色框架的房门，看上去完全像是在该断层的褶皱上随意选址挖凿的，但是只要仔细观察，便会发现它们遵循着某种规则——房门选择在邻里无法相互窥视的位置上，当太阳自南西沉时，打开房门，光线正好照入房屋的最深处。由于从事农业生产，所有人家都带有前院，沟渠的侧壁恰好用来遮挡邻里的视线。换言之，个人隐私得到了充分保护。

因为是洞穴，似乎难免令人先入为主地认为它阴郁、怪诞。踏入洞穴时，我着实大吃了一惊。内部是十分清洁的空间。地面、墙壁和天花板连成一体，全部用石灰涂得洁白，我仿佛进入了一个蚕茧中。虽然有些封闭，但如同葡萄那样串联起来的 6 张榻榻米大小的房间充满暖意。由于是纯白色的，哪怕只是微弱的光线，也能让房间变得十分敞亮。这种住宅，每户都只有一个开口处，其他部位，只有安装在厨房里的排气管道和外界相连。

可以说地中海的干燥气候和强烈日照使得这些洞穴的居住性得以充分保留。有着近百户居民的部落中，道路在山地上盘旋，连接各个门户。道路时而出现分岔，时而会合，通向用来共同劳作的低势的平坦地，人们如流水般地汇聚到这里。这条路不是特意开凿的，而是如毛驴行走的山路一般，在不经意的踩踏中变得硬实后自然生成的。沿着这些道路行走，有时候会突然走到别人家的屋顶上，或跨过邻家的烟囱。

在山地上挖凿的这些住宅，虽然没有呈现建筑的外观，但是由于沿山沟分布，拥有了一种"城镇"的氛围。自然地貌本身的形态，成了城镇的景观。城市的空间，虽然是人类在自然中通过人工建造形成的，但是在这里可以看到利用原始地貌这一设计的最为本源的状态。

桑托林（希腊）

爱琴海的岛屿城市是一望无际的白色。无论道路还是墙壁，或者是屋顶上，都涂满白色的石灰。

桑托林岛（现锡拉岛）位于克里特岛北约100千米的地方。夏天乘船靠近岛屿时，映入眼帘的是近乎垂直的崖石顶上宛如白雪覆盖的洁白光景。希腊的白色大理石神殿，以地中海湛蓝的大海和天空为背景，第一次鲜明地呈现在我眼前。但我甚至感到，这些白色的块状群落，犹如四散的无固定形状的云朵，或是信天翁堆积的粪便，融汇在湛蓝的色彩中，成为自然的一部分。这就是桑托林。

月牙形的岛湾，是内径大概有30千米的海中火山的喷发口。有一种说法，公元前1000年至1500年间这里发生过火山大爆发，火山灰和海啸将克里特文明毁于一旦，著名的克诺索斯神殿也成为废墟。因此，这个海湾被露着焦土的断崖环绕。建筑建在断崖上，最大限度地向海湾伸展。

由于建在凹凸不平的山脊上，道路极其曲折，建筑物也不在同一高度的地面上。自家的阳台可能是邻居家的二楼屋顶，有的人家要通过半个楼梯的高度才能抵达下一个房屋入口，有人需要走过两户人家不同高度的屋顶才能来到自己家门口。如此种种，这里的建筑也是依地貌巧妙地延伸开来，因此并不流畅地连接在一起。

道路、地板、屋顶、走廊、阳台、墙壁、楼梯等建筑的构成要素之间已经无甚区别。一切都在连续并发展为单一个体，层积空间的各个部分按需变成房间、卧室、阳台等。窗户一般设在不被遮挡的可以眺望外部的位置。可以说，这是一种空间位置的决策系统。

建筑材料就是随处可见的石块。将石块堆积起来涂上石灰水加固，这既使用了最廉价的建材，也是施工手法。而且，正是有了这种施工手法，才使得建筑适应复杂地貌成为可能，因为石堆没有固定的规格，伸缩自由。这一结果，诞生了雕塑般的城市空间。清一色的白色，赋予空间祥和宁静的统一感。

这是一个可视为由风土孕育的城市，这里的方言也让人产生类似的愉悦。那些堪称"土著性"的特征，我们可以理解为构成城市的重要因素。

乌代普尔（印度）

水，无论何时都是支撑城市的决定性因素。古罗马时代之所以能够最终建成高度发达的大都市，是因为他们大兴土木，建成了巨大的水路。古希腊的所谓城市国家之所以没有实现大规模发展，甚至被认为是供水限制使然。

印度这种旱季和雨季极其分明的国家，水，尤其是饮用水的保障是最大课题。因此，印度的城市都选择建在不会干涸的河流、湖泊或水利人工湖周边。特别是中世纪以来，防御和商业成为主要目标，城市的位置都是从政治性的角度来进行选择的，但是，能够建造人工湖是选址的必备条件。由勒·柯布西耶着手基本规划并在行政中心区域留下多个杰作的昌迪加尔，为了将来能够容纳 50 万人口，在街边建造了一座巨大的人工湖，并已经开始蓄水。

也许没有任何地方能够像阿克巴大帝 16 世纪建设的法塔赫布尔西格里所遭受的命运那样，如此象征性地显示出城市和水的关系。现在仅有赤砂岩的印度式建筑群保留了下来，其空间构成之巧妙恐怕是世界一流的。仅凭这一点，就能让人想象"胜利之城"当时是多么华丽，但是，据说该城市在建造十年后突然遭到放弃。站在皇宫的山丘上，就能明白这个城市从北到西的广袤原野曾经是一片湖泊。某天这个湖泊的大坝突然坍塌，湖泊变成泥地，最终再度变成荒地。该次突变究竟是土木工程的失败还是政治事件，无人知晓，不过自那以后，这座阿克巴投入极大热忱建造的城市彻底变成了废墟。

但是，位于德里和孟买中间位置的乌代普尔，拥有数个链状的人工湖，这些湖泊如今依然顽强地支撑着这座城市。曾被用于行宫的两座岛屿——较之岛屿更像是浮在湖面上的船只那样的建筑，拥有经水面反射的阳光都被充分计算在内的空间。湖岸上呈阶梯状的露台，是城市的供水站。在此还能见到印度人特有的洗涤光景吧。人们洗涮、沐浴、搬运饮用水。虽然我们觉得不卫生，但是确实能活生生地体会到，只有这里的湖水在维系人们的生活。

锡耶纳（意大利）

身在日本，难以想象分布在地中海一带的砖石建筑的城市空间。

哪怕和日本最相似的石头城的石墙相比，除了石头这一个共同点外，彼此呈现的表情也截然不同。其中，熊本城的空壕形态尤为丰富，但显然还是按照日本建筑的常规手法，在立体构思的基础上使用了直角的标准方格。虽说有些弧度，但在本质上还是一种增加抗压弹力的直线，并不能视为曲线。

意大利的中部山城，诸如锡耶纳那种石头城的道路，绝不会有直角的弯道。原则上城市随一个紧挨着一个的屋檐延伸，马路也顺势弯曲，两侧挤满了住户。

城市街道上的各家的正门，与邻舍只有微小的错位，沿道路连接起来。当然，各处都能见到岔路，连排的房屋在岔路口断开。也就是说，道路并没有固定的宽度，只取决于相向建造的房屋所剩的空间。当然也有直角部分，但不是日本那种标准的角度，只是各种发生概率分布中的一项。总之，与按照统一标准展开建设的规划不同，该城市可以看成将既成的不规则建筑加以连接，在"不连续之连续"的叠加中诞生的城市。

日本和古希腊的城市规划相似，是方格形布局，木造建筑的直角建筑工艺与之最为契合。中世纪建造的以锡耶纳等城市为主的托斯卡纳城的空间，由于是石造建筑，形成了没有直角的不规则的叠加空间。因此，如果身处日本那种内含直角线的空间，就会感受到超出石头这一材质的空间质感上的差异。

大多数情况下，这种城市的广场可以看作道路的延伸。广场就像是道路汇集而成的相当于城市中心的巨大旋涡。

市民们聚于此地，购物或交谈，有点像城市中的客厅。锡耶纳中心的田野广场，就是这种中世纪城市广场的典型。广场整体是巨大的贝壳状，如同半圆形剧场那样，中间凹陷。凹陷的交会处有盛雨点，石灰岩大基石从盛雨点呈放射状四散开去，上面铺满砖头。微妙的斜面吸引着人们的目光，唤起了空间上的和谐感和亲和感。可以说，这里是石造外部空间最为杰出的代表。

香港（中国）

如果想探索人类集团生存之可能性的极限，你可以去香港看看。

香港，原本就缺少创造一个城市所需要的平地，加上陡峭的岩山岛屿和国际形势，人口之密集超出想象，简直就像是聚集在狭窄巢穴里的蚁群，人们被挤出了常识中的宜居地，生活在这样的地方。

所谓的水上居民非常有名。你应该见过台风来临前为了避难而返回港口的渔船聚集在一起的景象。港口经常有那样的船只停泊，可算是自然形成的港口。放眼望去，海面全部被船屋填满。这些人或许原本就是水上居民。但是在这个港口，可以说他们是被陆地挤走从而开始了海上生活的居民。大海上形成了集团，出现了一座海上城市。大海是道路，是下水道，是厕所。大海承担了如此多的用途。遗憾的是，水逐渐淤塞，不断散发着腐臭味。

虽然这个城市还未出现秩序的端倪，仍处于原始形成期的状态，但如果把它想象成"海上城市"，或许能从中意外发现"海上城市"的原型。对我们来说，人类生存在陆地的平地上是不容置疑的常识，但是，这也可以看作迫于技术的发展阶段对人类的限制。现在我们已经开始拥有使人类城市上天入海甚至建在宇宙中的技术了。

人们或用纤细的木材进行搭建，将住房紧紧吸附在断崖的裸岩上，或在高楼大厦钢筋水泥的骨架上搭建向空中伸展的棚顶，或打破石崖建造公寓，呈现在我们眼前的超高密度生活形态下的香港，对于我们而言，较之城市建设的技术上的可能性，我们更相信这是一种生活方面的能量，即恶劣的条件反之催生了人类的智慧。他们开始在山上、大海上、空中等能够生活的空间安营扎寨，并且通过集团化，表现出霉菌般旺盛的繁殖力。

在这里用到的技术工艺，几乎都是木材和竹子的组合。因为这里风土湿润，植物迅速生长和消失，将这些植物进行组合，集团的形态也变得柔软，代谢速度惊人。香港，就是在这种闷热繁殖的气氛中不断形成的城市。

威涅齐亚（意大利）

威涅齐亚现在逐渐开始呈现出它在交通问题对策方面的重要实验性城市模型的样貌。

不过，它并没有预见到机械开始入侵城市的19世纪以来的破坏性事实。最初出于通商和防御外敌的需要，人们在海上建造了这一孤立的岛屿城市，现在防御外敌的目标变成了防止机械侵略这一目标。也许用"拒绝"一词更加合适。

无论是火车还是汽车，需要经过长长的大桥，停在一个密集的、有着建筑外形的城市入口。这里建造了车站大楼和几个巨大的车库，"步行者"从那些地方冒出来。

除了手推车，既没有马车也没有汽车。交通分成两种，陆地是步行者专用，海上及大运河上则有水上巴士驰骋，犹如蜘蛛网那样密布的小运河里，行驶着冈朵拉和汽艇，说白了，这大概相当于出租车吧。人行道窄到极致，有点像日本的小巷。它们虽然错综复杂，但最终都汇集到城市中心的圣马可广场。

和周围迷宫一样的小马路相比，圣马可广场极度宽敞，被突然引导到这里的人，会因为空间的极端变换而产生绝妙的空间体验。仅就威涅齐亚式建筑而言，便已是充满魅力，最为奇特的是，这个城市不见汽车的踪影。仅凭这一事实，这里就成了幻想式的空间。

从现代性上而言，此地交通运输的通道和人行道完全分离，人类原本拥有的"闲庭信步"这一审美功能开始复苏，这里成了"步行者专用"的抽象城市。

城市规划中将人车分离主要有两种思路。一是承认汽车的统治性功能，无论是通勤、购物，还是观影，全部在汽车内解决。二是在某个部分建造关口，将人们通过这个关口后开始行走的空间从城市内部独立出来。按这种思路，威涅齐亚目前发挥的是后者的作用。因为是休憩观光型城市，可以说发展得还算不错。

如果建造于水上，以运河和街巷的网络整合交通，那么，现代城市中发挥诸如运河般职能的媒介究竟是什么呢？这一发现为我们留下了重要课题。

圣吉米亚诺（意大利）

以文艺复兴发源地而久负盛名的佛罗伦萨，经葡萄酒产地基安蒂向西 50 千米，可以看到奇怪塔楼林立的小山丘。这里生活着约 1 万人口。可以说这个城市几乎完全保留了 14 世纪的风貌。

圣吉米亚诺靠那些塔楼将旅行者们带入中世纪的世界，因为外形而被称为"托斯卡纳的曼哈顿"。

这里曾经有62座塔楼，如今矗立于砖瓦屋顶之上并能被清晰地看到的只有24座。几十座塔楼密集的景观颇为奇特。然而这一景观在当时的自治城市中却是司空见惯的。北方城市的塔楼，形状如圆锥，像戴了一顶尖尖的帽子。意大利南部的塔楼，形状如圆柱，顶部往往大而凸起。

即便想要建造高塔的心情相同，设计却截然不同。或许是因为北方经常阴云笼罩，才建成了直刺苍穹并消失在无际上空的形状。而在地中海地区，最不缺的就是阳光，因此偏好那种能够投射重影的雕塑状。托斯卡纳塔楼中的大多数都是正方形设计，塔身用石灰华（一种介于大理石和石灰岩之间的岩石）堆砌而成，通常只有两面才有重影，顶部凸出则更加强了这种效果。

市政厅或教堂的塔楼上有大钟。其他还能用来做什么？看一下过去的绘画，比如战争时用作观测台，有时也用作炮塔。此时会搭起木架，将各个塔楼之间相互连接，人可以在上面走动。更重要的是，塔楼顶端贵族的旗帜迎风招展，它又变成了一种旗杆，彼此彰显自己的存在。这些塔楼放在现代就是广告塔。事实上，当时贵族们争先恐后地建造了塔楼。

如此想来，我们也就不能嘲笑现代城市繁乱的广告塔以及曼哈顿的堆积物了，这是无论哪个时代都有的滑稽的虚荣。城市建筑的轮廓均取决于这些因素。

罗滕堡（德国）

每个时代的城市，都有其既定的风格。欧洲现代城市中，有百分之七十的城市起源可以追溯到中世纪，但其中的大多数都由于近代产业的出现而发生了变质、膨胀，丧失了以往的风貌。尤其是 17 世纪以后的巴洛克城市规划，破坏了中世纪人类尺度下的城市空间。城市的发展就是以各种残暴的方式推进的。因此，只有幸免于近代化浪潮的几个城市还留存着中世纪的氛围，南德陶伯河畔的罗滕堡就是其中之一。

提到欧洲中世纪城市的典型特征，首先是中心建有广场，广场周边分布着教堂、市政厅、公共设施，外围被城墙包围，不论是教会还是市政厅都有高耸的塔楼。随着自治城市的特征逐渐增强，市政厅取代教堂成为中心。市政厅的塔楼尤为高大，几乎可以从城市的任何角落望到。由于变成了视觉中心，所以塔楼成了象征。

在罗滕堡，城墙上设有瞭望台，有几个城门。城墙外是农村。城内外天壤之别，与日本中世[1]的城市迥异。日本的城郭中，只有属于领主和直属官员的设施；而在欧洲，城市居民全都被塞进了城郭。到了近代，随着战术的变化，要塞变得独立起来，有点类似于主城周边的小城。

罗滕堡修复了"二战"中被破坏的部分，现在致力于保护城市的历史面貌。这里还有一种类似于"时代祭"[2]的民俗舞蹈的祭典，据此可以追忆当年城市市民的生活。

宗教战争年代，这座城市曾被敌军包围。据历史记载，当时甚至女人和孩子都加入到搬运防卫用的石头和粮食至城墙的行列。不仅统治者之间发生了战争，当时的城市，全体市民都因共同的命运而团结为一体。城墙，就是在视觉上将这种城市生活加以彰显的存在。人们被围于其中，聚集到城堡中心，对于这种时代的城市而言，中心的塔楼和外围的城墙在拥有其功能性意义的同时，也变成了发挥统合作用的象征的核心。无论何时，城市

---

1 日本封建时代前期，镰仓、室町时代被称为日本的中世时代。

2 日本京都每年举行的典礼，为京都三大祭之一。

的模式都拥有和日常相关联的意义，但是，只有当它成为象征之物时，才可以说它真正形成。

梵蒂冈

城市依据新规划进行蜕变的过程，经常伴随着剧烈的破坏。

大约一百年前的巴黎，当时塞纳县的长官奥斯曼，为了将错综复杂的中世纪风格的城镇打造成欧洲第一的近代化首都，建造了几个焦点性广场及通往这些广场的宽阔大道。该计划早在一个多世纪前就已经存在了，但是一直等到奥斯曼这种蛮勇人物的出现才变成了可能。据说他对于那些反对拆迁的市民甚至经常出动警察和军队。

因此，巴黎拥有了著名的香榭丽舍大道，完美呈现巴洛克式城市空间的城市得以建设完成。

巴洛克城市规划的特征是，以纪念碑为中心的广场向四周道路呈放射状延伸。它是由焦点和轴线构成的空间，在城市中开始强烈地显现与大众的尺度结合起来的纪念性特征。建筑也被置入各种城市规划中，成为构成城市美学的要素。

　　这种方法不久被冠以"城市美容术",尽管它对于现代城市是不适用的,但在城市开始成长为大都市的18至19世纪,它对于这种蜕变发挥了强有力的支撑作用。

　　法王厅所在地梵蒂冈的中心,不用说,就是圣彼得大教堂,该教堂正前的露天广场是由贝尔尼尼出自在城市规模上展开巴洛克空间的意图进行设计的。

　　历经布拉曼特、达·芬奇和米开朗琪罗三代人之手,规划方案得以确立,他们死后,通往那个巨大穹顶的中途的广场群才得以完成。始于特韦雷河畔的直线通道,建于墨索里尼时代。如果从这里走近圣彼得大教堂,你会发现各种直线和曲线沿着一条中轴在两侧不断延伸,在前往穹顶的途中可以体验到形形色色的空间。城市空间是在呈现某种效果的意图下建造起来的。建筑与城市一体化,随着人的视线移动而产生微妙的变化,这便是规划。尤其是贝尔尼尼的椭圆形广场上存在两个焦点。这两个焦点在视觉上相互牵引,成为为数众多的人举行典礼的会场。

　　城市变成了为举行典礼而存在的空间演绎的场所,可以说圣彼得大教堂就是其中的典型。

纽约（美国）

从某种程度上而言，世界上各大城市的高楼大厦都在努力追赶曼哈顿。

无论米兰还是伦敦，东京亦如是，城市的建筑都开始长高。东京30层以上的高楼已有多座，而在纽约，这种状况早在五十年前就已经出现了。进而，到了20世纪20年代再次掀起了建设热潮，建筑越发高层化，而且密度也越来越高。

城市开始在世界范围内高度集中。这种城市发展的极端状况，应该能从曼哈顿身上管窥一斑吧，它发挥着一种虚像的作用。

换言之，如果现代城市建设不断持续，那种建设形态将会开始被自动仿效，我们可以预见这一未来图景。为城市赋予特征的，或许当属建筑巨大的外形。建筑轻易超出了人类的尺度。每一座摩天大楼承载的人口都相当于一个小型城市。例如目前世界上最高的大楼——帝国大厦拥有2万的就业人口，克洛菲勒中心由十几座高楼构成建筑群，在这里工作的人数超过5万，相当于一座城市的规模。

容积巨大化，不再人性化也就顺理成章。你大可以将它视作类似于桥梁或大坝那种土木工程的建筑规模，换言之，纽约，既不是中世纪城市中人类可以随意散步的规模，也不是近代巴洛克风格的城市中市民可以自由行动的规模，而是由超越人类极限的巨大规模支配着整个空间。它是在与机械的相互作用下生产出来的城市。

不知道是不是因为看清了这一事实，19世纪初期制订的城市规划中，采用了方格形道路布局，机械般垂直道路的横向和纵向上都被冠以了编号，区划具有同等条件。没有明确的中心，从哪里开始建楼，如何展开，这些都不是问题。垂直方向也同样。这种等质的空间，轻而易举地吞噬了超出人类尺度的建筑。它被单纯地、机械式地抽象化，容许一切形态、高度及随心所欲的建设。因此，它成了将人类一切表情都消除的奇怪城市。虽然它的无情有时令人难以忍受，但是，这个城市以没有人间烟火的空间为支撑，给予了我们未来城市的图像开始呈现的实感。

洛杉矶

如果人类舍弃了汽车，那么这座城市恐怕会在瞬间变成废墟。

洛杉矶，所有规划都是围绕汽车展开的。

汽车餐厅、汽车剧场……汽车在行驶，终于感到人类确实存在，它甚至让人产生错觉，即人类是为了驱动车辆而存在的。

总之，这个大都市是为了汽车这种机械而规划建设的，其特征和前述的城市完全不同。速度使得距离感发生了改变。距离不再是地图上的间隔，是依靠抵达时间来显现的。汽车在水平方向上风驰电掣，城市也随之在平面上扩张。这个城市至今仍像超级新星爆发一般，以惊人的速度扩张着。将这种扩张换算成抵达时间的话，或许会意外地发现，这个城市将成为一个被压缩的城市。因此，城市的空间已经无法用走路的人类的眼睛来测量。乘坐汽车以 40 至 100 千米 / 秒的速度飞驰的感觉，才能让你对这个城市的空间有所感受。

在这种状况下，因为速度，连城市的设计都开始变质。我们偶尔会见到路旁竖着四层楼高的庞然大物，那是广告牌。它并不是那种不停闪烁的、制作精良的广告牌，它给人的首要印象是巨大。人们不是步行，而是开着车从它跟前经过，因此，对它的物理性印象相对减弱。广告的巨大化，恐怕也是速度改变了空间本质使然。我们还能见到两层楼高的制作成热狗形状的广告牌，它直接变成了建筑物的正门，招牌不断成长最终将建筑吞没。

还可以直接将汽车驶入用餐的餐厅。建筑只是被赋予了某种符号的意义，经典比例等概念已然毫无关系。

洛杉矶的空间是由符号统治的。如汽车行驶时，能依靠的只有标识。广告化的建筑也只不过是一个标识。实体的形状根本发挥不了作用，经过单纯化、符号化之后物体才有了存在的理由，于是出现了用移动时间为尺度来测量符号分布的城市空间。用数学来类比的话，这接近于一种拓扑空间。所有的一切，都是由汽车的活动带来的。洛杉矶堪称这类新型空间最为典型的城市。

马赛（法国）

有没有可能将城市立体化，一举建到空中呢？其实当人类在树上居住、建造二层小楼时就不再依附于地面，已经开始利用空中了。在建筑层面上思考的话，这一理所当然的事实并非不可能出现在城市的规模上。

勒·柯布西耶设计的位于马赛的公寓，外形虽然是一座普通的建筑，从中却包含着立体化城市的意图。可以说他试图建的是一座垂直的城市。

这座公寓，约有 1600 人居住。为了满足这些住户的需求，公寓同时容纳了宾馆、购物街、集会场所、保育园等设施。换言之，它不仅是一个单纯的住所，还是人类集团化生活时的各种设施的一体化配套空间。他从1920年开始一直以解放地面为目标主张"底层架空"，他在马赛通过"底层架空"，在空中支撑起了一体化的小城市。因此他将这种一应俱全的建筑称作"居住单位"。

它是一个建筑，又是拥有与现代生活匹配的公共设施的一个居住单位，从内容上看，它和小型社区的规划极其相似。较之那些住宅分布于绿色中的田园城市，这种建筑的土地占有率低到尘埃也是理所当然的。我们从中可以窥见将之立体化从而使之小型化的城市图像。

正如东京成了1000万人口的大都市那样，现代大都市不断膨胀，扩大都市圈，甚至出现了最终使得城市相互贯通，粘连在一起的现象。面对这一变革期，在解决量和形态的问题之前，我认为有必要出现一个新的"城市理念"的提案。

勒·柯布西耶的"居住单位"过于一厢情愿，未必适合现代城市。可能我们追求的是形态上开放的发展形式，而他那种古典的平衡感反而显得碍手碍脚。但我们不必拘泥于这一点，从他的设计中我们应该看到那种想要将城市离开地面、垂直重组的一种强有力的图像原型。

我们可以将勒·柯布西耶的设计视为运用现代技术建造垂直都市这一"城市理念"的经典的纪念碑。

关于未来城市

如果有人突然让我描绘未来城市的准确图像，我会十分茫然。假如未来随时可以准确预测到，那一切都将索然无味。因为未知，所以总会被疑问缠绕，不用说，我们终将踏入这一未来，因此，至少我们现在活着，而且还在进行提案。

对于未来城市可以想象的一个事实是，现代的各种城市都是过去堆砌而成的，与此相同，未来的其中一部分也必定包含着现代的废墟。说得极端一些，我现在活着、行动着，过去也不是确切的事实，仅仅是现在这个时点上想象的产物。如此一来，未来不过是在那种行为中逆转了一下时间轴。虽然没有确切的未来，却存在可能的未来。

无论何时，城市都有一半是坏的。它遭到破坏，留下残骸，在此基础上进行下一轮规划。我现在勾画的提案，一定会毁掉某些东西，之后再被下一个提案毁掉。只有这些事件的重叠在创造事实，而这就是未来图像中最确切的一部分。

那么，设计没有确实图像的未来，到底该如何是好呢？

尽管我在前文已经选取了世界各地具有特色的街道或城市，进行了若干分析和解说，但我不觉得仅靠这些分析就能设计出未来城市。我想明确的一点是，一切城市，都是和当地风土、社会历史发展阶段相对应的产物。它或许就是文明的物理形态，或者是将文明呈现出来的空间本身。因此，从某种程度上而言，对未来城市的提案，就是向现代文明发起挑战。

1960年前后，日本有几位建筑师制作了有关未来城市的提案。菊竹清训的"海上城市"和"塔状城市"、大高正人的"人工土地"、黑川纪章的"螺旋体城市"、矶崎新的"空中城市"，等等。而丹下健三团队的"东京规划1960"则可以视为近似于对这些提案进行的汇总。这些提案都有一个共同点，即放弃描绘完美的整体图像，取而代之提出了城市内部包含的系统，以及和未来城市相关的一种称为"装置概念"的理念。

至少，为了接近不确定的未来，我们必须将其设定为一种不可视的虚体，再将那种虚体的图像描绘出来。就像我前面所指出的，洛杉矶也好，纽约也好，这些城市的空间都已经失去了实体的意义，接近于一种虚像。未来城市也与这种特征脱不开干系，它建构起一种虚体，从而使得我们能够捕捉到它。你也可以称它为"看不见的城市"。确立方法，令这种观念体系化，城市的设计，大概会朝着这一目标发展吧。

死者之城：埃及

Necropolis——国王们的墓地，不，是死者之城。

如果你去底比斯埃及新王朝的墓群，会发现那里，地面上空空如也，仿佛一切都已埋葬，从视野中消失了。如果你去看一下直到 20 世纪唯一未被发掘并留存下来的墓地——图坦卡蒙陵墓，便会发现那里已被盗空，陪葬品荡然无存。不过，当你踏入华丽的墓室，你会觉得需要再一次探究，它为何为死后的世界注入了如此巨大的能量。

从隐蔽的入口走下台阶，经过长长的甬道来到前室，在这个过程中，你会忽然见到深挖的竖穴，周围环绕着镶满浮雕的壁面。抵达放置木乃伊的墓室，那里又出现了几个分岔，有一些陪葬品。

　　这些挖掘出来的空间并非仅仅为了埋葬尸体，它力图在墓地再现死者生前生活的所有状况。从日常生活的细节，到仪式等事件，生活的全貌被详细生动地映射出来。在专注于映射的同时，它还使用了抽象、象征性手段。包括陪葬品在内的陵墓整体是"另一个世界"。我们可以将它视为对孕育了他们想象力的当时生活状态的双重映像。因此，当我们踏入这座陵墓，近距离接触填满这一地下空间的形形色色的物品时，便能够在头脑中勾勒出他们的观念。

　　埃及的遗址，不仅仅是岩窟墓群，不管是木乃伊还是各种陪葬的祭殿，均是为死后的法老所建。日常宫殿及居室，由于都是用风干的砖块、泥土及干草建造的，基本上没有保存下来。

　　他们投入了全部技术，力图保持永久不变，只是为了营造这一死后的世界。

　　对他们而言，死后的世界并不是一切都已灭绝了的黑暗世界，而是更加辉煌的未来。未来，就是想象的空间，它的确带来了强大的想象力。尽管它只能在观念内部加以捕捉，然而，赋予其具体形态也变成了可能。无论是木乃伊还是数量庞大的陪葬品，抑或是巨型金字塔内部的幽深甬道，都是为了将这种未来加以具体化而塑造、建设出来的。

换言之，正因为存在那种想象的未来，日常的生活才得以成立。将未来具体化的行为即是生活。因此，他们孜孜不倦地建造陵墓。生和死同时存在。建设这一行为，为死者而出现。人会死，因为会成为死者，所以他们不厌其烦地劳动。

例如底比斯的岩窟墓群，每个甬道和墓室相连，用巨大的岩石密封起来。入口被隐藏，绝不容许外物入侵，他们想要的是，只留下一个荒郊野岭、毫无人迹的山谷。远离阳光明媚的世界，这就是墓地。在古埃及，人们相信另一个世界的存在，并且它在具象化的同时，一经完工便被遮挡起来，脱离日常视野，消失在远方。这个消失的世界，随后仅存在于观念内部了。

从这一意义上而言，可以说"墓地"就是他们的未来都市。

既已消亡的古代文明与我们产生关联，不是通过他们生前的姿态。哪怕从考古学上重现他们的日常生活，它反之也会仅成为存在于遥远想象中的事件，因为我们无法直接踏入那个空间。但是，相隔数千年，我们能够以金字塔和岩窟墓群为媒介，触碰到他们为死后世界留下的空间。日常空间，随着时间的推移发生变化，最终一切变得无影无踪。但在陵墓的内部，就算出现了若干的腐蚀，他们的意图还是原原本本地传达给了我们。

它们化作了绝对的、静止的存在。人们将"永恒"视为一切的标准。对石头和金属精雕细琢，甚至将人体经过复杂的加工工艺制成木乃伊保存下来。

相对于定期的洪水、繁茂的植物等旺盛的代谢，他们建造的是固定不变的事物，无穷尽地重复着一成不变的观念，试图达到后世文明都无法拥有的造型上的绝对性，拥有拒绝一切变化的形态。对于他们来说，恐怕只有死后的世界才能够达成这一目标。那种绝对的空间就是未来。

如今，我们直接触摸到了这个未来。他们或许想不到，某天会遭到我们这种异类分子的入侵。简言之，我们并非与他们的日常本身发生联系，而是与将日常抽象化的另一个世界首次发生了联系。

被定义为高度大众消费社会的现代城市，其城市形态的变化成为城市的基本特征。城市最初是一个堡垒，理应是坚固的，然而，自从城墙倒塌、城市外露并扩散之后，我们的现代城市便失去了自身明确的图像。

不断有异物出现、插入，随之开始新的质变，被维系的特定形态就在瞬间被繁杂吞噬，消失殆尽。因此，在这种状况下，"事物的规划"这一概念承受着大幅变更。规划为应对剧烈的变化而时常摇摆不定。这不同于古时候朝着一个明确而固定的目标展开系统性、有序的建设。规划在变幻不定的现实的敏锐反应中获得评价。因此，我们需要写下"规划可随时变更"的提醒事项，能预估这种变动的工程项目才受人重视。

将具有永久性的、绝对不变的事物作为最亲近的尺度，例如以这一尺度建构墓地，同时作为支撑自身的日常生活乃至文明体制的基准，在那样的时代，规划概念是十分明确的。

所有一切都是朝着绝对化的目标而建。规划就是向着那种单一的地点前行。

现在，我们只能从已经丧失了创造不变之物、永恒之物的信念的地点起步。

数额庞大的生产及消费，两者的齐头并进支撑着现实。因此，规划常常只在短时间内通用，我们甚至陷入了对无法预测的偶然的进展抱有期待。永久性消失——一旦被这样的事实包围，埃及的国王、法老们便如愿以偿，对于不变的绝对造型的憧憬，有时反而能使之复活得栩栩如生。他们的未来甚至不容置疑，拥有确定的决定性依据。他们与葬礼、陵墓等死者的世界连接在一起。

相反，对于现代人而言，未来究竟为何物？仅仅是变动，还是变动的结果？

　　承认城市是变动的这一事实，恐怕是与城市有机体的成长、消亡的图像联系在一起了吧。这种见解应该始于帕特里克·盖迪斯，他开创了近代城市的解析方法，同时他还是一位生物学家。他将城市的生成过程比作进化论，认为城市是动态式展开的。路易斯·芒福德也是他思想的继承者。在他们的构想中，城市拥有原始的起步期，如同生物一般进化，最终走向灭亡。比如芒福德在《都市文化》中提出了以下的阶段论，即经历"原始城市——城邦——中心城市——巨型城市——专制城市——死城"6个阶段，城市最终会变成墓地。

　　这里所说的墓地，与法老们的墓地不是同义词，而是有机体的死亡，即活动的终点。在生成发展的有机体这一认识中，预料活动的消亡应该是理所当然的吧，它经常被设定成一个应该规避的目标，总是强调死后再生的可能性，并不存在人切身意识到活在死后世界的过程并将两极直接连接在一起的图像。有机体这一纯粹外部的观察，只是预想到了无机的死亡。无论是城市还是文明，倘若就这样将它们置于外部来加以考量，它们则是物质的固定运动，通常可用特定的形式来加以把握。但是，现在我们被抛入了运动着的城市的最中央。城市持续运动着，我们甚至可以假设"直到它变成墓地"。然而，我们只能伴随着它的运动存在，也只能在这个过程中思考。因此，迄今为止的运动倾向，包括加速度和突发事件在内，它们对未来所产生的投影便是未来图像，这种立场也得以成立。

前面论述的规划概念，与那种运动的组织方法有关。可以说，未来存在于现在的延长线上的简单思维，也产生于此。

那么，对我们而言，未来城市究竟是什么？是被法老们绝对化了的"另一个世界"，还是用成长性、倾向性、变动性等基准加以推定的现在的延长线？对于未来的提案，就是这种科学的推算吗？

在我看来，答案不是以上任何一个。正如法老们总是受到死亡的威胁，于是将其抽象化，建造了巨大的且难以撼动的"死者之城"那样，未来城市应该是为了动摇现在的我们的存在而构筑的虚体，这也是在当下的时点，发现现在活动着的人们的废墟。通过将这个废墟命名为未来，或许也能让我们所生存的城市明确变动的方向。并且，未来城市的提案，应该覆盖这样的现实，侵入其内部并进行搅动，呈现双重映像，成为既错位又缠绕在一起的虚体。虽然我们不期待这一虚体变成如同埃及般的巨岩的角锥、柱列或者塔门，但它必定带着新的方法和图像侵入我们的现实中。

我们甚至可以预想，到那时墓地不是变成未来，而是未来城市作为墓地被构想出来。

迷宫和秩序的美学：爱琴海的城市和建筑

大约公元前1400年，克里特文明出于不明原因惨遭破坏，走向灭绝，因此我们应该很容易推测，对追溯至数世纪前终于出现在历史中的希腊人而言，克里特文明完全是传说般的存在。例如克里特文明最大的遗迹——克诺索斯神殿。按照希腊神话，该王宫是雅典的王子忒修斯在弥诺斯的公主——阿里阿德涅的帮助下打败怪物弥诺陶洛斯的地方。

弥诺陶洛斯住在"Labyrinth"即迷宫里面。1900年之后伊文斯等人的发掘证实，克诺索斯正如神话描述的那样是一个迷宫。克诺索斯神殿里面拥有巨大的错综复杂的通道。

这座宫殿位于一个低缓的山丘上。所以有的部分有好几层，外壁和出入口都十分陡峭，各房屋，包括仓库在内，整合成为一个综合体。一踏入王宫便是绵延的走廊，蜿蜒曲折，并且楼梯交错，无意中楼层的位置关系变得模糊不清，再加上到处分布着让风和光线进入的窗口，样貌更加错综复杂，完全没有统一的秩序。

因此，对希腊人而言，克诺索斯成了迷宫的象征。如果反过来对弥诺陶洛斯神话进行解释，那么可以说，希腊人在包含日常生活的审美意识中，有着显著的秩序指向性，而迷宫般的建筑是令他们反感的，属于异类，甚至是应该被否定的。

在建筑或者城市出现的原始状况下，秩序和自然中的有机体一样，只能是内在的。也就是说，外形应该是不固定的，呈现出一定的混沌状态。尤其是在追随时间而生成的情况下，由各具体单位形成的事物之间存在着断裂。因此，总体上自然成了不连续的集合体。

我们可以将其视为一种自然发生的群落。无论在什么样的情况下，它们基本上都是分散的，看不到外形上对秩序的考量。

克诺索斯，应该是在外形上产生秩序之前就已经存在了。即便具备大致的王宫的构成意图，也没有掌握导向视觉秩序的方法，各种用途的房屋自动连接在一起。

图16　克诺索斯宫殿

如此形成的综合体，当人们认识到其内容的时候，便自然而然地将走廊那样的近道视为杠杆。按顺序将出现的不连续空间排列到一条线上，不断观察、感知，就能产生迷宫的感觉。因此，我们可以指出一点，克里特文明中缺乏对于明确秩序的指向，但反过来说，对于克里特人而言，或许迷宫就是秩序本身。

　　克里特岛上，不仅在王宫，而且在普通城市身上也能看到同样的事实。看一下被精准发掘出的公元前15世纪的城市——古尔尼亚，你就会发现它的形态完全是杂乱无章的。欧洲中世纪城市的道路模式，乍看上去也是一团乱麻。但是，这种杂乱仅仅是形态上的错综复杂，整体的道路还是形成了一个有机网络，向统一的核心——中心广场汇聚。经过这种对比，可以说古尔尼亚并不具备那种从内部支撑起这座城市的结构。

　　爱琴海众岛屿，无论是希腊本土还是对岸的爱奥尼亚等地区，海域地形都十分复杂。不愧"多岛海"这一称呼，曾经的褶曲山脉淹没在海中，山顶部分形成岛屿，散落在各处。山脉险峻，岩石近乎全裸，只有一些低洼地里有肥沃的土壤用来耕作。因此，城市一般位于平地和山地的交界处。

　　这里地势起伏。设想一下城市诞生时的状况，应该是有机结合了山丘的起伏状况。道路大致也需要建得蜿蜒曲折以绕开险坡。克诺索斯神殿所在的位置也同样如此。也可以这么说，就是在与这一地貌的配合中自然形成了迷宫。

　　如果要探究这种依爱琴海海域地貌顺势形成的空间，可以实地造访克里特岛以北约 100 千米的桑托林岛。

　　夏日，当我乘坐的船只靠近岛屿时，白云刚好笼罩在峭崖顶端，映入眼帘的是一片白色的光景。希腊白色大理石的神殿，也以地中海的海水和天空的蓝色为底衬，开始清晰地呈现出来。这些白色的石堆，并没有神殿那种明晰的秩序，形态不一地延展，融汇在蓝色背景中，它们甚至让人感到是大自然的一部分。实际上这些白色的石堆就是住宅群。这一海湾是一个内径为 30 千米的火山喷发口，有一种说法，公元前 1500 年至公元前 1000

年间这里经历了一次火山大爆发，火山灰和海啸将克诺索斯神殿变成一片废墟。该海湾被土地烧焦，裸露的断崖环绕，白色的住宅就建在断崖上的岌岌可危之处。

也由于建在凹凸不平的山脊上，道路极其曲折，建筑物也不在同一高度的地面上。自家的阳台可能是邻居家的二楼屋顶，有的人家要通过半个楼梯的高度才能抵达下个房屋的入口，有人需要走过两户人家不同高度的屋顶才能走到自己家的房门口。这些建筑巧妙地利用地貌，有的在半掩的地洞里施展空间。

道路、地面、屋顶、走廊、阳台、墙壁、楼梯等建筑的构成要素已经无甚差别可言。在这个木材极度匮乏的地方，木制家具基本是种奢望，椅子和睡床都是由岩石切割而成的，地面的起伏使得墙壁变得不规整。所有的一切都连在一起，各自单体发展，层叠的空间，各部分按需用作起居室和卧室。窗户基本都是面朝大海，开在没有外物遮挡的地方。可以说，这一切构成了决定房间位置的系统。

居住空间的概念，是以洞窟的单位为前提的，它们连接在一起，黏合在一起，无限延伸，甚至让人感到它整体上是一个有机体。赋予这种整体上的统一感的，恐怕是涂抹在墙上的石灰。白色的涂料无间隔地涂满天花板、扶手、防护墙、楼梯、地板，将依地貌而建的空间连接起来。由于毫无区分地统一为单色调，所以单位消失了，只留下整体的印象。而且空间是蜿蜒曲折的，最终演变成了一种迷宫。

无论是公元前十几世纪的克诺索斯宫，还是19世纪中旬的桑托林岛泰勒城，在迷宫的形成上都表现出相同的特征。可以说，复杂的地貌、切割自如的建材，以及阶段性的发展等相似点，跨越三千五百年的间距，自动创造了本质类似的空间。

形态不定的集合体和迷宫空间，大概和爱琴海海域的本土性特征有着千丝万缕的联系，不过，事实上对于希腊人而言，更加透明、严格的秩序才是他们的终极目标。对我们而言，希腊建筑，例如帕特农神庙，就是那种秩序的形象化的产物，不仅是建筑，在城市中同样也能发现统一的指向性。

对于究竟是不是希腊人发明了棋盘状的城市规划，人们还存在较大分歧。我们已经从古代东亚发现了这种城市规划的原型，因此有人认为它受到这一影响。但是，如果仅仅是将问题聚焦在根源上，那么，显示希腊建筑特征的柱式，东亚也早于希腊之前就已经存在了。尽管如此，一提到柱式，人们首先想到的还是希腊，那是因为柱式经希腊人之手，完成了柱头的式样，创造出了均衡协调的美学。如此一来，使城市规划师希波丹姆斯荣膺殊荣的棋盘状城市规划，也还是和希腊人的秩序指向有着密切的关系。

图17　米利都

爱奥尼亚的城市——米利都遭到波斯的破坏，于公元前479年按照新的城市规划重建。现在我们可以大概得知其规划的全貌完全是按棋盘状的形态进行的。

如果在沙漠那种无限延展的空间中人工建造一座城市，我们很容易推定，建造者们会采用和自然对立的抽象几何形态，因为根本没有任何东西可以用来参照。但是，爱琴海海域正如前面提到的那样，地貌大多起伏不平，无视这一点确实很容易形成迷宫。正是在这样的地貌上进行棋盘状的布局，实际情况就像在图面上看到的，它并不是在平面上进行同质的、井然有序的规划，道路有时会变成坡道或阶梯。将这种地形上的条件进行强行切割，建造垂直的道路，那种视觉上的统一性，甚至延伸到了各建筑柱廊的配置上。米利都的情况是，它有两个半岛，且都是稍高的山丘，棋盘式布局将山丘覆盖得严严实实，形成了住宅区，它巧妙地利用了山丘之间的山谷，预设了这个城邦的中心广场。

环绕在广场周围的各建筑，大小和位置，和街道格局完美匹配。换言之，在此预想了一个城中建筑向整体区划扩展的单一系统。希腊建筑样式指的就是，将建筑的细节部分和整体联系，反过来又在明确各元素存在的同时，按照一定规则形成整体的一部分这种形式。这样的话，可以说区划和建筑的调整，也拥有同样的特征。这种调和正是希腊人所追求的秩序。

我比较感兴趣的问题是，他们为何要强力推行从爱奥尼亚的各个城市规划延伸出来的称为棋盘状希波丹姆斯式的城市规划模式？随着时代发展，直到现代，这一模式还作为人类城市形成的原型得以留存，迄今发挥着支配作用。这或许和初级阶段的爱琴海文明的个性存在着某种关联，初期的爱琴海文明在原本就形态不定而易于创造的条件下，执着于单纯的几何形态。这也就是他们也可称为秩序指向性的特质。在此，秩序并非广义上的概念，而是肉眼可见之物，它不隐藏在内部，全部呈现在外部，不留一丝阴影，全部被透明的逻辑所覆盖，我请大家注意，它仅限于可视的秩序。当失去对内在、不可视物的兴趣时，弥诺陶洛斯的家——迷宫就是反宇宙的。

如果将现代城市比作爱琴海海域的城市，它则拥有善于自动生成迷宫的内在动向，同时配以古典的、可视秩序的规划手段，而这些秩序最终被粉碎，埋没于混沌之中。对于此种状况，我们应该采取的方法是，向希腊人学习，学习那种在混沌的迷宫之中抽离出可视秩序的姿态，从混沌的状态中，发现不可视的秩序。继承了希腊精神的欧洲文明，历经两千年，可以说也仅仅是在可视秩序的框架内进行思考和创造的。现代已经开始跃出这种框架，我们即将迎来只有不可视之物的秩序才拥有意义的时代。

附 记

本章中有一部分和"世界的城市'桑托林'"的叙述有所重复。因其在两篇论文中都是不可或缺的一部分内容，所以直接收录。

意大利的广场

广场之于我们

我记得早在十多年前就有很多人谈论广场。那时候的广场，作为"原子化"的个人在现代城市内部获得社会连带感的象征而成为议论的焦点。

1951 年 CIAM 的第 8 次会议"城市中心"，成为建筑大师将目光投向广场的契机。当时的"中心"被定义为"社区"，"它不仅仅是个人的集合体，还是社区本身的要素，即现代城市中的个体被赋予媒介的功能，从单纯的集合体转换成拥有内在关系的群体"。

结果，这一目标让人感觉消失了。这是因为，只要建造广场，就能实现城市的人性化的这种简单解释普及化了。我总觉得其背后和格罗皮乌斯的《社区的重建》图像有所重叠。

这种公共社区的核心，理应有广场的存在，通过建造广场，就能够克服对人的主体性的忽视，这真是奇妙的神话。正好在这一时期，身为建筑师，我开始进行思考。

1958年前后，我还无法将社区或者广场作为现实中城市空间的具体化图像来看待，我越试图闯入这些语汇的深处越感到艰难，不断碰壁，心头被一种失落感所缠绕。于是，我不停地和周围的人——现今他们大多还在东大城市工学科——展开讨论。最终我发现了一种极为简单的逻辑。

即对于现代城市而言，根本不存在共同体意识诞生的基础。因此，放弃社区重建大概才是明智的做法。那种让人类能够全面接触的广场是不存在的。

我们可以相信的只有和每个人的欲望种类在本质上对应的空间。该空间不是社区的中心，而是各种团体，即功能型团体所需要的流动的空间或者分布的空间。

只要能够承受这一点，广场大概就拥有了存在的理由。但是，对于我们而言，历史性广场的含义已经发生了质变。

社会化的欲望

对于居住在其中的每个人而言，城市，是为了将这些人的欲望社会化而存在的。城市空间，必定是这样一种激起"社会化欲望"浪花的场所。城市中的人在欲望的驱使下行动、发泄、获得满足。城市空间对应着那些愉悦的或者玄妙的欲望浓度而出现。无论是日常交流，还是交通，还是盛典，当展开这种活动的空间被形态化时，便把握住了我们所思考的城市的空间。

因此，空间随不同的欲望特质发生改变。广场尤其是此种类型的空间，它是多种欲望集中后形成的象征性产物。虽说这种城市生活的象征性空间现在正在被解体、零件化，但完全不足为奇。现代城市中广场不见踪影，并不需要为此失落和烦恼。城市正在被其他种类的无限欲望填满。如果将这些欲望空间化、零件化，那么城市就会变得多姿多彩，宛如打开玩具盒一样，让人变得快乐无穷。

现在如果我们来谈论意大利的广场，所谈的应该是在它的建设年代人们是如何将欲望社会化、形象化的。但是，广场建设的那个栩栩如生的时代已经过去了，传递到我们眼前的基本上就只剩下形态了。这种形态，也就是实体化的空间，其本身是富有魅力的。我们正是通过这种形态才能够和过去产生联系。因此，我尝试着在现在这一时点，凭借对该广场的空间的记忆，去接近空间形成时的逻辑和方法。这也是我们的欲望。

在此我打算将意大利几个现存广场中可见的空间特质作为关注的焦点。留存至今的空间虽然随着时间发生变化，但是在这个过程中，对我们而言，其中只有能与我们对话的空间才拥有重要意义。

托斯卡纳的曼哈顿

当我第一次踏上托斯卡纳地区的古老城镇，就感受到了之前在罗马和米兰无法感受到的另一种空间，主要是来自道路上的体验。西欧很多城市的起源都可以追溯到中世纪。有一种说法称，此类城市在西欧占了七成。但是它们中的大多数在近代不断膨胀、出新，还留有中世纪风姿的城镇已经微乎其微了。圣吉米亚诺被誉为"托斯卡纳的曼哈顿"，在这里我的异质体验变得越发明显。这个小城的空间，基本上完好地保持着中世纪的原貌。

这个城镇里曾经有62座塔楼。现在我们肉眼能看到并数得出来的有13座，加上那些变矮之后被淹没的大概有 24 座塔楼的痕迹。这些内部面积大约 8 张榻榻米的正方形石灰岩塔楼，据说是这座城市里的贵族们争先恐后建造起来的。塔楼不加任何装饰，只在高度和数量上竞相比拼，杂乱无章，填满了低矮的丘陵，被石头和砖瓦重重包围的这一小城，在天空的映衬下呈现出独具特色的轮廓线。如果说曼哈顿巨大的墓碑群为 20 世纪留下了标准遗产，那么可以说，圣吉米亚诺则在向我们传达，早在 7 世纪以前就已经存在相同形态的文明了。在这些塔楼建筑群的建设时代，这座城市作为独立的自治共和国度过了艰难的岁月。它被夹在锡耶纳和佛罗伦萨两个强国中间，据传在繁荣的三百年间，几乎不断重复着杀戮和破坏。塔楼，既是瞭望台又是炮台，还是独立共和国和贵族们彰显其存在的旗杆。它们大概和东京无数的广告塔楼一样，还流露着贪慕虚荣这一充满欲望的滑稽表情。

对我来说，尽管圣吉米亚诺在形态上有着类似纽约的特质，但城市里的空间则和纽约大相径庭。如果进行简单分类，纽约有点像西班牙人狂热的执念，是在完美网格化的道路网上建立起来的，而圣吉米亚诺的道路则与中世纪街道毫无二致，呈现出不规则的曲折形态。

日本的城市，以基本上由直角构成的古代城市空间为基体，并未展开特别的空间概念，只是突如其来地对其进行了升级。如果前来造访这样的日本城市，这些令人觉得不规则的、偶发的，以及也有些恣意的形态，会让人产生难以言表的异质感。

正如德·西卡在电影《70年的薄伽丘》中描绘的那样，悄无声息的广场，一挨天明便挤满了移动的大篷车贩子，甚至索菲亚·罗兰扮演的打气球的女郎也被淹没其中，那个令人联想起充斥着用高亢吆喝声贩卖廉价商品的日本夜店一般的广场上发生着邂逅。到了下午，贩子们便落下帐篷，将商品收入大篷车中，隐踪而去，这样的空间，就是带着神奇的曲折形态而存在的。

统合的中心

看一下圣吉米亚诺的地图便会了解，这座城市没有刻意规划的广场。但是，沿丘陵山脚延伸的道路空间，尽管蜿蜒曲折，最终还是汇集到大教堂广场。那些极端不规整的广场，无论是在意大利被称为最美空间的水井广场，还是与佛罗伦萨大教堂为邻的百草广场，在这座城市中，与其说是经过规划的，不如说是各种形态的道路空间中的一部分经拓展后被命之以广场来得准确。

在这里，决定城市空间印象的，自然包括由多得惊人的塔楼族群构成的城市轮廓线，还有整个道路网络所营造的空间，这些道路网络微妙地变化着，最终流向中心广场。广场恰巧位于组织道路网络的核心位置，完全是一个只考虑道路的连续性形成的空间。道路与中央位置上的教堂、市政厅、市政府长官公馆对面的佛罗伦萨大教堂广场相连，正中央建有绘有鱼纹的蓄水池及周边贵族公馆林立的水井广场，教堂侧面和背面构成了百草广场，三个广场呈链状连接，所有道路均汇聚于此。圣吉米亚诺广场群的特性是，广场处于和道路毫无区别的位置上。

因此，道路就是广场，广场也是道路的延长。广场并非作为一个独立空间出现的。尽管如此，广场依然构成城市的中心，并成为统合的中心。广场虽然被赋予意义，但并未得以形态化，它近似于这一目标被分离、割裂以前的诞生时期的原始形态。

希腊的阿果拉广场和罗马集会场现在已经灭绝了，和现代城市之间毫无联系。但是，中世纪的空间却在这样的城市中得以生存，广场被放在统合的中心位置。中世纪城市的机制需要这种空间。

链状的体验式空间

此类城市空间形成的关键，和中世纪的概念是分不开的。此时，城市从古代农村的支配下脱离，成为商业活动的中心并独立。战火连绵的中世纪在向近代过渡的过程中，资产阶级的城市完全是通过建设城墙来与农村对立，进而与其他城市对立的。与世隔绝的单位，绝不对外开放，是内向式的集聚，追求向心力。并且它有核心教堂（佛罗伦萨大教堂），还有堪称自治体的象征——市政厅。所有个人空间在观念上被看不见的引线牵引至该中心广场，广场的地面与教堂相连，也与市政厅那个宽敞空间中的地面相连。据说诸如托斯卡纳那样的意大利北部地区，直到最后还遗留下了城市支配农村的古代形态。这一事实反之也能看作它促使了城市中众多贵族的出现，塔楼林立赋予这里的城市轮廓线以特色，但是，从城市结构本身而言，它又被统合在了中世纪的观念中。

当我开始发现道路空间中实际上隐藏着一条看不见的引线时，我注意到它与中世纪的建筑空间从分节明确的罗马式风格转向让接合部黏合并进行叠加式展开的哥特式风格这一事实不无关系。

诸如圣吉米亚诺这样的城市，建在丘陵上，道路只能是倾斜曲折的，因此广场的地面有很大的倾斜度，但是，这个部分的空间处理存在一定的系统，它可以被称为由景观移动带来的继起性空间体验。

换言之，人站在某处时能够感知到的小单位空间是各自独立的存在，它们被引线导引至城市的中心。这是独立单位空间的链状式连接，从中可以看到的主要是人类体验空间的线性展开。两侧曲折的墙外围线，实际上每一栋建筑物或区域均是独立的，与此同时，它在处理上又是对应马路上的行人景观的。道路不仅曲折，幅度也各不相同，各处形成滞留点，是不连续的连接。景观的移动将这一空间引向城市中心，那里有着以相同方式诞生的广场。最高的塔楼是教堂的钟楼或者市政厅，人的视线必定在此聚焦。水井广场、佛罗伦萨大教堂、百草广场，它们以链条的方式构成了不等边三角形状的广场群，从这一意义上而言，广场群构成了一个核心。

图18
圣吉米亚诺
1 水井广场
2 佛罗伦萨大教堂
3 百草广场

每当看中世纪的城市地图时，我就会在脑子里与埃利尔·沙里宁所著的《城市》的剖面图进行对比。实际上这一对比并不是单纯的形态学上的类比，而是机制上的类比。一眼看似错综复杂的道路网，实际上是一个导向核心的线性空间综合体。之所以这么说，是因为大脑也是由内部线状神经细胞之间的连接支撑的。

线性的综合体形成了自给自足的形态，在此可以见到和文艺复兴时期发现的明晰透明的空间完全异质的系统。而且这个形成机制在更高的阶段和现代存在接点。中世纪，人的景观在线上进行叠加式移动。与此相比，我们这个时代的空间，机械上依靠仪表，即抽象的符号，同样在线上进行高速移动。这样的空间不是简单的叠加，只能通过拓扑学才能感知。如此说来，高速公路的空间不就是莫比乌斯环吗？

坎波广场

就广场不论位置和大小而是在空间意识下进行设计的这一点而言，可以联想到同样位于托斯卡纳大区的锡耶纳的中心——坎波广场。该广场继承了中世纪城市空间无一例外的特点，即它是不规整的，但又内含着用焦点表现一种统一的空间概念的倾向，这两种对立的倾向，不可思议地保持着平衡。

从我个人的偏好而言，不仅在意大利，在我们现在能见到的广场中，坎波广场实质上都拥有最高的完成度。如果为各广场建立一个排行榜，我会毫不犹豫地将坎波广场放在榜首。

图19　坎波广场（锡耶纳）

这一贝壳状的凹陷空间铺满砖块，使用洞石的浅灰色缘石铺成放射状的接缝。广场大幅度地弯曲，其焦点部位忽然出现了一个用贝雕装饰的排水口。广场的曲面宛如可视光的曲线，起初平缓，而后忽地一拐，停留在周边的停车位上。不，再延长视线的话，该曲线和通向广场的几个阶梯斜坡连在了一起。这个广场的形态到底是贝壳形的还是扇面形的，或是对圆形剧场的模仿，以及这些形状的原型和设计者的名字一样无从知晓。对于我们而言，这种无法言表的弯曲变形的空间本身的魅力才是最重要的。古代的半圆形剧场和文艺复兴时期的穹顶都是完美的弧形。巴洛克建筑基本上以弧形为中心，扩展出两个以上的部分，并使其流畅地衔接。它们各自神态迥异，曲折蜿蜒，构成平缓的曲面，视觉上巧妙而刺激，与群鸽相映成趣。当人们沉醉于这一曲面所造就的引力时，它又突如其来地令人产生幻觉——该空间犹如巨大的女阴，将人吞没其中。它似乎是不透明的，拒绝逻辑性分析，充满韬晦的氛围。

自 13 世纪开始建设并拥有 100 米高塔的市政厅，与坎波广场一样，14 世纪已经几乎拥有了现在的外观。经历漫长战争的佛罗伦萨不久迎来了文艺复兴，开启了由中世纪向近代过渡的历程，坎波广场就是在这种时代变革的裂缝中诞生的。这一广场和建筑，采用的手法完全是中世纪的。尽管如此，坎波广场能完成这一几近完美的设计，究竟经历了怎样的过程？

线性空间的秘密

我认为，想要揭开坎波广场的秘密，关键在于以排水口为焦点呈放射状发散的洞石（石灰华）的缘石上。

虽然这是我的一己之见，没有任何证明的方法，但我这么考虑是有以下几个理由的：

第一，该焦点与文艺复兴以后定型的诸如在空间的正中心建立方尖碑的完美几何学上的中心不同，它并不是完全的中心。放射线之间的间隔也五花八门。

第二，所有放射线的倾斜度迥异，因此，这里以"线"为规尺，随意整出中间的面，它们互相之间只是接续在一起，并无规则可言。

第三，环绕广场的建筑的墙外围线全都朝向广场中央，它们虽然是连接起来的，但究其内在关系，并不存在相互联系和统一的可用于制图的线条或平面。

第四，通向这一广场的路径对墙外围线产生影响，在视觉上带来些微的变形，由于这种微妙的变化，让人感觉广场的空间似乎自然流向道路。

第五，从空中眺望，广场的位置选择在沿山脊向三个方向延伸的锡耶纳街道交叉点上的凹陷的低谷中，墙外围线和沿山脊延伸的道路连接在一起。因此它不是一开始就构思好的完美空间，而是作为道路的延伸，或作为从三个方向汇流而来的道路交叉点上的巨大滞留点规划出来的一个空间。

　　换言之，该广场建设当初就没有直击细节的构思完美的设计图。它呈现由三条山脊地貌交织而成的链状环，由于中央的凹陷部位恰好位于市政厅的正前方，放射线的形态发挥了牵引所有空间聚焦于此的基准线的作用，是否也可以说，依靠这条线所形成的空间的集合体，缔造了我们现在所看到的坎波广场？

　　各个角落里并没有明晰的空间处理，确切地说这是互不连续的部分所构成的集合体，显示了中世纪城市空间的特性。坎波广场上的某些部位甚至拥有不透明的、神秘的阴影的原因，就在于它不是三维空间，而是由被分解的无数线条交织而成的集合体，并且在自治体中心这一观念的引导下，它似乎强制性地被牵引至一个点上，可以说在这样的意图中产生的冲突孕育出了稀世杰作。历经文艺复兴之后，一切都开始被归至于明晰的空间，与此同时，在不连续的空间的裂缝中诞生的玄妙感觉，全都被涤荡一空。

广场综合体

　　意大利在所有时代建造了具有这种特点的广场。14至16世纪的威尼斯，在异国情调中，哥特风和文艺复兴风发生混合，诞生了威尼斯风格的城市景观，建成了构成城市中心的圣马可广场。圣马可广场，是由环绕在周围的华丽多姿的建筑经过各阶段性的建设而连接起来的大广场与面朝大海的小广场组成的综合体。在这里，可以发现使之成为综合体的形形色色的空间联系的手法。

在广场的建设中可以见到，为了给予元老官的建筑以威严，米开朗琪罗在罗马的卡比托利欧象征性地运用了让相向的建筑错位的技法，贝尔尼尼进而利用错觉，一举解决了圣彼得大教堂正面过低的问题。圣马可大教堂正面有三根看起来普通无奇的旗杆，它们发挥了为这一没有确切轴线的空间以适当限定的作用，钟楼成为连接两个广场的楔子，避免了松散的连接。进而，临海而建的两根圆柱，既是主玄关的标志，也从视觉上阻止了小广场的空间流向大海。

诸如此类的多样化的外部空间的处理技法，并不是圣马可规划当初就设想到的，而是经历了漫长的过程不断发展而成的，它在发展的各个阶段发现了各式各样的解决方案。

圣马可广场的偶然出现被逻辑化，此逻辑再催生下一个空间，与此同时，各种风格汇聚一堂，共举一场多彩盛宴。

　　据说在暑假里造访意大利的外国游客已经突破了
6000万人，这个数字比意大利的总人口还多，游客中
的大多数人蜂拥而至这个水城。此时的圣马可，大概有
一半人是美国人，三成是欧洲其他国家的人，意大利人
则专门为游客提供服务，这是这种旅游景区特有的景观，
其实也不足为怪。与其说威尼斯是一座城市，不如说它
是一座巨大的建筑，而且还在不断转化为度假酒店。位
于中央部位的钟楼，根基不稳，最近已经完全修复了，
和名古屋城一样，现在可以乘电梯登上钟楼顶端。很多
建在木桩上的建筑，由于战时采集沼气而开始下沉，居
民们计划搬走，绝大多数人家的一楼或二楼都成了潮湿
的仓库。

　　尽管如此，这座老朽的城市依旧是珍稀样式的统一
体，无论是空间的连续，还是与运河交织的舒畅的交通
模式，都散发着无穷的魅力。作为一种完全将汽车隔离
在外的基础型城市形态，有着众多可考察的余地。圣马
可的空间也是这样，作为全面禁止汽车的广场，它可谓
是一个很珍贵的培养皿。

　　如果想看看形成圣马可广场逻辑的更为现实的形态，
可以去造访维琴察的绅士广场。那里集中了著名的样式
主义建筑大师帕拉弟奥的主要作品。位于广场中心的大

教堂也是他的主要作品。该教堂拥有钟楼，上有狮子和人类雕像的两根门柱，不禁让人觉得是圣马可样式主义的翻版。帕拉弟奥以完美的形态将文艺复兴的建筑定型，那种完美的透明性，虽然拥有优雅的比例和设计好的稳定性，却没有理解它的头绪，全无在与未分明的黑暗的纠葛中所产生的鲜活感。维琴察的绅士广场虽然满足了在圣马可广场上所能见到的所有构成要素，但由于它拒绝了圣马可广场由偶然造成的不规整性，从而制作出了过于易懂的空间。

我们从圣马可广场身上发现了和偶然且形态不定的成长有机对应的各种方法的集合体。

我们或许还可以发现，这种偶然闪现的智慧会使空间变得丰富多彩。

反笛卡儿坐标系思维

世间万物均有明晰的逻辑，即便在视觉上，严格的秩序和几何学特征也涵盖所有，提出这一要求的笛卡儿坐标系的方法，终于在进入 16 世纪后开始统治城市空间。拥有透视性远景的放射状街道、街道两侧鳞次栉比的民居、焦点性的纪念碑、古典柱样式的具有地标性意义的公共建筑等，在拥有这些特征并不断四溅、扩散的近代巴洛克城市规划中，广场也被视为与各种建筑物一起构成城市的标志性元素。

这样的城市，在16世纪末教皇希克斯塔斯五世短暂的在位时期大兴土木，有几条道路和广场在罗马保留了下来，我们可以见到该城市的断片。如果要感受更大的规模，可以看一下巴黎。在三个世纪之后，经奥斯曼男爵之手，开拓残留着中世纪容貌的城市，并施以了美容术。不愧是在笛卡儿的国家，所有一切都处于囿于几何学的笛卡儿坐标系构想的统治下。

城市空间中出现笛卡儿坐标系，是在15世纪中叶佛罗伦萨的建筑大师菲拉雷特构想出理想城市斯福尔扎城堡的时候。该城市完全是几何学的，由一个完美的圆形内接两个正方形构成。因此，它拥有星形的八角形外围，并形成城墙。在斯福尔扎城堡中，广场位于相同形状的中央，它面对教会、市政厅和市场，这一点和中世纪如出一辙。只是道路向8个方向放射，小广场就设在这些道路的中途。

这种典型的文艺复兴时期的城市模式，之后不断被模仿，甚至没有一例能够达到完美程度。尽管如此，帕拉弟奥及斯卡莫齐仍然竭力将其定式化。这一定式，充分活用在城墙和公馆中，最终还是和城市无缘。

菲拉雷特按照维特鲁威的指示，将理想城市设计在地形复杂的溪谷里，如果真的在这里实施，放射状的道路只能停留在地图上，沿丘陵、山谷的地貌延伸，大概会变成高低起伏、变化多端的道路吧。换言之，他的构思忽视了地形上的所有条件；在精神上完全遵从笛卡儿坐标系原理，执着地将严格的几何学贯彻到底。这种形态，无论是在他当时居住的佛罗伦萨，还是在其他任何形态的中世纪城市中都是无从见到的。

不过，斯福尔扎城堡内部包含的设施和结构，与当时的城市设施毫无二致。无论在中央广场还是在外围城郭，每个自治城市中都能见到。那只是将城市分解成构成要素，为从所有外界条件中凸显而重新构筑了几何学上的统一体。

事实上，当时现实中的城市已经开始有了解体的迹象。将城市围起来的中世纪形态，由于人口的增加和集中而走向瓦解。其主要原因是自治的独立城市发生了地域性规模的统合。城市随之膨胀，象征其膨胀的是放射状的道路模式。外围圆形的区划被遗忘，甚至中央广场都被分解成多个焦点扩散开来。它和菲拉雷特通过内在思考获得的完整性相去甚远，所继承的也只是道路、广场、建筑物分别成为城市构成要素时的那种关系性。当初的图像脱胎换骨，透视的远景如同火星四散。此时，广场被赋予了处于道路网结合点位置上的标志性意义。

于是，意大利文艺复兴的建筑大师们所描绘的理想城市全部成了纸上谈兵，只有方法被定式化，继续北上。在那之后，轴线空间的方式主要在法国展开、实施，但在它的发源地意大利，现存的广场反而不规整，或者说非规则的形态居多，充满了更有机的、感性的设计。

将意大利广场的代表作，如水井广场（圣吉米亚诺）、坎波广场（锡耶纳）、卡比托利欧广场（罗马）、圣马可广场（威尼斯）、圣彼得大教堂（梵蒂冈）、西班牙大台阶（罗马）等罗列在一起，就会对这个国家曾经诞生过的菲拉雷特、帕拉第奥的大显身手感到难以置信，让人觉得存在着一种反笛卡儿坐标系的系谱。

建造这些广场的中世纪末至近代初期，即14至18世纪间发生了文艺复兴，这是事实，重新挖掘对称美的手法也自然得到采用。但是，即便是轴线空间，也和中世纪的特征一脉相连，追求深沉的阴影，有着显著的雕塑性指向。它是近代的逻辑本身，可以说存在有意识地否定透明的笛卡儿坐标系的意图。该部分可以从城市的户外生活、建筑的外部空间手法中充分感受到。

　　或许在对这个国家的城市空间，具体到对道路或广场进行畅想时，先于逻辑，优先重视的是人们踏入这里时的空间感受。对于绘画或者雕刻来说这只是一个常识性的出发点，但从建筑师角度而言，正如希腊样式所受到的认真研究一样，那并不是被坚守的态度。无论是巴黎的星形广场还是孚日广场，虽然这些广场具有明快的逻辑，但空间实感却是稀薄的。

轴线空间

　　或许是帕拉弟奥的原因，又或者是因为北欧人执着追求逻辑的性格，北欧各国近代所建的广场几乎是清一色的正方形。城市空间有中世纪人的烟火气，一眼看上去杂乱无章，但就像菲拉雷特那样，将完美的星形投入到自然中，这种强制性规划，使其过渡到一个主体观念优先的时代。看一下后来建造的巴黎皇家宫殿和旺多姆广场就会明白这一点，它并不考虑人类的尺度，而仅仅是依据集群和典礼的规模而建。学院派将之定式化，最终影响了古典主义城市的典型——华盛顿 D.C. 规划。拥有对称轴的空间，的确是文艺复兴的一个重要发现。

　　中世纪的空间，是通过线性移动的远景来把握的，而文艺复兴时期，却把自身作为主体放在了远景的中心位置。这和透视画法的发明密切相关。事实上，菲拉雷特的理想城市中道路是从中央广场呈放射状发散的。放射的中心逐渐变得多心化，相互联系，城市道路网开始犹如烟花般四散。巴黎的星形广场，就这样成了一座集中了12条道路的广场。

在佛罗伦萨发明的这一轴线空间，在城市的规模中，该空间并没有对城市做出任何贡献。一切都只是纸上规划。直到16世纪末，放射状直线道路的规划才通过希克斯塔斯五世开始传到罗马。罗马人民广场的放射状道路就是在该时期规划的，之后经基赛匹·维拉迪尔之手整合成了现在的形态。人民广场，与意大利各城市必在高地上建造可俯瞰城市的兼具瞭望台功能的公园规划有着密不可分的联系。可以说维拉迪尔的远见卓识在于，他将这种呈阶梯状变化的地貌和向心结构的广场连接起来。现在，人们依然可以坐在露台上，视线越过人民广场眺望罗马的怡人风光。巴塞罗那高迪的古埃尔公园也完全是同样的处理方法。高迪通过巧妙的设计，试图使通往公园的路途充满戏剧性，但我觉得它仍赶不上西班牙广场的台阶呈现出的流畅和华美。

作为轴线空间的广场，以轴为空间演绎核心而未陷入法国式死板和形式化的，是米开朗琪罗设计的罗马的卡比托利欧广场。可以俯瞰古罗马广场即过去的罗马时代城市中心的公共集会广场遗址的卡比托利欧山地规划，戏剧性地再现了古代不容置疑的对轴线。

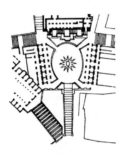

图 20
米开朗琪罗
卡比托利欧广场（罗马）

图 21　西班牙大台阶

对于卡比托利欧广场，需要注意的是，虽然它以轴线为中心左右对称，但面向元老宫围在广场左右两翼的建筑，是向纵深扩展分布的。通过营造错觉，产生将深处的元老宫正面拉近的效果，同时，在面向西侧视觉开阔的空间里，通过假设两个墙面的消失点让空间聚焦，将马克·奥勒利乌斯的塑像放在焦点之上，使得这个微微隆起的广场得以自然形成。与其说它是广场，不如说它只是建筑群的前庭空间，仅仅通过这一处理，将坎波广场和圣马可广场等残留着中世纪面影的空间，与之后巴洛克样式大规模展开的贝尔尼尼的圣彼得大教堂广场完全关联在一起，成为过渡式的广场。人们评价米开朗琪罗总是突破他所生存的那个时代的框架也是基于这一层意义吧。犹如圣彼得大教堂那样，不依靠典礼的喧嚣，也未陷入星形广场那种空洞的纪念性中，我们可以领略到紧凑的透明的逻辑完美支撑的空间。

卡比托利欧只是市政厅的前庭，圣彼得大教堂也不过是教会的前庭空间，即从这一时期起，在城市空间的内部，中世纪广场所集中的各种功能已经开始了多样化的分散。在我们的城市中，这种分解达到极点后，或是悄然消失，或是完全变质。

换言之，现代生活中物欲横流，广场这种单纯的空间无法应对。变质后的城市空间，已经堂而皇之地存在了。它们中的大多数，包含在具有公共意义的建筑物的内部。

城市空间的演绎

西班牙大台阶是将拥有巴洛克喷泉的西班牙广场和山坡上的圣三一广场相结合的产物。看一下他的设计图便会明白，该台阶微妙地扭曲着，其意图在于构成对称的形态，为了使上下的广场的边缘及轴线错开，进行了一些改动。

如果建成如卡比托利欧那样的直线的斜坡，则形成陡坡，反之建成台阶，则过于平缓；于是设置了若干阶梯平台，那些平台名副其实，据说台阶的整体设计中，含有使台阶在一定节奏下舞动的意图。在这个巴洛克风格的华美时代，贵妇人们身着如伞状般撑开的鲸骨裙，男人们也脚蹬高跟靴，这里设计了男女们可以用来手牵手跳舞的斜坡和台阶。

于是，空间成了运动的演出舞台。没有明确的对称轴形式，也没有中世纪道路那种生硬的叠加，空间开始被赋予预想并诱发流动式运动的微量变化这一微分学的特征。

市民们在城市的空间里过着绚丽多彩的生活，这也和广场，不，和台阶有关系，对我而言颇有意思的是，将对空间的处理与人的运动联系起来，通过设立这一目标，空间反之开始流动。较之流动，也许更是一种节奏感。

台阶的广场，可以说呈现了一种新的手法。

比大台阶广场更早时期，贝尔尼尼完成了那座圣彼得大教堂的椭圆形广场。贝尔尼尼以两个喷泉为焦点，在已经位于中心的方尖碑周围设置柱廊。你一旦进入单焦点的空间内部便会明白，自身的位置和中心的相应关系是可以测算出来的，因此可以感知空间的每一个角落。然而，椭圆拥有两极，这意味着有两种不同的力作用于身处内部的主体身上，因而视觉上源源不断受到他物的吸引，从而产生流动感。这里存在着让视觉运动连续发生的意图。圣彼得大教堂还有着各种诱使人们产生错觉和幻觉的巧妙布局。这些布局，首先和教堂中央正面二楼的正面教皇祝福阳台联系在一起，最终形成朝向向心结构的穹顶核心流动的效果。

被遮盖的城市空间

拉丁系的城市，居民一直居住在水平面分区的分层住宅中，而非纵向分割的"长屋"形式的住宅。从开始建造房屋的那一刻起，便已拉开了公共城市空间的帷幕。

因此，道路的空间，可以说是形成这种平面的建筑物墙壁竖起后剩下的部分。这种关系无法在北欧普及，当然，与东方的城市也是迥异的模式。这种拉丁系的城市，区划并不重要，由高耸的石壁营造的雕塑空间才是重要的。

因此，从走廊行至马路，经过广场，进入教堂内部，将它们联系起来的空间几乎是连续的。

如果从公共空间的角度来考虑，无论教堂内部的空间，还是与之横向连接的中庭，以及走上楼梯位于二楼的市政大厅，全都是公共的城市空间。尽管广场是未被遮盖的空间，但诸如维罗纳的百草广场那样，有的广场的集市上长期竖着遮阳伞，还有就像我看到的流动的商队，全都支着三角帐篷。广场就这样时常被临时物遮盖，逐渐固定下来，因此，不得不说被遮盖的城市空间的扩张，存在着充分的可能性。

毗邻米兰大教堂的米兰埃马努埃莱二世长廊建于19世纪。近30米的高度上架设了巨型拱顶，镶嵌玻璃，十字形的拱廊让人想起和直径40米的球体完全内接的罗马万神庙的内部空间。建造万神庙是为了供奉七大行星。在古代，该空间是极其巨大的，有足以遮盖一个广场的面积，在这里可以窥见被遮盖的城市规模的空间，而埃马努埃莱二世长廊，通过用玻璃嵌满拱顶，创造了闪光的屋顶。

　　该埃马努埃莱二世长廊让我想起了试图全面遮盖曼哈顿的理查德·巴克敏斯特·富勒规划。至少埃马努埃莱二世长廊和在钢筋水泥尚不存在的时代建起的布鲁克林大桥——这一跨度巨大的吊桥几乎建造于同一时期。反过来想，不得不说富勒的规划潜藏着充分的可能性。

　　对我们而言，已然不仅存在着被遮盖的广场、被遮盖的购物中心，还存在着被遮盖的城市的可能性，激起了我们如此这般的想象力。

　　如果说米兰的埃马努埃莱二世长廊发现了将各种店铺和咖啡屋聚集于一处的媒介（可以想一下日本的拱廊商店街，即银天街，意义完全相同，但在处理群集的规模感上有着决定性的差别），那么罗马火车站的中央大厅也一样，可以视为为了应对城市内的群集而建造的有遮盖的广场空间。

　　终点站，犹如一根插入城市中心部的吸血维管束，用于释放和吸入大量的人群和物质。它的尖端在不断喘着粗气，罗马火车站的那种波浪般的长幅架构，完美地解决了人群聚集的问题。这是18世纪以前的城市所不具备的空间类型。或者说，广场曾经拥有的功能，被如此这般地剥离、分解开来，植入现代城市的各种节点上。

从这一意义而言，似乎广场依然活在当下，然而在我们的城市中，曾经的那种广场已经没有存在的必要了。因此，无论在哪个国家，对于拥有出色空间的广场，现在我们都不应视为城市的广场，而要将其作为建筑群的外部来加以眺望。现在无论是圣吉米亚诺还是威尼斯，都比不上大都市构成中的一个建筑容量。被城墙包围的都市，不是城市，成了建筑群，我们大概可以用这一尺度来理解广场吧。

"岛状城市"的构想和步行空间

现代城市的构成因素复杂多样，无法一言蔽之。即便想列举某一个因素，也出于各种缘由而难以切割，如果勉强说些什么，或许就是这种多样性才更完美地呈现了现代城市的样貌。

在这里我想探讨的是，从历史发展阶段的视点来考量，这种状况下的现代城市处于一种过渡期，绝不具备统一的内容，我们必须通过分析城市空间的特征来加以确认。并且，如果可能，我想在这个过渡期的时点上对现代城市的新型提案进行一次评估。

因此，我必须对前期准备和讨论范围做出几个限定。对于城市空间，我主要是以建筑物和道路这两个重要因素的相互作用为基础来思考的。就建筑而言，只有支起柱子和墙壁，架好屋顶后才勉强具备了建筑形态，可以说墙柱和屋顶是在物理上构成城市的两个要素。

道路，是人或物体移动的载体，是将城市内的各种活动连接起来的媒介。地面上的人、马车、汽车，以及有组织的电车、地铁等大量运输工具也属此类。不仅如此，道路下还铺设了各色管道。上下水道、煤气管道、电缆、城中人类赖以生活的各种能量循环同时运作。

功能主义的城市观，试图将城市视为单一功能的"循环"，有时将其定义为人类和物质的"流通"，这些定义显然都是正确的。但是，我们对城市空间的感受，却是在道路上产生的。因此，城市空间不只是单纯的"流通"，还应该视其为拥有五感的人类的"流通"。城市中，道路和城市中形形色色的活动相连，填满活动的缝隙。从这一点而言，道路支撑着不断变化的城市活动，因此它也被称作城市的"基础性构造"，即"基础设施"。如果按照上述方式理解道路，那么，走廊、阶梯和电梯等也都会带着全新的城市意义登场，我后面会谈到。

与此相对，城市中有建筑物。也有一种理解，当城市被建筑物围住时才初具城市氛围。至少在欧洲砖石建筑的"城市"中，当人工圈起来的空间出现时才诞生了城市。将城郭以内的部分称为城市始于古代，至少它必须与田野和农村区分开来。

　　建筑物当然是以物理性实体的形态存在于城市内部的，人们在建筑中居住、劳作、游戏，我们可以视其为内含了一个城市的活动。即便是建筑遗迹，也可以视其为用作观光，或用作历史纪念物的特殊活动对象。换言之，这些建筑，将作为独立单位的活动对象全部纳入其中。

　　活动单位有各种阶段。大致以一间房为起点，直至一户、几十户组成集团住宅区，由它形成街区，继而成为开展各种特殊活动的地区，有时甚至会出现一个大城市中包含几个小城市的情况。

　　反之，即便活动各自独立，如果相互之间没有关联，城市也无法成立。也可以说，城市是一种开展综合活动的场所。将活动单位连接起来的就是上述以道路为代表的基础性结构。但是它们和活动又并不是简单的"基础"与"上层"的关系，双方相互影响，有时难分彼此。然而，仔细观察的话，二者的关系是随着时代和国情的变化而变化着的。通过关系分析，城市建设的推进方式，或城市空间的形成方式，或总体而言的城市设计，都有可能被赋予鲜明的特征。

　　城市的活动单位、使之结合的媒介——道路，以及建筑的外部空间，这些构成它们的总体模式，决定了城市的物理形态。并且，结合的形式，为各个时代的城市赋予了不同特征。想必诸位也去过很多城市旅行，应该会注意到完全不同的城市氛围。活动的种类，并不停留于诸如银座有别于浅草这种类型上，更可以用历史性的城市，如京都和罗马来进行对比。在此，并不能以单纯的"上层"活动种类的差别来加以概括，它们让人感到物理性的，或者实体空间的本质上的差别。在这个部分，或许能看到文明史上，或者在历史展开过程中造就的各城市形成体系的差异。你可以造访留有历史"残影"的城市，尽情享受那些城市空间的本质上的差异。而我正是要以这种不同"残影"所产生的差异为切入点，试着从道路和建筑的关系来分析城市建设系统给空间系统带来的巨大影响。

日本的城市空间，尽管年代不同，在某种程度上却和欧洲拥有类似的形态。不过，其观念是由完全不同的构想支撑的，这一点我将择机论述。我想讨论的虽然是世界的城市建设，但可以明确探究其历史的发展过程，按照汤因比的说法，只是在当下占据统治地位的欧洲文明中，抽取几个典型的城市作为焦点。虽说有点重复，但我还是要强调，我的视点既不同于历史学家，也不同于社会学家或美学家，只是在城市空间的维度上追踪与之关联的现代城市设计，从道路与建筑的关系上进行探究。

欧洲的城市，原本围着厚厚的城墙。这些城墙主要建设于 11 至 15 世纪，方方面面都显示着中世纪的特征。

厚重的城墙诉说着独立的、自治的城市的过往。它是广阔原野上的"岛屿"，自成一体，和他者绝缘，城市因此诞生。通常情况下，城市外围低密度住宅的拓展是不久前才出现的，它们尤其惹眼，形态上也独立。

城市是一座"岛屿"这个观点，包含了诸如纯人工的、另一个宇宙的，或称为城市空间的具体内容。"岛屿"相互独立，有时发生战争。可以说完全是出于独立和防御的需要，才建立了如此紧凑的城市。在欧洲中世纪的城市中，市民全都生存于城墙内。发生战争时，他们作为自治体的一员齐心协力抵御外敌。将它和日本的"城下町"作个类比就比较容易理解。在日本，居住在城墙内的只有领主和直属官员。一般市民在周边地区按照职业种类划分地皮，半强制性地居住。很多时候城墙外围也围着壕沟，被层层环绕的中心内城的建造手法，与森严的身份等级密切相关。

　　然而，欧洲中世纪的城市整个被塞进了城墙内，是独立的个体。城市中心有两个核心，一个是市民的政治中心——市政厅，另一个是带有宗教意义的大教堂。

　　如果去一个带有中世纪风情的"城市"，首先让你产生强烈印象的一定是当地大教堂的巨大规模。这种巨大的规模和周围民居的规模根本不可同日而语。大教堂通常是哥特式风格，大多数情况下，教堂内部的空间具备可以容纳全体市民的容量。在现代来说，如果是100万人口的城市，那么一个穿顶覆盖在100万人口聚集地的上方。因此，我们可以想象在当时的日常生活状态下的教堂空间所蕴含的意义吧。在被城墙围住成为"岛屿"的城市中，教堂是具有象征意义的核心。从远处眺望的话，形成的反差犹如小船的群落中驶入了一艘战舰，完全不在一个数量级上。

　　中世纪城市的道路特征是"蜿蜒曲折"，它全然没有几何学上的明确秩序。宽度不固定，流向也无章可循。但是，当你漫步其中时，会不知不觉地走向大教堂或市政厅前面的广场，似乎有种自然而然的牵引力将你带入位于中心位置的广场。当下中世纪氛围依然浓重的城市，诸如意大利托斯卡纳地区的锡耶纳、圣吉米亚诺，以及德国纽伦堡附近的罗滕堡、比利时的布鲁塞尔、西班牙的托莱多等，这些城市虽然个性迥异，却有着相同的道路网络系统。

换言之，无论上述哪个城市，它们细窄的人行小道最终导向的都是城市的核心部。考察现代道路，最基本的规划中均存在宽度的问题，即特定的道路都被设计成相同的"宽度"。但是上述的城市中，道路的宽度不固定。非但不固定，反而压根儿没有考虑过宽度的问题。

说得极端一些，这些大致都是已经预想到会被踩实的道路，且大多数情况下建在高地和斜坡上，所以流向比较平缓的方向，绝不会形成一条直线，居民们面向道路建造各自的房屋。

建筑物密集建在一起。当"岛屿"被建筑物掩埋时，也许道路就在林立的建筑余留下的地面上诞生了。

我说当你走在那种道路上，脚步自然地流向中心广场，那是因为我觉得这种蜿蜒曲折的道路似乎被一根无形的引线牵动着。虽然这根引线绝非来自设计图，但它们将所有的关注点引向城市的中心——广场。中世纪的观念不是开放式的，几乎都和向心的集约化倾向有关。只要看一下哥特式建筑的内部空间的构成就能理解这一点。中间走道的部分，经过反复出现的密集廊柱，不断向着更深更远处延伸，直至终点，突然升向天空。

上面提到，城市道路中貌似布满引线。这些引线，最终汇集于大教堂前的广场，和大教堂的地面相连，最后朝向天空上升至高耸的钟楼。这或许构成了一整套网络。

广场同样如此。到了近代，尤其是文艺复兴以后才开始对广场进行规划性设计。道路的宽度不固定，因此，广场成为道路的延伸，恰巧诞生于残留的淤塞部位，这种观点的证据也可以在很多地方见到。尤其是托斯卡纳地区，圣吉米亚诺圆满传达了中世纪的氛围，它的广场完全是不定型的，仅仅是道路拓展的一部分。进而是锡耶纳中心的田野广场，实际上它是一座出色的中心广场，设计者却不为人知，该广场巧妙地利用了山谷间的缓坡，经年累月建造起来。虽然是由神奇的曲面构成的，但其弯道并不包含可以作图的线。因为它是由众多不规则的顺地势而成的线条依据各种具体条件组合起来的。由于该时期大概还没有几何学上的抽象化空间的构成手法，这样的情况也顺理成章。

不过，道路和建筑物的关系在中世纪的城市中是明确的。换言之，中世纪的城市中看不到现在我们所说的"街区"这种创意。街区的建设，是在建造街区时制订出拥有同等宽度的道路规划网络，据此在圈起来的地皮上建造各种规划好的建筑物。中世纪城市中一定存在着和城市规划这一现代性思考无缘的另一种东西，它并非如同初期的村落那样自然产生，毫无秩序并如迷宫。中世纪城市中存在着无形的引线，将一切引向中心之核，并且被厚重的城墙环绕，城内耸立着各处都能望见的高塔，在这样的城市中，存在着强烈统一感的观念。这种观念一定不会采取几何学的形态，它渗透所有部分。它存在不可视、神秘、昏暗、不透明的部分。尽管如此，城市所拥有的那种明快的观念，却比后世任何时代都要来得清晰，充满着统一感。然而，它拥有不透明、不明确的部分，与创造实体形态时的手法有关。

概言之，统括观念是存在的，但在将其实体化时，却只有单纯的叠加手法。

当你走在路上会有所理解，具体而言，它不具备很长的连续性，某种被围住的独立空间，给人强烈的链状连接的印象。它不追求平缓曲面的微变形，而是曲折蜿蜒的。因此，人类在中世纪城市道路上所获得的空间体验，是在一条线上叠加式展开的。就两侧的墙外围线而言，实际上每一个建筑物或每一个区划都是独立成形的，视线和透视的轴线也随之发生变化。道路的宽度当然也参差不齐，在各个地方形成一个个淤塞。建筑物的侧角是错开的，道路基本上不会垂直相交。只要观察一下对各节点的处理，便可以发现它是一种链状连接的手法，只有通过这种手法才能将不连续的单位表现出线性的连续。由于只是一种叠加式的手法，不采用硬性填充使之以平滑的方式过渡的技法，让我们从中领会到中世纪城市空间的特征。

城市曾经就是这样的形态——内部隐含着线，对空间进行链状连接，它们相互交织，最终形成网络化的整体，成为一个"岛状"的小宇宙。据说现代欧洲城市中的七成，起源都可以追溯到中世纪，所以迄今仍有很多城市的一部分完好保留着中世纪城市空间的特征。尽管我们承认此后自然形成的地区中也能见到同样的特征，然而，当你实地做一番探究后就会发现，它们根本不具备上述中世纪城市所拥有的那种统一感。不仅是抽象化的空间，统治该时代的建筑设计，或者说其内部共通的隐秘的连续系统，如窗户的分割、廊柱的间距、拱廊的形状、使用的材质等，由于本土的特性，全都发生了变化。因此，只从外形的层面上来讨论空间的本质也存在着危险性，不过，为了将问题典型化、简单化，我打算在此把前面提到的各种因素全部抛开。

在开始论述"岛状"城市解体、新型道路分割出现的过程之前，我想先请大家注意一点，即岛状城市内部原本就包含了人类单独的道路网络，这一认知与对现代城市的提案密切相关。

围上城墙主要是为了抵御外敌入侵。现代城市，最大的矛盾或最大的敌人不就是汽车吗？这是一种思路。我们在日常生活的马路上，过着一种人车混合的生活，因而发生各种事件。对此，为了在现代城市内部确保人类的空间，我想重新评价中世纪这些城市所拥有的机制，再次思考现代城市。

以威尼斯为例。威尼斯建在河口的三角洲上，恰似一座岛屿。过去连船只都无法靠近，现在只建了一条从意大利本土通往此地的铁路和公路。现代化的交通工具，均在这个岛屿的入口驻足不前了。人们从火车站蜂拥而出，不得不在此完全变成"步行人类"。汽车也一样，有巨型汽车站、立体停车场。最近停车站也不够用了，为了建造新的停车场甚至进行了招标。第一等方案，计划在位于岛屿入口处的恰好咽喉部位建造一个类似于多层航空母舰的人工岛，以此收容所有汽车。无论哪种方案，都是在此将人类从汽车等机械中解放出来，成为步行的人类。威尼斯身为活在现代的"城市"，却在排斥现代化的运输工具，即机械化的循环系统。因此，对于习惯了机器噪声、生活与高速度交织在一起的现代人而言，这座"城市"给人神奇的解放感。现代无论多么气派的广场，都一定会有汽车的入侵，但是在圣马可广场上，却见不到汽车的影子，堪称梦幻。

这座"城市"的运输通道是运河。呈倒 S 状的大运河徜徉于城市中，生出了无数小支，与小运河相连。运河上，至今行走着"刚朵拉"，现在它就是出租车。大运河上航行的船只则是水上巴士，以适当的间距设立了水上巴士的站点。刚朵拉的搭乘点恰好位于人行道和运河的交叉点附近，设有台阶。可以乘坐其他交通工具的搭乘点和人行的道路网络就这样巧妙地重合在一起。幸运的是，运河是水流系统，这两个系统从一开始就有分开的必要。

人只要走"人行道"就好。棘手的车辆，只要像威尼斯运河那样，在另外一个系统中运行就行。汽车公路和水流原本不就属性相同吗？

史密森夫妇提交的柏林中心地区开发竞赛方案，恰好与威尼斯的道路和运河的关系异曲同工。他们的考虑是，现有的道路也应该与其他地区相连，让汽车在上面奔跑。与此相对，在建造中心商业地区时，应和汽车道路毫不重合，设置错开的 2 至 3 层的连廊，用连廊和购物中心或办公大楼连通，与汽车分离。人只在内部或上面行走，西银座高速公路下的购物中心便是此类形态，人在上面行走的同时，它犹如一张网覆盖整个商业中心地区。这是一种可称为"天桥廊"的手法，该手法将其扩展为地区的规模。

我在参加以色列的特拉维夫市的竞赛时，考虑到那里不具备如此巨大的建设能力，且气候炎热干燥，需要为那里的人创造阴凉的环境，于是设想可以像"鼹鼠"那样掘地建设人行道，同时也能使汽车道路达到现代道路的水准。那时，人类和汽车的关系上下颠倒了过来，人行走的道路，俨然变成了依明垩中的形状延伸的步道。

以上提案，是从现代的角度重新审视诸如威尼斯此类在双重网络系统下得以成立的城市结构，不过"岛状"城市则更加单纯。如西班牙的阿维拉和法国的卡尔卡松等城市，它们被厚重的城墙包围，并设有瞭望台。如果从郊外靠近这样的城市就会清楚，城墙是进入城市的关卡。无论相对于视觉还是相对于速度，城墙都成为强有力的屏障，并且城市中拥有的是原本中世纪城市的规模。当然，现在一部分汽车是可以入城的，但仍是极少数，它们依然还是纯属人类的空间。

很多中世纪城市都有这样的城墙。现代城市中，由于建造了大量诸如此类针对汽车的屏障，应该也可以建造出"城市中的小城市"。

美国建筑大师维克托格伦开发沃斯堡市中心的提案是这种构想的前奏。他首先想到环绕中心商业活动地区的环状高速公路。东京的高速公路网也是如此，如银座地区，大体被高速公路环绕。汽车道路就这样从远处围住城市，并从中分出小支，在终端建立大型停车场。这被称为"死胡同"，从这里开始人们只能步行。绝不允许汽车往来通行。通过建造如此这般绕远的环状通道，确保了城市只是让人类闲庭信步的空间。

将这一设想全面向前推进的是路易·康的费城中心部设计方案，他认为汽车的流通和水流系统如出一辙。

换言之，对应河川—港口—运河—码头的系统，可以联想高速公路—市营停车塔—街道—各家车库的系统，如此就为现代城市的车流赋予了顺序，从而针对各地区的特征和状况，对其进行战略性布局。那时，他的构想中就有了前述的中世纪城市卡尔卡松的图像。因此，停车场犹如卡尔卡松的圆柱体望远楼，建成了圆形的塔状，恰好将费城的市中心包围起来。那些塔，称作停车楼。就像威尼斯和卡尔卡松一样，行走的人们从那里开始起步。

　　"岛状"城市，曾几何时作为防御的堡垒建在荒原上，由于令现代城市混乱不堪的横冲直撞的机械即汽车的出现，它开始作为保护特定地区的手段登场。在无止境地向外拓展而变得巨大的现代城市内部建起了另一个小型城市，可以称它为"城中城"。相对于建立全新的系统，它作为一种手段，使中世纪城市交通的网络系统获得了重生。

　　我们清楚，一旦开始在地区性规模上探讨城市内部的各种活动，便会陷入各自独特的混乱，在这一前提下产生了上述的构思，即依靠中世纪的城市机制，重新建立道路系统和相应的网络，用以保护地区，并在一定程度上使其符合人的尺度，简言之，就是独立形成不被汽车困扰的部分。

　　中世纪的城市空间，是线上叠加式的连接，而且它和人类步行的尺度是统一的，也出于这一原因，有必要在四周围上一圈坚固的墙壁，这是从人类步行时的视觉效果，或者说是从实际感受得出的结论。近代则甚至是在破坏这一尺度的同时发展起来的。根本原因在于，城市在很多意义上是向心的，将趋于接近天际的图像作为强有力的统括观念加以占有，然而，它毫无必要地向外周拓展，变得巨大，城市被赋予了向大城市发展的众多社会性因素。于是，和向心的"岛屿城市"不同，现代城市发展为多核心的、如烟花般四射的无限扩展的系统，直至最终重新组合成立体方格，不断均质化，诞生了以"展开"和"均质化"为主题的重要因素。

从结论上而言，现代建立在近代城市的基础上，城市活动及与之相连的机制开始超越其本身的容器的边界。前面介绍的几个提案，就是针对那样的混乱状况所提出的一种疗法。

路上的视角

1933 年，在往返于马赛和雅典之间的帕托尔斯二世号上，CIAM（国际现代建筑协会）举行了有关现代城市的分析与提案的会议，会议所形成的文字《雅典宪章》广为人知。该宪章确立了建设功能主义城市的所有基本原则。

其中有一个疑问：宪章中提出城市有四个功能——居住、工作、游憩、交通，那么，从这些功能入手是否就能建成现代化城市呢？

居住、工作、游憩这三个功能，从住所、劳动、娱乐三个层面来理解，是可以分别作为具体规划对象的。但是，最后一个交通，也就是循环，意味着在各种意义上的循环系统。从内容上而言，道路就相当于这种循环系统。

我们可以将城市看作由道路和建筑构成，道路负责连接具体事物，这种功能显而易见，我们的城市生活正是从路上开始的，人、汽车及其他事物在路上移动循环。《雅典宪章》在功能的把握上堪称正确且简明。

对我们而言，现代道路的问题在于，《雅典宪章》赋予其"交通"这种单一功能，在城市规划中，只要将适于汽车速度的几种道路和人类散步的平缓道路组合即可。如此简单的分割方法，将道路抽象为铁轨那样单纯的"流动"，与河流或运河无二。

但是，你每天都在路上。有时你是旅行者，走在显然有别于往常的道路上，体验着异质的空间。道路不正是为此而存在的吗？设计者的功能性规划和路上的复杂体验并不一致，彼此是割裂的。

人在路上，这是最简单的视点。如果想要把握外部空间，或者城市空间，就不能参考《雅典宪章》确定的单一功能。道路应该是人人都能在日常生活中体验的空间，各种复杂的视觉和体验在此产生。

在建筑是不移动的，它在人们的视线中是固定的这一疑问中，我们可以看到现在建筑空间论的重要出发点。然而，道路是为了人类在上面移动而存在的，因此，它的视点不是固定的，而是移动的。随着移动，空间体验发生质的改变，通过这种现象的连续，产生连续更迭的知觉。

因此，当我们理解城市空间时，可以将这种视点移动时的时间经过设定为一个轴。不仅是城市，在建筑从单独个体走向连续、综合化的现代，只有移动的视点才是重要的。道路将其还原成单纯的"线性"体验，因为道路原本就是从出发点通往目标地的一条线而已。

无论是从某茶室庭院进入茶室的曲径，还是庭院的环绕式展开，均依赖日本人建筑空间的意识深处对视点移动过程的敏锐洞察。对我而言，包括对季节在内的那种微妙的空间特征变化的期待，以及甚至有意图地制约人的行为的踏脚石和小门[1]的趣意，都堪称是通过动态图像把握日本建筑空间的证据，事实上我也很在意如何用现代的视点对它进行评价这一点，但在此不加讨论。城市内部的线性空间体验的分析和记录方法，以及从中导引出的设计，才是我当下关注的目标。"参道[2]"通常很长，如明治神宫。你一定走过神宫的树林中长长的砂石

---

1 茶室设置的需躬身出入的小门。

2 参拜寺院或神社用的人行道。

小道吧？当你穿越一条不太好走的道路时，你便体验了独特的空间，视野并不开阔，目标也不会立刻出现，道路不断延伸，将你引向深处。在这一过程中，实际上你会感到自己不断被引入性质迥异的堪称"神域"的世界。因此，"参道"很长。

然而，只要你看一下航拍照片或地图就会发现，神殿的位置离入口的"鸟居"并不算远。是曲折的道路让你绕道而行，如此才能在一定时间内被强迫去体验那种独特的空间。它并不能用简单的"通道"功能来概括，那是在洞悉参拜者复杂心理基础上设置的趣意，甚至是一种"特技"。

道路拥有如此复杂的意义，是否存在将其逻辑化的方法？从它是单一功能的流动，即从"交通"或者"流动"的部分来加以理解，已经有了数量解析上的积累。交通量调查，即对道路的某个特定断面或交叉点部分的流动量的调查，加上将交通量起讫点联系起来的OD调查，现在通过电子计算机已经可以将这些调查数据模型化了，甚至已经开始通过流动量的诱导，进而实施规划上的调整。仅从单一功能来看的话，道路只要解读为数量化的流量工程即可。但是，对我们而言，道路的意义远不止此，用一句话来概括就是"人在路上"。人是移动着的。他们既是流动的单位，单位又作为个体本身拥有肉体和五感。名为"参道"的道路，不仅是让人"走"的路，还出现了"高速公路"那种人用汽车"搭载移动"的路。总之，人类在线性移动的同时，连续体验着空间。虽然速度和媒介不同，但是知觉上却拥有完全同质的内容。那是心理学？是美学？还是人类工程学？现在的我无法准确定义，应该是牵涉更多复杂领域的知觉现象吧。设计就应该以这部分内容为终极对象。并且设计与绘画和雕刻的不同之处在于，它在经人类之手的同时，还通过其他几个阶段的媒介，开始成为具体的"事物"，它只拥有间接的工具，因而通过该媒介使交通成为可能，这一逻辑化的过程是必要的。它并不是那种量化的事物，它定义了形态的意义、空间的记忆及感觉的种类，遵循特定规则来完成记法。如果通过这种记法可将空间体验记录下来，那么下一步，通过该记法的操作就可以和新设计连接起来。

音节经过简化就可以被乐谱记录，交流范围得到扩展且可复制。与此相对，要记录设计就有了设计图。但如今问题的焦点是设计图的内容。具体的物体只需描绘出其形态即可，可要将空间以"时间"为轴，用线性连接的方式记录下来，目前我们还没有任何手段。

因此，我们必须从最基本的阶段出发。解剖空间，将其符号化——不是语言化，而是转换为单纯的符号，在可能的条件下投入模拟计算机，使图像的传达成为可能。跟随戈尔杰·凯普斯学习的菲利普·希尔经过数年研究的累积，已经小有成绩。不过他是从形态意义论的角度出发，因而非常复杂，难以传达出简单的图像。

我再介绍两个具体的道路空间分析实例。

其中一个是1963年我尝试分析日本的城市空间时所用的"金刀比罗宫参道"案例，另一个是同时期与阿普尔亚德、林奇、梅耶——三人均属于凯普斯执教的MIT和哈佛大学共同城市研究中心——联合进行的波士顿环状高速公路视觉分析，去年他们出版了《路上的眺望》一书。

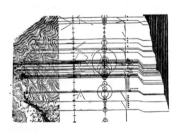

图22
"金刀比罗宫参道"的
空间分析

我们分析的对象乃是人类的空间。延绵不断的"金刀比罗宫参道"绝不是简单的一条路。走在上面，空间会发生伸缩，明暗浓度会变化，道路的倾斜和质感也在变，各种类型的空间扑面而来。日本的道路具有象征性目标，而演绎这种目标的手法则完全是传统的。道路上的空间体验显然由复合型要素构成，我们所能够选取的，最终不过是五种要素系统。

与此相对，阿普尔亚德、林奇、梅耶等人所做的是关于高速公路的视觉分析。毋庸置疑，步行与驾车是完全不同的两种体验，出于视点和记忆等缘故，速度的变化会导致空间质感有全新变化。驾车时，进入司机视觉中的对象是有限的。而且对象之间的相互关系完全不同，如果不加以细微的定义，就几乎不可能将视觉图式化。他们将类似于希尔所开发出的空间技法应用在高速公路上，同时展示了对环绕波士顿市街道中心部环路的解析图式。说起来非常简单，在顺时针和逆时针的不同状况下，各种地点的印象是截然不同的，这一点请注意。

线和环，步行速度与汽车速度，交织成网，覆盖了城市的全部空间。将路上的视觉符号化，便构成了一种图式。换句话说，如果要分析城市，只需取一条线形道路，就能发现它拥有必定形成繁杂图式的无数个构成要素。它们相互交织，将我们覆盖。不，应该换一种说法，我们就在那样的道路上日夜不停地被动流动着。

　　不过，将道路上的视觉形象抽取成图式的工作，只是为了丰富新道路空间的初步手段罢了，我们已经拥有无数不同的古老道路，如中世纪通向中心区域的蜿蜒曲折的道路，为典礼而建的历史丰富的近代林荫大道，犹如莫比乌斯环般柔和扭曲的高速公路出入口等，这些异质的空间同时并存，构成了现代城市。要使这些空间不断发生质变，在提取各个图式的同时，就必将创造一种连接各图式的机制，如此道路空间符号化才有意义。这么看来，要让城市设计在方法上更进一步，还有许多让我们晕头转向的工作要做啊。当然，这也表明我们的城市还是充满可能性的——虽然只是一点。

坐标与薄暮和幻觉

我在周五的黄昏抵达纽约。

在那之前，我漫步于欧洲的街巷，成天与砖石为伍。这些城市的建设仰仗于人工堆砌的砖石建筑物，它们与跟随四季变化产生自然代谢的植物所覆盖的农村空间截然分开，兀自建立了一座城市，一座全部由砖石建成的城市。最终只有这个拒绝绿意的空间成了安居的家园。

最近100年，近代欧洲建筑家们为了将绿色带进城市，使出了浑身解数。埃比尼泽·霍华德的田园城市规划，意将城市埋入绿色世界，这种思想波及了英国的新城和北欧的城市规划。如果对勒·柯布西耶的"光辉城市"图像进行深入分析便会发现，它相当于在无垠的绿色大地上建立一个人工构筑的城市。可以说他那形形色色的城市提案，都是对以技术手段建立绿色之城的方法的探索。他主张桩基高架建筑，欲将整个城市单位架于空中，在屋顶建造庭园，阳台也掩映在花海中。

这些建筑师有一个对手，那就是几乎被石头、砖瓦及其少量铁块所掩埋的欧洲城市的现状。欧洲城市的空间被极度压缩，甚至没有散发煤烟的空隙。起源于中世纪的城市无一幸免。道路和景观只是为了让人们徒步蜿蜒穿行，砖石建筑的城市物理寿命很长，连居住者都开始变化了——机械、工厂群、铁路及进而开始浮游化的近现代社会市民渐次入侵——它却始终一成不变。

诞生于中世纪的拥有砖石统一感的城市开始受到新群体的侵犯。人们聚集在一起，散发着动物排泄物般的恶臭，即便如此，城市依然表情生硬，门户紧闭。对这种城市，霍华德和柯布西耶还是提出了方案，最终的目标就是绿色，推动岿然不动的石头堆，置入大自然的温柔代谢之中。他们如同卢梭那样，试图让城市和人类活在大自然中。

这些意图正以汹涌的气势在现代欧洲各个城市的郊外实现。机械式排列的建筑物、整齐划一的绿植，这种整齐划一程度甚至超越了社会体制的差异，从发达国家到新兴国家，向全世界蔓延。平板状的公寓楼，其间点缀着花草。郊外不断被改造成这种形态，而城市的中心即恰如年轮的中央，由于欧洲城市中间部位是砖石结构，一旦迈入便会发现，那是座被中世纪掩埋的城市，在这里砖石统治了一切。砖石耐住了经年累月的风化，留下一代又一代人生活的痕迹，可石头还是石头，无论现代建筑家怎么努力策划、努力改造，这最终都不过是沿着道路延伸的石头城。

我在周五黄昏抵达纽约，立刻奔向公园大道。周五对美国人而言意味着一周工作的结束，五天的机械性工作大概只为了两天周末而存在，周五之夜拉开了具有如此重要意义的序幕。

纽约的繁华闹市区人山人海，相比之下，东京丸之内至大手町一带，几乎拥有完全相同特征的公园大道上却冷冷清清，无数空间里不见人影，犹如寂寥的寺庙伽蓝。

诸位一定有过这样的体验，夜晚降临的那一瞬间，你会发现所有影子都从物体上消失了。斯德哥尔摩的白夜，这种薄暮持续笼罩着夜晚，物体看上去都像是透明的。人的皮肤失去颜色，毛发变成金黄，甚至瞳孔都变成淡色。万籁俱寂，显现一种阴曹的氛围。

周五黄昏的公园大道与砖石构成的欧洲城市完全不

同。石头城里，白夜消除了阴影，在公园大道上，玻璃取代了砖石，透明的质感闪着光亮，亮度与夕阳下沉的某个瞬间相仿。傍晚，打开电灯，坐在桌前，不知何时窗外已是一片黑暗。内外光线微妙地平衡，突然，一切都变成了均质的光量，不仅建筑物没有阴影，建筑物内的暗部也消失不见了，它们靠透明的玻璃素材连接起来，重量从物体上消失，让人产生仿佛在空间内飘浮的感觉。

或许你会觉得这样的场景不是很常见吗？可它的量是巨大的。虽然我们也在小房间或有几户人家的群落里获得了完全同样的体验，但在这里目之所及的城市空间一举发生了质变。这里完全没有近代城市思想先驱们强烈主张的绿色，只有立体方格框架和贴于外壁上的玻璃幕墙，仅此而已。至少，这是在石头城里完全体验不到的另一种空间。在周五傍晚的公园大道，我可以证实，20世纪前的任何文明中都不曾有这样的城市空间。它的存在主要依赖两个因素，一个是钢结构框架，另一个是框架中嵌入的玻璃幕墙。如果再加上一个因素，那就是巨大的量。对建筑师们而言，这些因素都极具常识性，而就是这种常识性的要因改变了城市空间的本质。

不用说，我对纽约的印象就是由这些将曼哈顿岛埋没的摩天大楼建筑群组成的，但这种状况早在20世

20年代就出现了。黄金的20年代，对摩天大楼来说同样是黄金时代。大楼不断向天空生长，克莱斯勒大厦和帝国大厦最具代表性。大厦为塔状，其原型还可以追溯至1913年建成并制霸整条华尔街的伍尔沃思大厦（哥特式设计）。1929年经济危机开始的一年几乎完工的帝国大厦，意味着由投机者、企业广告、偏爱哥特式垂直线的建筑设计构成的混合物时代的终结。

正如洛克菲勒中心那样，试图跨越若干街区进行综合性开发的这种来自企业现代化对实用效率的追求，通过那次经济危机，改变了城市设计。洛克菲勒中心建筑群的设计，强有力地贯彻了一条单纯追求功能的主线，虽然综合性的地区开发创造了新纪元，但新纪元中建筑物的表皮还是砖石。

进入20世纪50年代，幕墙居于统治地位。联合国总部大厦就是开端。公园大道的代表则是利华大厦，它掀起了气势汹涌的浪潮，其中的代表便是西格拉姆大厦和联合碳化物大厦，以及众多使用自动幕墙的无名建筑群。

在立体方格上盖上硬质薄皮，这种简单的系统开始占领我们目之所及的空间。公园大道被这样的群落掩埋，展示着纽约的本质。最终，建在纽约中央火车站且拥有目前世界最大地表面积的PANAM大厦，为这一连锁反应浪潮打上了休止符。PANAM大厦矗立在公园大道上空，有一个被围起来的巨大空间。在空间里，较之玻璃，更多则使用了预制混凝土的幕墙，透明感逐渐丧失。美国出现了拒绝薄皮幕墙的倾向。

不过对我来说，透明薄皮创造出来的数量巨大的空间才是纽约现代性的象征。自古埃及以来，我们已经看到很多用近似于坚硬石头的巨大量块堆积的物体。洛克菲勒中心的表皮和建于20世纪50年代之后的薄皮相比，依然更接近于石头。在这个意义上，公园大道具有特殊性且有象征性。该空间的结构和城市形态本身也是关联的。概言之，它以立体方格的骨架为原型，是使用笛卡儿坐标的空间表达，即自笛卡儿的解析几何诞生以来便普及开来的，在X、Y、Z三个方向上延伸并各自垂直相交的坐标空间。通过这一坐标，我们可以测定可视的三维空间中的所有位置，所有实体的线和曲面都可解析可定义。纽约的城市在向高处伸展的情况下，无论是在平面上还是在垂直方向上，自然而然地使用了直角坐标。不，这是结果，如果追溯更深层次的原因，那么不得不说，拥有方格形网系统的道路网，以及与钢柱直角刚性相接进而形成的框架结构技术，支撑起了所有空间。

19世纪末的芝加哥开发出了框架结构，路易斯·沙利文在芝加哥学派技术发展的极盛期，将框架成功上升到建筑美学的高度。

如今，芝加哥学院派神奇的技术成果已然成为众所周知的常识。然而，当初的芝加哥派，尤其是沙利文，与欧洲的高迪面临着同样的状况，只是他走上了与高迪截然不同的路径，在技术中投入全部能量，建立起完全异质的、堪称统治20世纪前半期的美学。不久他的声望急剧下降，终得陨落。这起悲剧性事件和框架结构有着脱不开的干系。

1913年建成的伍尔沃思大厦因其哥特式装饰而有了"伍尔沃思·哥特"的别称，在很长一段时间内都是纽约摩天大楼中的典型。数年前华尔街上终于建成了大通曼哈顿银行新大楼，其箱式的巨大量块一举改变了附近一带的轮廓线，尽管如此，在大约五十年时间里，伍尔沃思大厦仍堪称华尔街至高无上的杰作。

如今在伍尔沃思大厦附近，充满怀旧情怀的纽约人仍在高墙上装饰着当时建设过程的大幅照片，照片上显现的点点人影和机械与五十年后的今天毫无二致。钢筋骨架、立体方格，看到这些，我想到的不是技术的长寿，而是建筑师构想的贫瘠。这种建造技术往前追溯四十年，在19世纪70年代的芝加哥就已经被发明出来并投入使用了。

伍尔沃思大厦在那样的建筑骨架上贴砖石，加上装饰，营造出哥特式风格，成为当时最杰出的作品，也成了此后建筑设计的原型。它确立了在摩天大楼上用样式来隐藏而不是露出骨架的美学。在十年后成为划时代事件的《芝加哥论坛报》公司总部大楼国际设计竞赛中，哥特样式方案毫无悬念地中选。埃利尔·沙里宁试图稍稍脱离这种风格，获得了二等奖。据说不可思议的是，格罗皮乌斯方案与路易斯·沙利文二十年前在芝加哥建造的卡森皮里斯科特大厦的设计方案完全同质，他的方案更是成为此后国际建筑样式的原型。

至于摩天大楼，无论从哪种意义上来说，西格拉姆大厦的完成度都当之无愧地堪称完美。密斯终其一生追求的目标，大概就是将笛卡儿坐标置换成钢铁构架，再用薄皮将其填埋，这也是一种宇宙空间观念的现实化。在西格拉姆大厦身上，青铜格窗配以琥珀色玻璃、自动与外部强度同步的天花板上的格式照明、铝合金的蕾丝模样的窗帘等，动用了各种技法，极尽优雅之能事。因此，我们听到的对这座建筑的评论，显然表达的是发言者的态度。如F.L.赖特认为，密斯仅仅在身份上属于芝加哥学派，他的设计不过是一百年前的东西，没有任何新发明，完全不具有革命性。路易·康认为，那样的箱形设计不具备与风对抗的力度，高层建筑应该采用能够承受横向风力的形态，因此他的费城市政厅规划案采用了跃动式的立体桁架设计。仅就西格拉姆所带来的这些反响来看，便可以说它拥有极高的完成度。事实上，赖特只是认为从一百年前至今没有发生什么变化，钢结构在美国极其普通，人们都不知道怎么称呼它。密斯的目标是顺着这种无名的普遍化的技术，探求它可能的极限，使之成为美学。"一统空间"的构想典型地表现了这一点。由于目标直接而明确，甚至让人感到不仅在纽约，在任何地方建设的摩天大楼都似乎被束缚在了某种魔咒里。这种类似于魔咒般的单调乏味的技术泛滥正在覆盖现代城市，公园大道无疑就是这样的城市空间。

虽然我只论述了摩天大楼中的笛卡儿坐标，但在纽约，它的发生基于的是城市的必然性。众所周知，纽约尤其是曼哈顿的街道是格网系统，是完美的方格状。

追溯历史，纽约起源于荷兰人的殖民，被称为新阿姆斯特丹。当时的情形可以通过几幅铜版画来追忆，更准确的内容则在1660年前后的古画中得以保留。经当地居民调查，这些古画被送给西印度公司，后来在美第奇家族的卡斯特罗别墅中发现。画上显示有300户人家，位于曼哈顿的突角，一个方形的要塞被城墙围住。道路模式不全是直交，也有沿着地形或海岸线变化的弯曲道路，路旁排列着一栋栋独立小楼。如此光景与14至15世纪的欧洲港口城市如出一辙。

如今被称为"华尔街"的世界金融中心、象征"黄金20年代"的下城曼哈顿地区，就是与新阿姆斯特丹相连接的部分。道路模式相对曲折，且各种摩天高楼鳞次栉比，路幅较窄，让人感觉如同行走在巨大的冰河裂缝的底部，并且视野受阻，有的部分挤满了"建筑退缩尺度"法规颁布之前的建筑。当你在高楼形成的谷底按下快门，就会十分理解那种感觉。夜幕降临，电灯长明是再自然不过的事。

如果说人处于巨大物质堆积的裂缝底部是20世纪一二十年代纽约的象征性空间，那么上城曼哈顿则是严格意义上的笛卡儿坐标的空间，支撑这一空间的基础设施大约建造于19世纪初期。

例如，根据1796年B.泰勒绘制的纽约市地图，可以看出格网的道路系统开始向北延伸。该格网的道路是均质的，不具有特殊性或特殊意义，形成了非常普通的街区。在当时这些街区相当于某种郊外模式，零星分布着一些相对高级的住宅。

为了"道路与公共广场的配置",受命于州长的威廉·布里奇于1807年在他制订的规划案中,用网格模式将道路完全覆盖,直至上城曼哈顿的突角。虽然这个方案并没有得到完全的实施,但其后的规划却全部遵循了这一模式。

关于由直角相交构成的道路模式,有一个说明:该模式下的街区"交通便利,能保持良好的环境,住宅建设亦经济有效"。

不仅在纽约,这种格网模式在现代美国各个城市的街区中都占据决定性的地位。几乎同一时期,皮埃尔·朗方规划的华盛顿D.C.,与欧洲巴洛克城市的图像重叠在一起,由放射状主干和格网密布的街区组合而成。朗方的规划从华盛顿是美国首都这一角度出发,将城市内纪念碑的配置定为原则。因此,正如之后奥斯曼的巴黎计划及两个世纪前希克斯塔斯五世的罗马计划那样,从纪念碑的视角对放射状道路的焦点进行考察,将结构上的美感作为设计的目标。但朗方最想实现的目标是公共纪念碑和私人偶发物在构成上的结合。

然而,纽约的格网和那种纪念碑的意图及美学上的固定观念是无缘的。说得极端一些,它是投机者对实际利益的追求，是出于单一目的推算出的标准结果。街区是最适合房地产商开发的地方，是为了满足非特定顾客个人的所有爱好设定了一种基本单元而已。那些表现毫不关心，只用最简单逻辑分割，之后完全放任自流的建设活动与纽约最是契合。

不知是幸还是不幸，经过19世纪，纽约并没有被赋予诸如国家目标的主题。华盛顿D.C.与皮埃尔·朗方规划、费城与威廉·佩恩规划，城市分别与规划者的个人荣誉结合，而纽约却并未留下与之结合的名字。在这一点上，它完全是一个毫无特色的城市。

这种无机的、麻木的、一味追求效率的城市规划，大概是在很多殖民城市中都能见到的普遍现象吧？虽然古代东方城市也采用了格网道路模式，但格网的外围（外部轮廓）经常被规划成具有决定性意义的纪念性场地（纪念物、遗迹）。现象上类似，规划意图却有天壤之别。况且，将格网模式传到欧洲的是希腊。希腊人将其称为希波达莫斯，亚里士多德在著作中也提到了他的规划。

希波达莫斯式城市规划就是格网规划。亚里士多德出生于爱奥尼亚地区的米利都。米利都位于爱琴海东海岸，曾是众多殖民城市中的一个。在多数情况下，米利都是格网道路划分的原型，而其他原型大都可以在希腊的殖民城市中发现。

　　继中世纪封闭、曲折的道路模式之后，格网道路模式再度复活，向全世界蔓延，这和同样在世界范围内扩张的殖民地，以及随之而来的开发新城市的必要性等现象息息相关。城市出现了大量生产需求，不得不为无限蔓延的荒野建立一定的秩序。在原则上，城市的开发者是个人，因此城市建设只好将开发者们放在优先位置。在这种放任主义的建设状况下，能够有机地或简单地进行机械应对的，就只有格网模式了，连扩张都不受限，垂直方向上同样如此。

　　一切都被抽象化，可以说纽约无意识中在空间内构筑了最为典型的笛卡儿坐标，并且将芝加哥派发明的立体格网建在了垂直方向上，进而为建筑贴上了透明的皮膜幕墙，在视觉上消除建筑空间内部和外部的边界，在巨大的规模上实现了抽象的空间。周五黄昏的公园大道，会让人产生一种异样的感觉。它大概是近代技术、城市建设机制，以及空间逻辑的完全一体化。当它沉入明暗交界处时，抽象的密度逐渐变浓，直至将人拖入另一种幻觉。对我来说，似乎可以证实该空间是第一次产业革命或者说机械时代在城市秩序中实现的具体实例。它的所有构成要因都在 19 世纪中期以前被发现，被基本设定，直至它发展成熟为一种城市规模，该过程经历了一个世纪。正如这种空间的原型就是我反复提到的笛卡儿坐标那样，它在笛卡儿时代就已经为人所用。

因此，在这一抽象空间内，一切要素都被同质对待。办公室、住宅、繁华街、闺房、格林尼治村、中央公园等，它们偶然出现在不同地点，而环绕在它们周围的道路系统却有着共性。无论是一个公园街区还是洛克菲勒中心，都具有同质性，在城市规划上并不存在什么特殊性。绿色无疑仍是绿色，在纽约，公园除了街区编号不同，与办公大楼街区一样被同等看待，位置上也并不具有规划性意义。位置，只用一个符号标注，位置和被放在该位置上的"物体"之间的关系，以没有符号标注为原则。这正是笛卡儿式构想最极端的状况。抽象化最终的结果是，绿色、物质、人类都被均质对待。强制、被划分、冷漠、生硬的触感、机械般的单调、统一，这类遍布整个美国的共通现象，在纽约得到了集中展现。

纽约的生活，在基体的抽象空间内分布、展开，所以一切物体都被赋予了坐标。直角坐标这一简单明了的初级几何支配着一切，人类认同了直角的美学，创造了极其适合一边走一边对行动和位置做出判断的城市。无论摩天大楼是塔状还是板状，都有着直角坐标的入侵。

他们用直线相交的街区捆住了自己的双脚，甚至整个街区的轮廓线都受其支配。

谁都能发现，这样的立体格网已经不再适合现代城市，因为汽车已经入侵了城市。在纽约，高速公路围住了东西走向的河岸，绕一大圈形成了格网模式。汽车不在格网上，而是骑在规模迥异的线状或带状道路上入侵城市。在这里，不仅是规模上的断绝，而且在形态上，异质的物体开始包围城市。尽管格网道路可以分流出相对低速的车辆，但它终究和19世纪的道路异曲同工。在让汽车本身的问题凸显出来的同时，研究与之相适应的城市形态或建筑装置，应该是我们当下面临的课题吧。如此看来，站在黄昏的纽约公园大道上，看到的并非是未来的图景，而是现代的遗迹。

当道路以远远超出人类和马车的速度来被设计并建设时，究竟应该采取哪种形态，现在还没有结论。不过我们可以注意到，美国的新型城市几乎都在以汽车的尺度来建设。例如洛杉矶，它与纽约形成鲜明对比，这座城市仅仅是由带状展开的高速公路和公路环绕的点状建筑物构成的，我们看不到集约化层叠的部分。尽管如此，还是要承认，洛杉矶已经开始形成新型的城市空间。纽约以笛卡儿坐标为基本单元，洛杉矶则有着拓扑空间的特征，从中会诞生只有连续和变换才能成为图像主题的某种东西。对我而言，且不谈未来，为了解决现代的城市问题，使现代与未来连接，只有取代纽约从19世纪的技术中选取的毫无特色的方法，从现代技术最深的底部提取某种东西，在城市空间内部将这种东西方法化。或许它只是一种机制，形态或外观都变成无关之物，道路或建筑的概念或许都会发生极大的转变。公园大道上的黄昏甚至唤起了我的联想。

1966

　　设计伊始，我们将图纸上的逻辑称之为方法，建筑物完工时便诞生了说明书，或称为解说文，换言之即是验收结果或临床报告。在提出"过程规划论"之后，紧接着我着手了大分县立图书馆和岩田学院的设计工作。这其中有关技术性解决方式的内容，我在《发现媒介》一文中有过详细论述。建筑设计是极费力费时的工作，要将头脑中不断萌发的图像逻辑化、图纸化，再经过形形色色的技术处理，现场作业，最后刷上油漆。在这个漫长的过程中，无论哪一种逻辑最终都要不断经受各种事件的裹挟，回应和挣脱外部的压力，最终呈现在建筑师眼前的建筑已然变成了另外一副模样。

　　因此，实际上我最感兴趣的部分，是测定萌发状态时的图像与经过变形后完成的实物之间的偏差。《发现媒介》正好是在设计实施完成后所写的，书中罗列了为将过程规划这一发生状态时的图像从技术层面上固定下来而采用的手段。因此，建筑师的叙述很容易陷入强调逻辑的一贯性，为自己的方法的合理性找些牵强附会的理由的窠臼中。在建成的图书馆中，这里所论述的相当于框架的部分，即便作为一种印象也隐藏在了其背后，裸露的混凝土的肌肤，以及将其激活的光线的处理浮出了表面。当建筑物开始实际存在时，这种必须集中精力努力实施的实际技术手段和它所造就的残余部分所拥有的效果，在重要程度上发生逆转。残余的部分是现实的建筑空间，建筑师自行将其记录下来几乎没有意义。即便可以借此对自身的工作进行分析，却无法展开批评。

在完成 N 府邸和福冈相互银行大分支行的设计，并部分完工后，我写下两篇说明的文章《幻觉的形而上学》和《浅橙色的空间》。文章内容，叙述的是将"黑暗空间"中恰为"黑暗"的那部分的情绪空间变成现实的手法。对我来说，其中最根本的手法是光线，沉浸在光波中，才能最终体验到空间。光线究竟可以被操纵到何种程度？对于自然光，只剩下构成光波的传播回路这一条途径，它决定了建筑物的主要形态。

　　玛丽莲·梦露规尺主要是用于设计家具的模板，可以用它来复制图像、制作虚拟图像。如果说废墟上的蒙太奇式的未来城市，拥有着城市图像最原初的功能，那么玛丽莲·梦露规尺就是我设计造型时所采用的手法中最基本的形规。不过，并非我所有的造型都来自玛丽莲·梦露的曲线。原初的体验缺乏和历史建筑相关的记忆，必须回归到犹如焦土般一切都荡然无存的状态，重新找到新的形式，当这种状态无止境持续时，能够找到的唯一绝对化的手法便是最好的选择。在那一瞬间，就算玛丽莲·梦露换成开膛手杰克也丝毫无关痛痒。

　　1965年，我再次回到丹下健三团队，申请参加重建斯科普里市中心的国际设计竞赛。我获得了一等奖，于是前往斯科普里市参与联合基础设计。将当时的经验和"城市设计方法"联系起来，我写了《解析斯科普里重建规划》一文。规划的内容涉及整个设计领域，我从中选取了感兴趣的部分，尝试在城市设计的广泛倾向中尽可能地将它们普适化。此时，城市设计领域已经有了几种代表手法，想要有条不紊地建立自己的观点比较困难，种种征兆都在预示着几年后四分五裂的格局。

　　"看不见的城市"可谓我1967年之前的思想性自传。我记得我一直竭尽所能地将那些零碎的想法整合到一个脉络中去。文章最后讲述高科技统治下的城市空间，几乎只是一些抽象的叙述。这一部分实际上与世博会的"庆典广场"的基本构想重合，与之后称为"互动场"的环境构成图像也联系了起来。文末的解剖没有收录进本书，下次一定会呈现在大家面前。

发现媒介 过程规划续论

　　我在1963年发表的《过程规划论》中，尝试尽量将大分县立图书馆第一方案制定过程中产生的方法普适化。

　　当时，我脑子里的基本图像，主要是未来的形态中必定包含现在的废墟，现在不过是某种意义上的过去的事实的堆积这一"时间"流逝过程中存在的建筑形态。

　　这也与我们的现实认知有关系，即我们眼前的建筑在不断变化、扩建、改造，它绝非是静止不变的。从城市的尺度来考虑的话，已经出现了更加剧烈的变化和成长，只要内含形形色色的活动，可以预想，建筑的变化恐怕也不会例外。另外，这种现实认知和审美意识也有关系。设计，绝不是自动或单靠直觉就能完成的，需要通过将图像变为现实的方法来加以支撑。因此，将规划逻辑化，赋予无数个零碎的判断事项以关联，最终达成建筑空间的设计，应是不可或缺的吧。这一整体过程也依靠特定的审美意识来支撑。

于是，我尝试对在时间流动的某个时点所切断的非定型运动的物质的断面如实加以表现的建筑的规划方法进行定型。现在重读该文，由于下面的摘要不是全文，故理解起来稍许困难，如果另写一遍则会觉得不甚准确。具体内容如下。

过程规划论摘要

过程规划，是在时间引起的空间变化速度不断上升的这一条件下的规划概念。

它通过下列几种手段将"成长的建筑"图像具体化：

1. 首先，在特定规模阶段，根据不同内容，将构成建筑的诸多功能类型化。它是与被目的化了的空间相对应的元素。这一种类的类型化，由于规模的差异而不同，由规模系列带来的变动称为"纵向系列"。

2. 可以想见，不同元素的内部存在"互换性"，空间会做出相应处理。

3. 元素必须具备"自我同一性"，即应有与内容相应的形态和表现，并赋予其独立于其他部分的成长或减少的可能性。

4. 根据不同规模系列，在尝试对空间的组合方式体系化时，存在着必须使整体的构成或类型发生决定性改变的数个驻点。该变化成立的条件，可以通过分析纵向系列来加以把握，我称之为"发生的要素"（创发形质）。

5. 在不同阶段，为这些元素群导入"使之产生关联的骨架"。为这一骨架赋予具体的意义，是设计的核心任务。

6. 对应特定条件的骨架存在好几种模式，从中选择的模式应使元素的自我同一性得以保持，并能够促进其成长。大多数情况下，这种模式都拥有"向外部开放"的性质。

7. 将对应某一个规模阶段的模式群称为"横向系列"，它和整体的建筑空间结构有着密切的联系。

8. 骨架为各元素群赋予各自"成长的方向性"。规则越准确成长越顺利。

9. 对于可以预见会有大范围扩张的规划，空间体系会发生飞跃性的质变以对应规模的增加。应预见到其他的或"高层次骨架的导入",也必须允许"不连续的成长"。

10. 原则上采用的是开放型模式,因此,元素本身是完备的,同时也被赋予了"在特定方向上连续的可能性"。这意味着,有时是单元的重复,有时是同质性结合。

11. 作为满足这些条件的具体解决方案,"结构体与设备的一体化系统"的成立应是关键,这一作业就是发现用以统合空间系统的媒介。

12. 目的化的空间,其本身是完备的,同时又被有机地归入整体,呈现"空间的双重性特征"。

13. "这种建筑,从某一状况向下一状况移行的过程本身成为主要的表现要素"。

14. 因此,预测纵向(模式系列)和横向(模式系列)的无限扩展,可以视作建筑的"整体性概念"。

15. 在某个时点上的切断,指的是从预测各系列扩展的过渡过程总体中所选的特定方向。踏入该时点所做的决定,正是基于"在所有方向上意识终结时所获得的活力"。

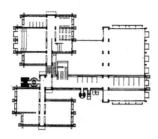

图 23　大分县立图书馆首次方案

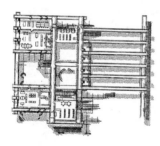

图 24　大分县立图书馆实施案

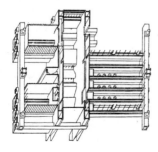

图 25　大分县立图书馆 天井俯视图

大分县立图书馆的案例——媒介的墙壁

上述摘要中所述的内容，现在应该没有修正的必要。最终设计，与第一次方案之间虽然存在一些差异，但还是延续了基本的思路和方法。在此，我想论述一下有关今后的发展所面临的中心课题，即针对骨架和元素的具体操作。

方法论，原本是概念式的产物，在设计过程中通常以具体的"物体"为媒介才能成形。可以说对这种"物体"的发现、投入和解读就是设计的全部。我在概要中已经提及骨架有好几种模式，从中任意取出一种模式，其具体的解决方法就有好多种。从中选择特定的"物体"就是设计。因此，不同的人、不同的条件，所选择的物体也可以完全不同。例如大分县立图书馆的第一次方案中，头顶上横着通风管道的走廊区域就是一个例子。在最终方案里，类似的横向管道被挤到了两侧，中央大厅区域两侧的一对墙壁成长起来。虽然无论从结构上还是视觉上来看，钢筋水泥墙这一本质没有发生改变，在最终方案中，经过这种处理，决定性地确立了其特征。反过来说，导入墙壁后，墙壁成为核心，发挥统筹全部区域配置的作用。

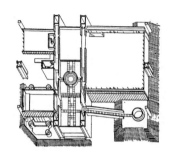

图 26
大分县立图书馆标准楼层平面图

在推进设计方案时，起决定性作用的是类似于这种墙壁的"物体"，可以称之为媒介吧。

发现媒介，可谓设计工作的核心，之后的作业，则转向了如何充分激活媒介这一技术性的问题，可以这么说吧，媒介通常是特殊解。倘要选出既完全符合条件，又能强有力支撑整体图像，并且还能实施的方案，那在所有场合中都是不同的。

要从不同的解中挑选一个解——就它了！一锤定音，那需要做出决策判断。因此，仅就设计而言，可谓千变万化，振幅如此之大。

正因如此，我们在限定振幅的同时，需要一个拥有特定方向性的方法论。方法论不会自行完善。设计也一样，两者密切关联。

从第一次方案中的媒介，移行至最终方案中以墙壁为核心的媒介，是有几个理由的。最主要的理由在于，我发现如果全部由预制混凝土建造，在建设费用上不太现实，因此换成了工地灌注混凝土，我推断，这种工法的转变或许会改变空间构成。

起初，在类似基石的物体上进行轻巧搭建的图像，是和预制混凝土联系在一起的，但是，用现场灌注的方式，反而能打造出一种横贯空中的重量感。该重量感，可以通过长跨距来进行强调。当设定了这一目标后，中央的墙壁就开始了急速成长。墙壁，不仅可以是平面规划时的骨架，还可以是决定立体的整体空间构成的骨架。相对变重的大跨距房梁的负荷，也通过有意图地将两端固定（Pin）的方式聚集于此（固定是为了吸收由大跨距房梁的热量产生的应力，在结构规划中，主要的重力全部由中央的墙壁承担）。因此，在断面上以两列成对的墙壁为骨架，它们如同翅膀一样向两侧展开。

并且，内部空间依据用途不同，拥有各种不同的高度，地面错落有致，结构复杂。这种空间的状态，全都取决于墙壁。因此，墙壁通过负荷大部分重量和吸收空间的畸变，不断膨胀，最终成为基本的骨架。

重复单元产生的元素

　　大分县立图书馆中央建有大厅区域,以该区域为轴心向两翼延伸出阅览区、视听区、办公区。

　　为了加强各个区域的独立性,墙壁发挥着重要作用,这一点仅看平面图便能了解。

　　墙壁内含了一种循环通道。成对的墙壁内部是走廊,如果要从大厅前往其他区域,必须穿过这堵墙壁的内部。我希望墙壁能在心理上给人压力。人在其中流动、活动,因此这堵墙也成了返回的通道,它还具有让空气流通的作用。

　　大厅区域的地面,和外部庭院及露台一样坚硬,并且,两面都被墙壁围住,光线只能从上方进入。入口与大厅相连,该区域难免喧闹。实际上,将拥有这种内容的空间聚集在此,可使其成为流通较快、运转富有变化、

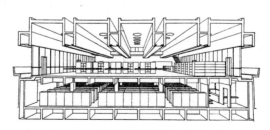

图 27　大分县立图书馆阅览栋翼墙剖透视

能产生些许噪声的空间。因此，其处理方式和外部相同。

从东西向轴线的大厅区域开始，各区域向南北方向延伸。这些区域就是前面提到的元素。元素，诚如其名，是整体的构成要素，只有在描述和整体的关系时，元素才开始产生意义。元素是特定功能类型化的产物，使元素和空间对应时，至少需要满足以下条件：在同一空间内可以相互变换位置；即使没有经过特殊分割或处理也能共存。在使得特殊的空间与功能对应时，元素已经不再只是抽象的概念，而变得很具体。因此在这里称为区域的，可以说就是"物体"化的元素。

正因为拥有上述特征，区域的处理在原则上可以通过一定单元的重复来满足。因为这一单元和作为骨架的墙体之间是相互连接的，所以其自身暂且也被赋予了可以完结的特性。这种"重复"意味着单元的增殖或者减少。空间的成长就是在这个单位的基础上形成的。

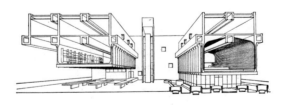

图 28　大分县立图书馆管理栋翼墙剖透视

支撑单元的，是结构物体的箱梁，其中收纳了空调管道。这些系统在某种范围内也是可以通过有规则的重复充分展开的。

结构、设备系统和空间的一体化

设计工作，就是与完成后隐藏在视线背后的林林总总的格斗过程。

在提取、计算结构和设备系统这一布局结束后，建筑设计便宣告完成。当经过确认，它们的姿态已经在视线中消失时，它们反而作为构成建筑的一个元素现身。建筑空间经由这些元素完成设备化。

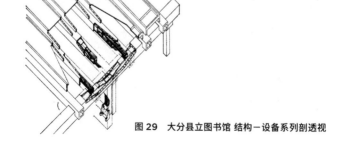

图 29　大分县立图书馆 结构—设备系列剖透视

决定这座图书馆最终形态的，是从围住中央区域的一对墙壁延伸出来的箱型大梁。大梁的两头由铰支座固定，水平方向上的所有重力均送往中央的对壁。同时，箱梁本身是气室，为了跟随结构重力的传导，埋设了穿越末端的地下壕沟的导管。导管埋入后所剩的空间成了回流空间，空气从带状缝隙中冒出，再被其他方向吸收。冒出空气的风箱里还装有电缆配线，成为照明的区域，即这里堪称所有能量的输送管道，是将流动物体对象化并合体的，行走于水平方向的管道。

这一箱梁同时还拥有分散、吸收能量的区域。该区域成为一个单位，并且塑造了建筑空间的基本形态。大型阅览室，是跨距长度单元不断重复的产物。这种重复也是这些空间增加或消失时的单位。这种与结构、设备系统一体化了的空间单位，当然需要考虑对自然光的控制。不是水平的窗户，而是从天而降的光线决定了内部空间的特征。

光的浓度

这座图书馆的设计过程，经历了几个有意识的阶段，逐渐确立了主要目标和决定性特征。

首先，为了确立"空间的构成"，当抽出功能单位，将它们汇集于如何进行布局的过程计划论时，"成长的建筑"这一图像诞生了。这是将建筑视作始终处于"未完成状态"的方法。

因此，竣工后的建筑，必然是将不断变化的状态切断，成为固定化的物体。

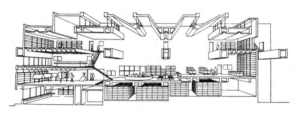

图 30　大分县立图书馆 中央区域剖视图

接下来是对不断切断的单位进行设定，即找出塑造这座建筑的元素特征。这一点主要集中于如何将"装置化的空间"作为对应功能的单位来加以开发。这是具体解决结构、设备系统与空间一体化问题的方法，是箱梁和水平方向上各种流动体的结合。

众多元素群的结合，所有承重都集中在两列形成中央区域的墙壁上，因此有了从该墙壁向左右两翼展开的断面。为了取得平衡，还暂缓了办公空间及放映室等建设。建筑的"各部分相互关联"开始形成一个有机体。

目的化了的空间单位，在结合过程中，对偶然产生的各种空间分别进行"个别性处理"。在空间形成方面，我们首先对各种采光方式进行探讨，如外部光线的导入及控制、水平窗户、凿孔窗户、天窗、塑料穹顶、直射、逆光、墙的反射、地面反射、高窗、板条隔窗等，使得光线的分布能为空间赋予某种特征。

同时，通过"光的浓度分布"，为整个空间赋予色彩。赋予色彩，也意味着使之自然生成织体。色彩渗入空间必将支配空间，成为包裹人类的"彩色光的分布"。

接着是"触觉的设计"，打造凹凸不平的、粗糙的、平滑的、发亮的、坚硬的、柔软的效果，人类在这些织体上行走、穿梭、端坐、触摸，获得整体的空间体验。

最后，通过所有处理的累加，如果能够确认空间的去目的、物质的去存在目标已经达成，那么设计工作便大功告成。

以上文字，原原本本地描述了设计的阶段过程，同时也是我们意识的展开。这一论证，只有和现存建筑物一一对应后才能被感知。设计者除了将目的化后的意识内容记录下来之外别无他法，纸张这种媒介也不能以完整的形式来对整体进行传达。

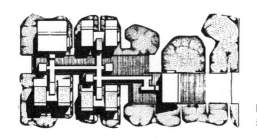

图 31
岩田学院总平面图

岩田学院的案例——作为媒介的回廊

该学院，一开始采用的就是分阶段规划。与其说成长无法预测，不如实际行动起来，对成长进行预测。

无电梯教学楼，是可以独自存在的一个元素。在生成多种元素的过程中，元素间想必会产生关联。明确这种关系，可以触发下一个元素，或许连位置都能够进行限定。

将相向而立的教学楼成对组合，中央区域就会产生空隙。如果打算积极利用该空间，可以在此配置一个系统。为了达到这一目的，此处导入了双重回廊。约高于地面半层楼的开阔平台和平台上架设的走廊组合了起来。

这是一种开放性的处理，完全是外部的空间。如果没有这个空间，实际上教学楼无法诞生。反观大分县立图书馆，是实体性的，耸立着坚硬的墙壁，从墙壁处展开双翼。这里则截然相反，只能明确见到元素，实际上骨架的部分是空白的。

虽然看不见，但我们可以将看不见的部分视为骨架，它构成整体，变成了虚体。连接教室群的所有循环装置，基本上都集中在该区域。无论师生，都要往返、滞留于该区域，喧响嘈杂。因此，它不是单纯的机械的直线式走廊，它可以有起伏、有障碍物。这种能发挥功能的半人为的建造物围住的空间，犹如街巷。从图书馆的角度来思考这种特征的话，它类似于图书馆的大厅区域，两者内容相同，都是热闹的空间。

关于"对"和"间"

这里借用一下该学院理事长岩田正先生的话："面对面的两栋建筑在彼此交谈。"

建筑规划逐渐形成后，如果非要将建筑分开来建造，那么，由建筑包围空间无疑变得很重要。如果用邻栋间隔这一抽象概念来分割，建筑间的空间就变成了只是阴影部分。那个部分让人感觉是消极的，是要刻意绕开的场所。在类似兵营般的机械式排列的学校建筑中，我们经常可以发现那种冷冰冰的部分。

在开始描绘这座学院的图像时，我们的目标是，尽力使外部空间和内部空间等值。为了赋予空间某种意义，首先必须找出某种功能。于是我们将走廊的部分全部置于外部，在楼与楼的间隔中尝试设置循环空间，针对没有积雪的南方气候，选择开放式处理，教室因而采用了无电梯的形式。

设计过程中并无这种明确的意识，完工后在对整个方案进行回顾总结时才注意到，起支撑作用的是堪称"对"的这种方式。将建筑物分解成单位，在进行整合的阶段，基本上形成了两组，每一个组合相向而立。下一次的扩建，只需将上述的组合进行一次重复即可。

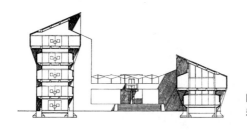

图 32
岩田学院剖面图

创建"对"的同时，也意味着开始创建"间"。意识到外部空间，即是寻找"间"的意义。因此，建筑表情也能在中央的任意位置上，面对整个校园的中轴部分露出表情。

　　建筑的形态，完全是在考虑教室的采光条件后确定下来的。最上层是各种特殊用途的教室，向外伸出。这种形态下的建筑如果会"说话"，那一定是让"间"在说话。对话的内容，使用教室的人一定比设计师更清楚。作为设计师，我希望混凝土，哪怕只有那么一点点，也能对着天空和阳光呼吸……

幻觉的形而上学

系统的差异

　　居住空间的设计，迄今为止大致有两种方法占主导地位。

　　一种是将寝室、起居室、厨房等被预设为有特定用途的"房间"连接起来。日本的和式房间，其格局可算同一种范畴，即它不以功能定面积，而是抽象地表示房间大小，将它们作为一个个单位进行连接。另一种方法是，建造相对较大的"顶棚"，按照不同需求，对内部随心所欲地不断地进行分解，一居室或"寝殿造[1]"，不受

1　日本平安时代贵族的住宅样式。

限的空间构想便来源于此。前者以"连接"细胞化了的空间为主要方法，后者则是分割独立空间。

这种方法上的差别，主要与架构方式，也就是所采用的结构形式密切相关。并且，我们还可以认为它决定了物体，尤其是划分空间的墙壁和柱子之间的位置关系。无论是"连接"还是"分割"，在与形成居住空间的结构和内部生活即居住行为的相互关系中，预设了一定的秩序。换言之，一种是结合行为的展开模式，将单位化了的空间连接起来；另一种是在一定的框架内确立可变的模式。好的房屋布局，应在结构系统和行为模式之间避免冲突，完美化解和解决冲突，这是不言而喻的公认的理解，在两种方法中具有共性。

架构系统与生活行为模式之间，真的存在完全不发生冲突的处理方案吗？将处理方案视为终极目标的话，一种预定调和就会诞生。即便它本身可信，但在很大程度上恐怕不得不仅限于静态的处理方案。与之相比，两者还是从彼此的"无关联"出发或许来得更好。倘若它们完美契合，那是再好不过了。这应该是完成后的结果吧，我们还是不要去猜想确定的结果吧，我们之外的任意一个人，都有可能对它进行大幅度变更。

这正是我设计 N 宅邸的出发点。对空间进行架构的系统，和将行为模式化并进行规划的系统完全是两码事，让我试着理一下两者毫无关联的逻辑。当它们彼此有了切合逻辑的处理途径时，便尝试着将它们合二为一。它们当然是彼此不连续的。或许在不连续的有"差异"的部分，存在着超越了"设计"这一出自人类的行为。我倒想在此尝试找到预想终结的方法。

因此，当空间的架构完成时，并不会在该结构中对房间进行分割。在房间布局完成时，也不会直接在上面架设屋顶。要让各项作业齐头并进，无关联之物同时共存。如果能够为彼此赋予某种关系，那就尝试在不同系统中设定满足最低限度共存的条件。它们是共通因子，发挥着多次元方程中参数的作用。这种情况下，四隅的混凝土墙壁属于此类。这里的墙壁，属于各系统共有之物。

后图显示的是架构所创造出的空间和内部布局配置之间的关系，我试图用来解释从天花板和四周进入的"光线"分布与房间布局间的错位状况。平面的投影如天花板俯视图所示。不同边缘的错位，决定了完成后的空间的特征。独立的并完成了的房间，堪称单一掩蔽部的这种图像，会产生无法预定的结果。我试着将焦点放在白天的光线分布上来进行观察。

假设你站在一个四周被包围的房间里，光线从与房间形状、位置无关的方向侵入。这种无关，实际上只是由于过去的常识而突然感觉到的，它赋予了该房间特定的个性，预想了这样的结局。

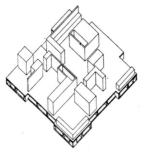

图33　N宅家具组合分布图

图34　N宅天花板仰视图

立面消失

外廊的架构，只要如此打造，即对预定的面积加以覆盖，给予内部围起来的空间拥有独特系统的光线分布。我以《黑暗的空间》为题，针对幻觉的空间结构写了一篇文章。

在那篇文章中我想阐明的是，所谓建筑空间，是人们踏入特定场所时知觉内部所呈现的东西，因此，总是感觉外界的正投影是扭曲的，几乎接近于幻觉。这就如运用光线，可以获得充分的效果。这种问题意识，主要在我设计 N 府住宅时变得明确起来。光线几乎决定了空间的特质，因此外廊的形状用光线侵入的方式来决定即可。

众所周知，在有规则的点状空间布局中，最为稠密的是正三角形所构成的正四面体的连续分布，不稠密的是立方体格子。换言之，以最小限度的点所能限制的最大空间是立方体。出于这一理由，我决定在这里建造一个正六面体单位堆积而成的空间。它是最原型的单位。六面体有三面或四面是墙壁和天花板，不透明，堆积成一个总体。原则上，光线从剩余的面进入。与外界相接的部分，在这种情况下，用半透明的玻璃平面填充。

换一种角度看，这是九分割的重复，类似于曼陀罗图的分割方式。不过这并不是平面的分割，而是由与正六面体对角线方向的连接构成的。

在日本居住空间的构想中，最典型的代表恐怕要数茶室的"建起图[1]"。它的平面位于中心，四面分别建起

---

1 日语为"建て起こし"，又称"起绘图""建绘图"，日本传统的折叠式简易模型，相当于现代设计图的展开形式，用于茶室等设计。

墙面。它仅仅是平面模式，由墙面组合构成空间。其方法专注于平面的分割。这种"建起"式的构想，应该是在茶室这一空间的形式诞生、稳固下来的过程中为了便于传播而发明出来的吧。不过，如今我们将木结构茶室的建造方式和"规矩术"统统抛弃了。例如，钢筋混凝土等建筑材料，原本应该采用其他方式，但是简化了的传播方式并没有被舍弃。人们在不知不觉中逐渐开始建造茶室形式的钢筋水泥空间。如此一来，无论怎么装饰墙面，事情的本质都不会有所回旋。于是，依靠光的分布来感知空间，为了让光线呈现出系统性的分布，故而采用了正六面体的结构，这意味着回到了空间在物理学上是三维的立体世界这一最单纯的、最原则性的观念上。

从结果而言，所谓的立面概念已然消亡。如果有正面，那或许是沿对角线的面。因此，这里所画的所有图面，都是以对角线方向为基准的。空间在平面上的投影，应尽可能地使两个以上的面同时被看见，这样才能通过平面印刷的手段，使空间的本质得到更多的传达。

光线的分布

这栋住宅，位于较为市中心的区域，可以预见，这里不久的将来会被几层楼高的楼房所掩埋。因此，最初的目标主要是防止来自外部的视线，原则上是要将一切封闭起来。虽说外围有开口部，但是被玻璃块填满，是半透明的，从内侧看是发光的墙壁。还有一点，中央部分的采光来自顶灯，它在立方体的两个面中展开，直射光通过墙壁反射，呈不规则反射状射下。

由于这里的光是反射光，犹如朝阳照亮西侧，夕阳照亮东侧那样的感觉。因为侧面采光性好，所以，可以从东侧和西侧的上方接收朝阳。

就这样通过限定采光的条件，实际上可以使内部的空间发生质变。空间发生质变的提法不准确，因为空间本身就会因处理方式的不同而改变。

因为我们是通过视觉来感知空间的，所以光线是非常重要的因子。根据光线位置的不同，甚至能让人产生幻觉。顶灯的位置、外廓的部分是对称的，置于规范的位置。正如上面提到的那样，该位置是由立方体的堆积和结构等条件来决定的。与此相对，内部的分割则与之毫无关系。上下的线是错位的，人一旦进入，便会觉得光线从奇怪的方向降落。如果说打乱常规位置关系会导致某种幻觉，那么，可以说该方法通过有意图地预设错位，为观念设置了幻觉。

仅为一物赋一能

内部隔断，接近家具的属性，如果能通过既成物件组合来加以处理是再好不过的，但也不能说为便于移动将一切都家具化。实际上，这里的空间分割是木制屏风和家具的合体。四隅的墙壁被视为制造限制的条件，因此，隔断类物件全部独立设在内侧。中央部分有起居室，换言之，这是在确保必要面积的前提下将周边所剩面积用作此途的模式，顶灯也主要集中在这里。

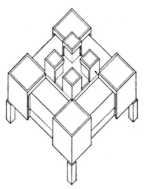

图 35　N 宅外观

用于分隔房间的物件，是以创建诱发生活行为的关系为原则进行布局的。例如门的位置，它设在物件相互错位的空隙中而非嵌入一个平面，门指示了一个房间与其他空间的连接方式，它是空间上的划分，同时也是与其他空间连接的标识。假如不设门，要置换出上述的意义，那么就应该压缩房屋的空间，将物件布局得如流水般畅通。尽管不需要虚构，实际上也建有临时的房门。

在这里确立了一个原则，流动需要通过物件和物件的交错所产生的空隙。换气的窗户也同样如此，钢筋混凝土的墙壁和玻璃壁板面之间的空隙用于流动，其余的则纹丝不动。透光的平面只发挥透光的作用，不进行开合。在这里，物件尽可能固守其本身的位置，不预设其可以随意使用的双重或三重的意义。例如纸拉门，这种半透明的平面可以拉动，自由出入，直射光和空气可以进入，它所拥有的多种复杂意义在这里全都被删除了。目标是只给一个物件赋予一种功能，这一结果，就是明确了物件在其位置上的存在。

使各物件按其本意得以呈现，这就是对日常物件进行配置的原则。

物件用现成的即可。在长期生活的过程中，此类物件大概会被各种各样的意图重新装饰。因此，如果能预想到这种变化，那么与其创造拥有多种意义的物件，倒不如尽量将其简化，这样反而能够应对更加长期的变化。

空气的流动

住宅部分进行了全面空气调整。二楼的混凝土是逆做法施工，上面铺设木地板，下面是空气室，一旦暖空气或冷空气被导入空气室，随之在开口附近的位置，从地板和墙壁的空隙间吹向房间。在将地板下面设计成空气室时，对空气流通进行了模拟实验，结果空气吹出的强度和预计的一致。

但是，起居室设有顶灯，而且因为房间的形状不规则，所以目前我们完全无法预计吹出后的空气会进行怎样的复杂运动。

尽管热损耗很少，却产生了奇怪的对流。这也许在方法上有意图地与形态的偶发性牵扯在一起有某种程度的关联。

致玛丽莲·梦露小姐

由冥府阎王厅转交

现在，我们的工作室正在制作并使用以您的大名命名的曲线规。这是以您突然风靡全球的两张著名裸照为原型将身体各部分裁剪后再加以组合的产物。

以剪下的模板为规尺，对您做出的非礼举动或许会让人联想到触摸您身体曲线等不雅行为，在此恳请您的原谅，同时对于无故借用您名讳之事，虽有先斩后奏之嫌，也请您许可。

实际上，对于设计师而言，我们的日常工作是由不断选择特定"线条"的行为累积而成的。例如，即便决定了某条曲线，这一随手画出来的图像，还需有人不断地进行摹写。此时使用的是所谓的曲线规，它可以通过数学公式任意作图，市面上销售有诸如此类的各种规尺。人们只是从中选择使用"适当"的部分，不存在绝对的逻辑。于是海报上您的身姿侵入我们的床侧，虽然它只是那个时代摄影师一瞬间的拍摄和记录，但从更深层次的意义上来说，它是顺应当时的信息与影像时代大量印刷出来的一种虚像。因此，我们选定了您美神般的曲线，打算使用。制作完成的规尺试用了两年以上，它易于使用、便于传达，在完成的作品中时常浮现您的倩影，我们得出了它是非常有用的工具这一结论。因此，此番我想将模板不仅向几个知交好友，还想向更广的范围发放。

另外，大分县立图书馆中藏有一把使用您曲线设计的单纯成型胶合板椅子。去年秋天，天皇一家来到馆内，落座在您那美丽曲线的椅子上安逸地休息了片刻，当我诚惶诚恐地问起舒适感问题时，据说天皇十分满意，圣心甚悦。

以上，特此汇报并敬请见谅，贵安。

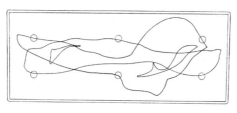

图 36
玛丽莲·梦露规尺

浅橙色的空间：福冈相互银行大分支行的案例

规划草案

塔

福冈相互银行大分支行的建设地点，原计划定在大分市中心约 30 米宽的道路交叉口的环形岛对面的用地上。该地点，对于在市内移动的人来说是必然注意到的节点。

从城市内部的位置来判断，首先可以设想该处会形成一个地标性建筑。过去的地标可能是一棵杉树或者一座地藏菩萨，而现代城市中，地标则转化成了制约视觉结构的诸要素。显然，塔也是其中一个要素。它拥有可以从远处眺望的这一城市典型特征的功能。本案例的银行大分支行，处于地方城市中的醒目位置，因此，它被赋予了地标性的意义，是城市整体规划中的一个重点。

如果不从市民的角度眺望，而是站在建设主体的一方来看，实际上塔即是广告。或许对于银行等从事一般商业活动的主体而言，广告是它们最为重要的经营活动。无论市民也好，建筑师也好，都没有拒绝广告的理由。如果说广告这一企业欲望的表露，才是现代城市外观的决定性因素也绝不为过。倘若没有这种认知，则甚至无法从城市的角度去找到接近商业建筑的方法。因此，"塔"的建造是既定的条件。突起的部分从下往上分别是停车场、员工食堂、管理者专用设施、事务中心、大会议室、机械室、阁楼，尽可能地将非现场工作的各房间进行累积。如果将该建筑视作一座塔，那该部分可以说拥有了广告塔这一外观所具有的功能。

桥

决定空间整体构成的是横亘在中央也可称为"桥"的动线、主梁，以及水平管道整合形成的骨架。两端有直接和地面相连的楼梯，与其连接的空中走廊，悬挂在内部含有水平管道的主梁上。其他空间，宛如树枝一般全部从该走廊向外延伸，并交织在一起。盘旋于空间的动线，一种处理方式是，将它与银行工作人员及前来办理业务的客户的动线进行立体交叉，不过，这并不是单纯的分离，而是将空间内的视点立体化，尝试从多种角度对空间体验进行开发。因此，该走廊蜿蜒曲折，在塔身内盘旋上升，通向屋顶。在设计过程中，究竟赋予该骨架以什么样的意义是一个基本课题。人类、力量、空气等流动之物全部聚集于此。最初只是从视觉功能出发，将重点放在人的流动上，而将力学上的流动、空气调和的分散方式等所有内容也都组合起来，这已是我在图书馆的设计中所积累的经验，因此，这一方法，也成为合作的设计师们更易理解的方法。

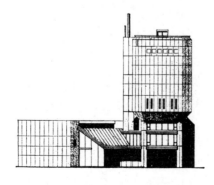

图 37
福冈相互银行大分支行
立面图

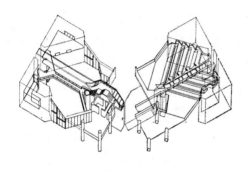

图 38
福冈相互银行
内部空间剖视图

色彩之束

尚未完工就讨论建筑色彩或许有些奇怪，不过，对我来说，设计过程中的色彩或光线，与功能、结构处于同等地位，甚至此刻开始呈现更强烈的意义。空间确实是作为他者存在于我们的意识之外，然而，建筑空间并非如此，它是我们所感知的整个身体的体验，是意识内部呈现的假象。因此，光线、色彩等视觉性信号媒介发挥着决定性的作用。同时，需要将活动、触动、缠绕等将人类包裹的内在触觉式的体验附加其上。对于我们而言，建筑空间恐怕不是静态的冥想对象，而是更具行动力的适于运动的空间。在色彩规划方面，对于该银行，我们有意图地将构成主框架的人类活动区域设计成被色彩所包围的。其他部分的背景采用了素材本身的颜色。为空间单位营造一种氛围的该色彩规划，并非那种制造亮点或用作点缀的日本式配色。确切地说，它渗透在包围人类的空间里，并支配着这个空间，是一种内触觉性的、腔内感觉性的，也可堪称环境性的规划。

广告草案

辩白与自戒

商业建筑原本就是广告。为了给自身代言而建造建筑物，因此无须为突出广告特征而害羞。拒绝广告要素的建筑，恰如人无性功能，终究不完美。与其之后再来绑定广告，不如一开始就让它变成广告。建筑即广告，这种先下手为强的做法才是上策。

背后的理由

城市中的广告式建筑，或者建筑的广告化，是为了在城市这一莫名的混沌中确立自我同一性。"自我同一性"一词没有确切的翻译。它是你本身，你的本体，自我的证明，是你之所以为你，任何人都能分辨出的你的特征。

无论是努力展示自我，先声夺人，还是锋芒不露地悄然行事，抑或是瞒天过海，都无关紧要。虽然无法测定效率，但是，类似物越多则印象度越低。

于是我们知道，一栋建筑便是城市这一拥有广度的空间的装饰性要素。所以在此需要明确说明，人们如果对日光东照宫内的全境缺乏预备知识，便会时常陷入寻找左甚五郎的猫一样的困境。

摆脱这一困境最有效的方法是，将城市必备的功能置入建筑，加以同化。例如，建成地标性建筑，它拥有持续性。它一旦展示出这一特征，那么其效果必然明显。

宣传要点

光的浓度——你浸没在一片光的海洋中。自然光从各个角度倾泻、潜入。顶灯、侧灯、折射光、反射光、虚化的阴影，室内光线随着太阳的移动交织变换。甚至，足下生光。控制空间内部的光线，来自各个角度，纵横交错。

你漫步在浅橙色的空间——浅橙色的色彩洪流中。色彩覆盖所有素材，使物质失去量块，变成了只有表面的色彩的存在。支配空间的并非自然素材，倘若只是人工色彩而非自然素材支配空间，那么，古典式的重量感和垂直的垂落感便荡然无存，开始制造出诱发幻觉的环境。

　　虚像入侵——各处都存在产生虚像的镜面。它使实像发生扭曲，在创造双重映像的同时，随着视点的移动而摇摆晃动。其他维度的空间，开始入侵这个实像的世界。

　　这里使用的所有线条都遵循着一个规则，即将正方形和其对角线立体化，将等腰直角三角形按 45 度的倍数投影变换到平面上（该作图使用 45 度三角板和圆规足矣）。针对设想的三维立体格子的通常形态，只要用直角坐标，加上一种投影变换的规则，空间内出现的线条就会陡然变得多样化起来。原则上是以 45 度的幅度进行旋转，但会反复出现多重投影，换言之，甚至能让人感到虚像的波动。作图上虽然可以轻易做到这一点，但是随着建筑物规模的扩大，它能赋予空间表情一种旋转性。

　　这一 $\sqrt{2}$ 的投影变换系统作图法，加上通过在空间内配置玻璃或镜面，就有可能使得视觉再次产生虚像。通过给动线上弯曲的部分贴上较大的吸热玻璃，使得双重、三重方向上的折射成为可能。这是在明亮、透明的空间内创造一种迷宫。迷宫也可以视作连续的虚像，它通过和具体的实在空间重合，才使得我们能够一睹虚像和实像纷繁交错的空间伸缩的状态。

解析斯科普里重建规划

城市设计论的思考方式

我作为丹下健三团队中的一员参与了 1965 年春至 1966 年夏的斯科普里重建规划。该规划经历了设计竞选、现场作业、中心地区的细节设计等最典型的作业过程，因此，对我们来说，这是一次思考城市设计现实化问题的不可多得的良机。现在全部作业均已完成，接下来进入建设阶段。在此时点上，我尝试从方法论的视点来分析该规划设计意图中的诸多要点。在城市设计概念及手法已被公认为多样化的今天，这相当于在整体思考方式中赋予斯科普里重建规划一个定位，如果可能，这也是对规划过程中所提出的各种构想的正统性进行的一次评估。

因此，在此我姑且尝试对城市设计现状的思考方式进行描绘，并在此过程中对斯科普里重建规划的诸多提案加以分解和定位。

原本，现实中的规划应该是完结的。但是，即便将规划视作完结的一条线索来进行考察，也并不能完全清理出头绪。如果仅发现该规划是特殊性的不断堆积，对它的每一个部分则无法普适化，那必然是不可靠的、不连续的，终究不能做一个概括性的判定。换言之，它被现实中个别政治条件所带有的某种因缘缚住了手脚。

内含这种不连续性，实际上才是现实化了的提案中最有效的部分。因此，该特征是展开城市规划论不可或缺的前提。如果排斥诸要素间不连续的混合，那么该线索本身不过是一种被理想化、抽象化了的产物而已。

在内部使连续的系统复合或使同时存在的被抽象化的理论诞生时，城市设计论才拉开了具体化的帷幕。即便将一个设计理解为整体，却用单一的逻辑来下结论，也只能诞生无意义的结果。斯科普里重建规划，归根结底也只是斯科普里重建规划，是特定时点上特殊性的集聚，是多种要因同时存在的结果。

象征论阶段？

我曾经将城市设计的规划方法的概念整理成"四个阶段"，主要是源于对 1962 年前后的状况进行的分析。最初的草稿发表在《建筑年鉴 1963》上，之后我进一步对该论文加以整理和补充，同年在《建筑文化》2 月的《日本的城市空间》特辑上，以《城市设计方法》为题对更多细节展开论述。

我设想了"实体—功能—构造—象征"四个方法的发展阶段，借此来整理过去的各种提案的同时，也考虑在该时点上对未来展开预测。

当时的状况是，构造论和象征论的一部分已经开发出来，而我想从假说的角度探索象征论阶段的意义和内容。

现在回头来看，我发现这篇论文有一个点非常模糊。首先"象征论阶段"这一提法是否能准确传达所包含的内容。象征论，顾名思义是欲将一切都包括在"象征"一词所拥有的一类概念中，如今世人大多性急，因此这一称呼被简化，容易被简单地理解为象征论或者象征性等意思。从内容上而言，这意味着它将对象征的操作放在方法论的轴心，并作为规划的工具加以展开。换言之，必须将它与用空间论论述象征进行准确区分，但我自己都没能做到明确它们之间的关系。假如建筑空间论或城市空间论是以假象的空间为主题，那么，在其他主题下论述象征也是可能的。有点近似于日语语感所说的"象征"，例如"Symbolist"，可以拥有象征性这个意义。

但是，作为方法论，尤其是关系到设计过程中工具的使用时，"象征性"这一提法极易造成误解。此时，或许我应该明确区分使用"Sign""Symbol""Signal"等词，拒绝日语中"象征"一词所营造出的边界模糊的征兆，将"Symbol"译为"符号"。我觉得用"符号论"的提法，它所包含的内容既准确，范围又广。但是，如果"Sign"译为"通用符号"，"Symbol"译为"符号"本身，又会再次让人陷入混乱。似乎除了按照阿尔弗雷德·诺斯·怀特海、恩斯特·卡西尔、苏珊·朗格、查尔斯·莫里斯等人相继对符号美学给出的定义，用片假名"シンボル"（Symbol）来表述之外别无他法。

阶段论无法包含内部辩证法

还有一点，我对四个阶段分别拥有的空间概念进行了整理，与"实在（物质）空间—图式空间—模式空间—模型空间"对峙，至此这应该没有任何问题。问题在于，我试图通过这些空间概念在具体设计过程中拥有某种效用来进行速断，将设计作业作为这些空间概念的胎生性进化过程加以假定性类推。

的确，在实际推进的设计过程中，会将模型、图式或者模式等作为孕育重要契机的手段。但是，这是否意味着这些手段能对应历史发展阶段而实现序列化？回答是否定的。设计，在其内部通常是飞跃式的，经过反复试错，不如说它是有机的展开更加恰当。

不过，"实体—功能—结构—象征"各阶段，总是将前一阶段置入自己的内部，在同化过程中进行展开，这是事实。尽管这其中也有着设计过程中的胎生性再现这一创意，但也造成了某种误解，即我试图进一步类推并再次解体这一创意，让各自的语汇所表达的意义形成对峙，从而创造诸如设计假说那样的图式。

上述四种分类的意图在于，表达和各个时期的设计手法密切相连的城市认知的主要倾向和体系，而不是进行多层深化认知的过程。如果取其广义，则是城市认知的意识形态，由于该意识形态同时拥有使之成立的手段体系，所以反而得以成立。

当然，画出以上述四个概念为极点的四面体，将其视为城市认知的结构，不得不说是徒劳无益的尝试。

阶段论对预测是有效的

1963 年前后，这四个阶段对预测下面可能出现的新方法是有效的。

对我而言，当时我在称之为"象征论阶段"的内容中，预测了计算机大概会作为城市设计的主要手段登场。不过，那时候日本尚未积极尝试将计算机引入城市设计中。大多数情况下计算机只是极具辅助性的，仅适用于复杂的计算。为此，我产生了一种想法，即是否可以用计算机设计，尤其是将空间内部的活动模式化，通过模拟的手法进行整理，使其成为一种决策理论。我一边模糊地想象着内容，一边将这些内容描绘出来。就在我写完稿件交稿的当日，迟了两个月的《建筑论坛》被送达我手中，这是一件对我而言极具冲击力的事件，即论坛上刊登了针对曼海姆和亚历山大的高速公路规划中的图像技术的研究论文。该论文对我推定的内容提出了更精密、更符合逻辑、更具体的方法。并且，它是在此之前已经积累了很多年的基础性实践成果。

在厚度积累的差距上，我为日本的状况感到沮丧，

与此同时，我十万火急地在校对稿中插入了对该研究的
介绍，这或许可以证明四个阶段假说中的一部分内容。
我充其量也只能算是自我安慰，该图像技术的研究证实
了阶段论的有效性。

拥有整体化可能性的六个倾向

城市设计方法，一般而言以1965年为中心越发呈
现出多样化的发展趋势。斯科普里重建规划也始于是年。
概言之，这些多样化的倾向是在象征论阶段展开的，所
有的特征都在于以象征体的操作为中心。在找到能够统
括整体的概念之前，如果各种成熟的条件并不具备，首
先要做的就是将所有可能的条件一一罗列出来。这种做
法虽然存在陷入分类学的危险，但是要想有突破性进展，
就一定要建立在对分类后的状况进行确认的基础上。于
是，我尝试将城市设计的各种方法中所拥有的整体化可
能性的内容列举出来。当然，它们之间相互渗透。也存
在相互影响，只有相互组合才能成立。同时也有变质的
可能性。我将这些条件分列如下：

a. 组织化论或元素的构成

b. 装置化城市论或部件及其机构

c. 流动体的解析论

d. 模式语义学论

e. 视觉构造论及城市空间的知觉

f. 象征体配置论

"设计"这一工作，就是将分散的粒子化的各种事物纳入一个整体化的过程。方法，显然从属于该整体化作用，以整体化作用的确立为媒介。如果仅从城市或建筑设计来看，方法和设计使用的工具有密切关系。说得极端一些，设计过程中，推进设计进而使之整体化成为可能的，就是设计所使用的工具的体系。如果能够推进与工具体系相对应的认知结构，方法论就能得以成立。无论缺失其中的哪一个，都会失去和现实之间的联系。

上述几种倾向，其特征是让计算机在工具中登场，进而与计算机语言关联，推进符号伦理学或一般意义论的解析与认知。

现在，首要的是建立对城市设计方法论的现状的认识，对 6 种倾向加以若干解说。我将择机对它们分别解析，当下只是简单描述。如果对斯科普里重建规划展开评论，可以说主要集中在一点上，即它作为"符号配置论"进行了整体规划，具体的解决方法则与装置化城市论有关。

a. 组织化论或元素的构成

对现代城市最基本的认识是，它的整体处于熔融状态，无法与明确的图像联系在一起。古典概念下的城市规划是，固定并确定整体图像，部分只存在于与整体的关系中。换言之，即便是整体中的部分也能成立。这在建筑的构想中类似于预想完成后的箱型之物。在建筑的场合中，由于建设的时间单位短，虽然有时可行，但也存在完工的同时发生变样的危险。从"封闭的美学"变为"开放的美学"的这一口号，一个原因也和城市内部存在的建筑生态学的意识有关。可以说，现代城市变化的速度之快，使固定整体图像的方法变得不切实际。

在此我想将含有在视觉上非定型化意图的提案纳入讨论范围。

主要的方法是，尽可能将一切分解成元素。该元素的构成或组织，成为设计的目标。探究要素之间的关联性，尤其是要素的分离与结合的逻辑是关注的焦点。

换言之，生态学的类比触发了众多图像。如群体化、主干和枝叶、群落、主和次的构成、分解为单元，以及生物化学的形成论。

实际上，在这个组织化论中包含了与所有方法相关的基本命题，即围绕个体集团化的契机的考察。在城市内得以解体并存在的个体，能否集合化，进而组织化、集团化？恐怕，对还原成要素的事物本身的探究是其中心。并且，针对被还原、解体后的要素的集合体的图像，并非单纯地出自设计师笔下的模式，或许需要采用逻辑化的集合论的形态。

b. 装置化城市论或部件及其机构

城市的可视界限日益减少。其一是因为城市在难以用空间性广度来加以限定的同时，空间内各种特征多重化，挤作一团，因而变得难以通过单纯的形态表现全貌，同时，构成要素的可视形态本身也开始变得越发毫无意义。

曾几何时，形态和功能这两个对立概念似乎撑起了近代建筑，或者说支撑起了近代城市的理论。"形态从属于功能""形态启发功能"——当人们认识到这些命题没有价值后，随即诞生了通过导入装置把握和建构空间的思路。

城市的构成要素并没有变成抽象化的、无名化的单位的集合，其本身对他者产生各种作用，可以将其视为不断发送信号的一种机构的集合体。如果勉强作个类比，大概可以将它视为相对半导体集合体而言的集成电路网。

因此，装置的开发是一个课题。为了构成城市的整体，该装置被视为部件。城市的整体是拥有特殊机构的部件群。于是，被设想出来的城市和部件一起经常被冠以特殊的名称。换言之，被装置化了的空间也可以人称化，节点核心区、插件等方法就是将这些装置进行单位化构想，浮游城市、营地城市、新陈代谢派城市等城市构想离开了装置概念则无法成立。反之，也可以进行将城市整体装置化即旨在建筑意义相互转换的操作。

c. 流动体的解析论

在我曾经称之为"象征论阶段"的条件下最具统治性的方法，建立在所有对象物都可以作为象征体来理解的前提上。象征体，即以具体量存在的对象，它所拥有的表象，经过符号逻辑学的解析过程被符号化。可以说，当这种符号波在空间浮游、生成、消失的状况被图像化时，才最终抵达了新的认识阶段。

此时，我将城市空间理解为符号的"浓度"分布，并对应规划意图进行整理分类。进而，我也尝试在前面的论文中将符号视作"流动体"加以说明，这种认知，在现代科学中实际上是最原则性的常规手段。

　　我想阐明的是，毋宁说计算机经历了上述过程首次被导入规划设计。在计算机中，城市空间一眼看上去是抽象化了的符号群。于是，在符号群中设定特殊的模式，将城市空间理解为模拟行为发挥作用的场就变成了可能。检验交通规划的一种模拟作业，就是针对现实中的交通流，测算规划中交通流的特征和数量。如果城市内某个地区的活动分布模式可以通过输入的形式来把握，那么，所规划地区的活动分布也可以通过输出的形式来理解。各种因素都分解成了单纯的参数，诸如此类的各种象征体，可以通过流动体的形式来操作，它们可以有无数种组合，也能作为一个整体来解读。

　　这类操作的未来不可限量。尤其是如果能预测计算机走向超级巨大化，那么规划的手段当然也会发生质变。可以说它类似于初期阶段建筑过程中的结构计算所发挥的功能。尤其针对诸如建筑这种常规化结构较多的状况，尽管也能把握它特有的单一化，但在城市规划中，决定主要构架的必要过程，已经越来越接近巨大的模型实验。虽然是虚拟的，但是通过这一方法，已无法与现实状况区分的规划的现实性终于得到了验证。

　　如此，城市设计的未来图像也就开始浮现出来。这一过程，相对极大提升了速度和精确性的机械作业而言，是给予这一作业以决策，时常怀着颠覆机械作业和逻辑准确性的想象，对得出的结果进行判断，并不断和结果搏斗的过程。可以说设计者不再是设计者，而是操控者。

d. 模式语义学论

即便对动态的符号波进行解析成为可能，我们的城市，应该还是存在于空间的广度内，符号群总在形成模式。

构造论阶段，主要围绕物理性实体的结构体为城市赋予结构为中心展开思考固然不错，但它并不限于限定的结构体，各符号的关系拓展，也拥有一个结构体。

其实我们或许应该对结构进行如下广义上的解释，拥有物理性实体的物体，与其称之为结构体，不如说它更接近于框架。

如果用符号论来解释广义的结构，那么符号组成的模式也是图案和花纹，它更本质的层面上，也是符号化了的对象物的存在形式。此时，在特殊定义的关系性上，所有部分都被置入整体中。因此，模式虽然有时也拥有形态，但严格来说，也可以将其视为被赋予了意义的各种象征体的分布样式。

对数字型的构想而言，据说如果非要提取模拟型部分，它主要会接近作为模式认知的机构操作。因此，我们通过对特定符号群的分布进行逻辑解析，也能开发出转换的零部件，进而，或许能够将城市形态学或面相学抑或生态学分布与这一作业连接起来。

亚历山大的一系列工作之所以受到关注，是因为他以上述模式语义学为基础，将重点放在了模式转化的逻辑开发上。

e. 视觉构造论及城市空间的知觉

从不同层面的意义出发可以将城市规划之际投入的主体解释为住户、建设者、移动人类、访问者，等等。在把握上述人类和城市空间关系的基础上，高尔基·基普斯等人以视觉为着眼点导入了空间体验的线索，之后凯文·林奇、菲利普·希尔等多位后继者将该线索作为技法加以发展。

这一连串的研究成果，都属于空间记法。它始于最具原则性的格式塔的知觉，甚至涉及城市空间继起性知觉结构。关于步行者的空间知觉，实际上是很多旅行者和城市居民无意中记录下来的。诸如此类的心理学领域被符号化，成为规划的对象，虽然如今数据极其匮乏，不过将高速公路般线状的移动空间中的继起性知觉导入景观研究逐渐变成了可能。并且，也变得容易指出在被定义为特定范围的空间内的视线所覆盖的领域的测定。

对于我们来说，操作的对象不仅限于城市规划，如果将进入城市内部后行为的体验本质作为关注点，那么显然，视觉结构解析的重要性必将增大。

但是，该研究领域和知觉心理学是密切相关的。所有问题都与对生存于城市内的人类进行心理学解析究竟能够量化到什么程度有关。虽然也可以将城市作为特殊的符号群来理解，但它们是零散的，是直觉式的，也存在成为规划中的观念及支撑该观念的形而上学的危险性。

f. 象征体配置论

所有时代的城市，可以说都是在各自具有特征的象征体的基础上成立的。古代东方强调"轴性"，中世纪欧洲有以教会前广场为中心网状分布的道路，近代则有放射状模式并配置纪念碑。如果追溯这些时代，对当时支撑城市规划的概念进行分析，就有可能得出相应的象征性元素类型的配置清单。

在此，我所称的象征体，是人称化了的且被附加了特殊意义的设施、设施群，或者空间的总称，请这么理解。并且，我还想指出，这样被认知、被抽取的象征体，是有规划的、非连续配置的。

上述几种方法，如果将其中一些导入计算机作业，在今天的条件下，则必须将其自身作为连续的线索抽取出来。但是，城市并不是基于单一的目的设定规划出来的。城市也被称为综合体，其中一个原因是，无关之物在空间和时间上只是非连续性的存在。面对这种对象，只抽取单一的线性系统非但不够全面，甚至会经常在现实城市的发展中出现相反的结果。

城市中，诸多非连续性因素同时存在。在当下的这一时点上，象征体配置论之所以得到好评，是因为它并未陷入完结的系统中，它所依存的仅仅是毫无关系的符号的重复和并列。也可以说，"决定"这种符号分布的就是规划。

解析斯科普里重建规划

原本简化描述这些复杂的方法近乎不可能。但是，通过解析斯科普里重建规划，为其中的几个点赋予现代意义，这一过程对我而言是非常必要的。因此，比起细节说明，我希望各位能更重视一下分类。因为城市设计的多样化，通过这种整理带上了方法论的意义。

同时，这也成为对斯科普里重建规划中的几个有意图的点进行解析的前提。斯科普里重建规划，应该说主要将图像与设计概念的展开放在了重点位置。去年我参加了日本世博会会场的规划，该过程中，有关技法的几个实验性尝试似乎也在斯科普里重建规划中有所涉及，关于这一点，将来择机另行介绍。

作为竞选设计，该设计的基本构想是由8位建筑师联合提出的，随后我们经历了三个阶段，先由东京、萨格勒布、斯科普里的建筑师们所组成的团队完成基本设计，之后分解到各个地区，再分别承担各地区的细节设计，这个跨国任务目前已经告一段落。如果让我来评价该过程中的规划，它相当于穿越各种组织和阶段，经过无数过滤和筛选，审视最终的规划概念还能留下什么。换言之，它在城市规划这一非个人的操作中，是能够存活下来的有效概念。我可以列举出以下5个结果：

a."轴"

b.人称化的地区

c.城市大门

d.城墙

e.行动的线索和结节

关于"轴"

为了具体落实设计竞选的结果，我们来到斯科普里。抵达时，参选的八大设计方案在一个很大的展览会场上向全市市民展示（之后我们在这个会场的模型前拜会了铁托及瓦迪斯瓦夫·哥慕尔卡）。大部分方案并没有单独列举的必要，但其中一个方案给我留下了奇特的印象。该方案是一个非完成品。我听说八大方案中有一个貌似失败了，也就是这个拉维尼嘉尔方案。他的方案在建筑容量上没有满足要求，因此，该方案或许按规矩是不合格的，但是它的创意比所有方案都具有冲击力。该方案计划在斯科普里中心营造完全真空的状态。实在的建筑物全部被无视，中心设定了一个神奇的原点，周边有草坪、灌木丛、树木、低层建筑群、高层建筑群，以及更高的塔状建筑，完全呈同心圆状配置。它是覆盖于具体存在的城市上的观念性空间，所提交的图纸，也和设计师的思想密切相关，在包含既有建筑物及道路的地图上，完全是强行将这一方案叠加上去的。结果，线条错综复杂，而且邋遢，让人联想到地震的痕迹，一切都是未完成状态。

可以说，这个拉维尼嘉尔方案和丹下方案完全是两个极端。范登·布鲁克和巴克马的方案中，同样存在用壁状建筑包围中心部的构想，他们各自提交了"城墙"的设计方案，并附上说明，城市核心由积层结构的包含诸多功能在内的连续的建筑包围。与此相对，拉维尼嘉尔方案却仅设计了同心圆形态。

后文提到的丹下方案中的"城墙"，堪称介于前两者之间的构想。它是沿仅次于环绕中心部的高速公路的城市内部道路顺势而成的容器，是标识。

更具特点的是，它针对当下城市活动的南北走向，沿河将新开发的区域设计为直角。这一古老的轴线，实际上位于河流的北侧，是土耳其人和吉卜赛人聚集的贫困地区，中心位置是露天市场。如果将这里视作北侧的一极，那么，南极就是斯科普里旧火车站，两极相连形成了现在的城市活动。

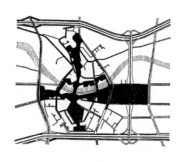

图 39
斯科普里重建规划轴线图

另外，提交的规划将新轴线按直角方向设置，它最大的亮点是车站东移，换言之，使得引力移动成为可能，同时，按照城市的长期的总体规划（Master Plan），它沿东西向河流展开城市区域。

"轴线"是丹下健三研究室自"东京规划1960"以来很了然于胸的构想。东京规划中的轴线得以进一步强化，它成为城市的脊骨，所有的城市活动都在轴线上展开。进而，它被赋予了"主干"的意义，各种元素在主干的周边附着、消长，对于斯科普里重建规划，也首先有了同样构想。

相对旧轴线，出现了新轴线，它是与拉维尼嘉尔的同心圆对立的思想。这种对立，看起来分别由原型的东西所支撑，确切地说，设计构想本身是以轴线这一模式为切入点加以展开的。

在此，轴线以内部的交通，尤其让人流动起来的近似于过去的林荫大道那样的条件，从将城市结构化入手，进而通过将设施合体而取得视觉化效果。

地区的人称化

实际上，当下我们所拥有的城市规划的相关语汇过于受限，对此已经开始出现了反省的声音。具体而言，就算对城市进行规划，可以规划的也只有住宅、工业、商业、绿地等抽象化的"功能"。

然而，对于在现实城市中生活的"实感"而言，这种抽象化的思考是不起作用的。所有地区都被赋予了名称，其自身的主体性，甚至是由日本用"界限"一词表达的模糊境界支撑起来的。住宅在规划的初期也存在集合名词，但是，它们在实际存在的同时，也被这些地区赋予了特定的名称。

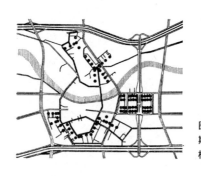

图 40
斯科普里重建规划
核心区布局图

在斯科普里，大量古纪念碑还存在于旧城内，这反而成为一种切入点。这使人可以在某个限定的地区内对其整体活动和特殊性进行保存处理，这是以住民为本的规划。当抽象的思考通过计算机等方式开始大举入侵时，能够实体化的概念，在与之对立的同时，更是带着具体化的人称发挥作用。抽象名词转换成固有名词。对如此简单的基础性的方法加以确认，正是在规划中进行象征体的配置。通过类似于城市纪念碑那样的偶像，将象征体理解为被人称化了的空间或地区的总称，这实际上是常识性的操作，即便这看上去有点像外行人的构想，却是能更加积极主动开发现实性的操作。因此，斯科普里重建规划，功能实现多层化、混合化，并努力冠以固有名词。但是，与此同时，对那些尽可能分解功能且习惯分离布局的近代城市规划者的教条而言，这种一眼看来颇为朴素的构想，大概仅能理解其中的一个侧面。

地区的人称化，可以说也与规划的具体解决方法放在各地区分别加以特殊处理相关，并且，多重的功能布局和城市结构体的导入，也并非与规划对象的具体化、人称化作业无关。

城门及城市复合装置

将空间人称化并且装置化的操作，当它们集约化达到极限的程度时，便诞生出了城门这一城市综合体。

可以说，在竞赛阶段的方案中，规划所追求的众多意义都集中于此。这里指的不仅仅是规划意图的集中，还是设施及城市功能最大限度的集约化。这种功能的复合，提高了空间的活动能力，更是出自对城市性的维护这一考量。前面论述了人称化诞生于自然产生的对我们城市的地区性特征的全盘接受。这种城市综合体，就像东京，必然也对巨大化、高密度的活动的城市所产生的现象本身进行了规划，如副都心[1]的车站综合商业大楼、地下街、立体交错的各种交通设施。将这些设施进行系统性的装置化，或许是东京所独有的。似乎对于竞赛评委的各位而言，高密度化、巨大化的装置群毫无人性。审评报告中写着：设计怪诞、规模巨大且非人化、交通系统与建筑合体的方案缺乏现实性。我们认为与更具现实性和逻辑性的建设项目相应的过程性成长也同样受到批评。换言之，在这一阶段，装置化空间的构想完全不被接受。只有城门这一名称和斯科普里整体规划中的这一大门的建设位置，在基本设计完成后继续得以存在。

这一变化过程，通过三个方案显示出来。在针对城市的提案中，保留了名称，其中包含的机构继续存在，如果和其他地区的关联性也保留下来，该提案大概会得

---

1 指大城市中在传统的中心城区周边发展起来的新的中心城区，如东京都的新宿、池袋、涩谷等地区。

到当局的充分支持吧。不过，如此一来，当初集中化、多层化的图像就会消失、分散，成为密度较低的配置。在具体的建设阶段，更是有无数的企业、租赁业者和建筑师加入，如果必须预计时间上的变化，那么，这种程度变更或许是一个成功的案例。

城门，顾名思义，是从外部接近城市时最先出现的一个象征物。或许可以这么理解，以城际高速公路为主进行导入的总规划，实际上将斯科普里定位为为汽车而存在的城市。该规划甚至将高速公路出入口引入城市更核心的位置，计划建立一种不间断直达市中心的通道。而且在高速公路出入口的上方还配有业务中心。因此，整个设施浑然一体，还兼有调整车速的变速器功能。

为了表现其特征，该建筑群的形态也经过了处理。对于通过高速公路乘车进入城市的人来说，能够认知的元素是路上散见的各种标识，同时，地区的景观整体，必然以其织体给人留下印象。如果将高速公路沿线视作一个部落，它就是群落化、统一化的集成块。于是，外侧的形态成了宛如玻璃构成的多面体般的结晶体。并且，只有在人步行的速度上，才能感知到结构体的布局和它的节奏。也就是说，所有巨大的结构体都面对为内侧的人类而存在的天桥廊。

城墙及行动系统和结节

"城门"和"城墙"这两个词语转眼间就在斯科普里流行起来。可以说是由于它们被简单化，甚至下降到了路人皆知的玄关、墙壁那样的概念所导致的结果。与其将它们视为简单的名称，不如说它们是一句口号，是在城市建设中由该城市中的居民对生活的想象所触发的。柯布西耶有句口号叫"绿色、太阳和空间"，其实际上就是以规划的现实化为媒介的实体概念，现阶段，"城门"和"城墙"这两个词语，充分体现了这种实体概念的作用。

今后，我们的方法可能会越发地以专业化、抽象化操作为主干加以展开。彼时辅助这些作业，不断还原为实体的操作成为必需。应该说，人称化及具体化的意义能在彼时发挥作用。逻辑化的符号化空间，则突然下降为实际存在的空间。因此，即便是象征体也拥有了多样性的内容。其中一个是表象，是认知与操作的对象，是假象性空间，它一旦被命名和赋予意义，就会突然转化成象征性的空间。

诸如被赋予这种意义的"墙"的实体，事实上一旦抽象化就被视为一种活动的聚集。换言之，这是因为造就城市的景观或实体的，就是需要将它们用作容器的城市活动。居住、散步、工作、购物等各类活动的聚集充斥城市空间，如果说各种设施是在和各类活动关联、对应中产生的，那么，包括所有内容在内，将城市活动符号化，把握其分布的模式，便成了规划的前提。

因此，无论是城墙还是共和国广场的河谷，或者是城门的线性天桥廊，又或者是林荫大道的道路网，这一切都堪称配置对应活动的设施群。梳理它们之间的关系，用具体设施来解决问题便是设计活动。

如果取狭义的城市设计，将它集约于具体作图的作业上来看，所有的一切，实际上都可以视为为了发现可用来对应经过分类的、体系化了的城市活动的设施类型而做的努力。象征体群介入这种对应关系的内部，时常唤起、激发设计者的想象，使其创造新的形态。

规划的评价

一切规划都是特殊解。即便能从中抽象出可以普适化的内容，也存在极限。这种逻辑化，首先由于相互缺乏关联性的诸多事实的同时存在，才使得规划得以成立。

如果现在对斯科普里的一系列规划进行评价，尽管正如我前面所分析的那样，其中包含着许多现代课题足以胜任的处理方案，但是，我可能依然不能断言，如果将迄今所有的条件全部抹去，还存在向新的目标进发的可能性。

之所以这么说，主要还是因为这一切都是基于联合国的援助计划，是作为这一巨大官僚机构体系中的一环所展开的行动，况且该援助在规划阶段就已经结束了，建设主要交由当地靠自身的实力来完成。因此，满足南斯拉夫的法律条件是当下的一个课题，在这一点上，我们尽可能地为规划增加了现实性。

然而，负责实施规划的又是和制订规划毫无关系的斯科普里的建筑师们，他们所拥有的技术和法律条件是如此不完备。市民们对于重建有着惊人的热情，但是实施规划所需要的各种条件还远不够成熟，这个地区的经济发展大概也才刚刚进入起步阶段。不过，该规划本身，对于这样的条件也算是有了一点进步。虽然我们一开始就意识到了这种矛盾，但是没能充分解决矛盾，相反让人感觉到，所做的努力导致的是一种消极的调整。在这些无形的条件下，规划变质，未能找到明确的解。对于规划的实施，虽然报告中也有所提及，但并未到添加决定性系统的程度。虽然我们努力将规划导向现实，这一条件的脱落，在结果上却反而导致了萎缩，只有古典式、雕刻式的成品受到极度关注。

城市的规划，从构想的完成图中脱胎，其内部包含着应对现实变化的动态系统，因此，即便是未完成的城市构想图，在结果上它也许会产生新的意义，或许我们可以通过眺望该规划的整体，发现所有规划所拥有的现实与非现实的界限条件。

看不见的城市

越精准的地图越难看懂

我曾经制订过一个从空中观察世界主要城市的计划。该计划从1964年夏季开始实施，但由于欧洲各国将航拍列为空军的管辖范围，极难取得拍摄许可。在这种困境下，我只好拜托业余飞行俱乐部，通过他们驾驶的小型飞机才终于飞上了城市的天空。

制订该计划的理由非常简单。当时我在研究城市设计，并从事具体设计，我发现平时使用的地图与对城市的实际感受相差甚远。比如国土地理研究院发行的"1∶50000"的地图，精确度无话可说，但是在设计作业的过程中，该地图却显得过于繁杂，对象反而模糊不清。首先，我们在日常生活中感受到的那种朦胧的城市氛围，在这个地图上完全嗅不到任何气息。哪怕是放大东京，在这张经过精确测量，所有距离按一定比例缩小的无机地图上，根本找不到这个奇异城市给人的印象：结构复杂、每个地区特色鲜明、昼夜仿若两个世界。我设想，如果不发掘新的表现方法，则无法接近现实中的城市实体。因此我首先作出判断，从空中观察那些具有历史性特征的城市是最直截了当的方法。

如今的地图都是通过航空测量制作而成的，即在飞机上拍摄，将其转化成平面上的符号。支撑这一过程的原理是，将地形及覆盖地表的人工建造物的外形，按其绝对距离的缩尺进行配置。所有空间都被按一定比例压缩，投射在一个平面上。将绝对距离在比例关系上缩小的这种手法，基于的原理与文艺复兴时期发明的透视画法如出一辙。正如已经明确的那样，透视图的主体视角存在于对象物的外部，在城市中这便是鸟瞰图的手法。城市的形态，正好是从类似于鸟类在天空飞行的位置即城市外侧的绝对位置观察到的。

从空中观察，你只需将自己的身体移至鸟瞰图中鸟类的位置即可。得益于飞机的出现，我们才能轻易地踏入很久以来一直停留于我们想象中的神秘位置——空中的原点。我发现，将通过空中的原点观察地面与在地面上的具体体验进行对比，都能从我们所认为的无比精确的地图中找到其显示上的不明确部分。

用城墙围住从而与外部田园彻底隔绝的中世纪的"岛屿"城市、拥有若干焦点向外放射性拓展的巴洛克城市，当我在这些欧洲的历史城市上空飞翔时，空中的视觉让人产生比地面记忆更加丰富的感觉。近代以前的城市形态，是和内部的空间体验联系在一起的。如果从微观视角来观察，自然会接二连三地发现疑点，但是，城市中最高的塔，即便从上空来看还是支配着城市的全境。可以说，城市形态和由城市活动搭建起来的结构几乎是一致的。鸟瞰图的手法与这些城市的幅度及空间构成的实体，完全是联系在一起的。哪怕是在横穿纽约与曼哈顿岛的超级大厦群时这一认知也无须修正。向东西南北有规则分布的棋盘状道路穿越其中，进而，各个区块由钢结构的立体格子组成的直入空中的这一空间，在地上或地下移动时的地标，与从空中看到的是一致的。帝国大厦的身影，几乎在曼哈顿全域都能够辨认，但是，当你飞上天空时，你会发现对它的地标性有更加明确的认识。恐怕对于这个在 20 世纪初就已经奠定了基本结构的城市来说，它的空间，是和文艺复兴时期的鸟瞰图的原理联系在一起的。这一事实，也许可以通过附有立体建筑图的地图被视作曼哈顿的珍宝一事得到明证。

城市形态的消失

然而，当我飞上洛杉矶的上空时我陷入了极大的困惑。这个城市无穷无尽地蔓延。数不清的高速公路像一张巨网铺满整个城市，住宅基本都是平房，没有立体化。即便从空中鸟瞰能发现宛如巨型意面四散开来的高速公路出入口、带有多层立体停车场的棒球场、大到蠢笨的汽车剧场等一些具有显著特征的城市设施，最终也很难把握城市的全貌。全年温度和湿度适宜，实际上是人工建在沙漠中的这座城市，其人口密度在全美屈指可数，并以超新星爆发的迅猛势头向外扩散。

这里，所有的设施都是为汽车而建的。如果没有汽车，人恐怕要被饿死。汽车是双足的延长，拥有超出粮食的意义。倘若某天人们突然抛弃汽车，这座城市必定瞬间变成废墟。未来的废墟和眼前活生生的城市之间仅隔一张纸。

如果仅仅是幅员辽阔，通过航拍来记录城市全貌自然毫无意义。人在地面上的，尤其身处汽车里的视觉，和空中的视觉是毫无关系的。城市必然拥有形态，拥有物理上的立体的连续性，并且有序地展开活动，然而在洛杉矶，完全找不出这样的外貌。城市的形态正在消失。

如果说城市形态消失的说法有些夸张，也可以换一种说法，即我们所使用的城市这一概念，也就是稍加留意一眼就能把握其物理构成的城市空间概念在这里已经崩坏。这一点，当你从空中降到地面时就会明显感觉到。这个城市的一切都在变动。

移动的箱体

深夜，我看见一辆双层房车以每小时 129 千米左右的时速跑在一眼望不到头的近似单侧四车道飞机跑道般的高速公路上。该房车一天跑 300 至 800 千米，偶尔会停下。停泊的地方汇聚着各种房车，恶俗的洛可可风格、殖民风格、现代风格及凯迪拉克风格，等等。

这些容器也被称为大篷车、移动舱或移动住宅。这些房车里，支撑一个家庭生活的设施一应俱全，显然是一种城市住宅。人们在这样的住宅里度过周末及夏季的假日。房车的停靠点相当于一个定居点，并且这样的城市在某个夜晚突然出现。

如果你去参观冠名为"移动城市"的房车停泊点，你无法发现由物理形态构筑起来的城市特征。那里通常地形平坦，只能见到水管、电力管道、污物处理等城市地下管道的阀门，宛如"二战"结束后的日本城市。地面上，建筑物化为灰烬，只有道路和埋设管，和大火焚烧后的模样毫无二致，这种城市的确存在。

这样的城市，在美国及欧洲各地，正以烈火燎原之势扩张开去。据说在美国，居住在移动房车中的人口已达 500 万之多。尽管城市是为定居而建的场所，但是今天，它正在转变为临时驻足的场所。西进运动时的大篷车队开始复活。与受季节限制的游牧生活的形态相比，如今只需要按照自由意志任意选择移动方向。旅行以全新的意义开始侵入城市生活，改变着人们的生活方式。城市被集结成群的旅行者掩埋。或许人们不得不接受机械的活动，但是，固定化的城市形态一旦开始溶解就不会停止。

事实上，洛杉矶的市中心，面积的三分之二是为汽车建设的各种设施。高速公路、服务区、用作通道的小马路、停车场等，如果要在一个平面的维度里建立这些设施，那么建筑物的占地将会低于三分之一。在洛杉矶，甚至各方面都非常便利的市中心，也会突然冒出一块废置的地块，这种现象很普遍。出现这种情况，大多是因为没有预留足够的停车位。城市中心被放弃、解体，毫无固定的形态，高速公路网构成了城市的骨架。

只要看一下被称作"Suburbia"的郊外住房就会明白，在那里，和上述移动住宅拥有类似规模与形式的独立住户多得不计其数，还在无极限地扩展。这种住房，可以说是高速公路上移动的房车型住宅偶然在一块空地上固定下来的产物。事实上，从空中俯瞰它，与停车场毫无二致，是相同性质的物体的无限聚合。汽车被涂上五花八门的色彩，色彩的不同涂法因住户而异。对他们而言，色彩是在同质同形之物中表现自己、识别自己的唯一标志。为了方便区分，他们会将色彩涂满车身。

色彩斑斓的容器是活动的，它们或在郊外停泊，或在高速公路上漂流，或停靠在移动城市中，又或者暂时滞留在市中心的停车场，总之，就是这几种状态之一。住宅—汽车—房车队，它们因外形和系统的发生源不同，具备了迥异的特征，但是究其根本，作为城市移动生活空间的容器，它们都是同一系统中的道具。

这些容器即箱体，迄今为止我们只是根据不同的放置场所和外形，用不同的名字来称呼而已。城市将移动的生活箱体聚集起来，使之群体化，并使其成为流动的场，对于洛杉矶这种水平扩张的城市来说，可以很明显地感觉到这一点。假如是受制于地形的城市区域，这种流动体的群体大概也会选择立体化吧。我们的城市已经受制于这种条件，也许会通过立体化堆砌，由填埋所有空间的骨架组合成巨大的体量。彼时，住所将一直是箱体，同时，它变得更加易于流动，移动速度提高，城市生活的节奏被再次重组，城市将永远无法有它的精确图像。

符号支配的空间

现代城市中，曾经支配城市空间的时钟台、城墙、城堡的正面、纪念碑、雕刻等物体所拥有的外观价值相对下降。

自中世纪以来，城中心的广场、教堂及市政厅的高塔可以睥睨全城，成为一种城市典型。瞭望塔是共同体的象征体，同时对市民们而言，它还发挥着可以指示城中的位置与方向的造型物的地标性作用。如今，将这些高塔用作地标就不够可靠了。你只要想象一下行驶在立体高架桥上的汽车司机，对他们而言，尽管物理上的高塔一览无余地映入眼帘，但一定不能相信它。如果车辆以塔为参照物行驶时，很快它的前后左右都能看到塔。之所以会产生如此现象，那是因为汽车在绕高塔行驶。

简直就像镜子王国里的爱丽丝，令人咋舌。

"至少，这条路直走就能到了，不，到不了，但是最终都会走到的。啊，可能会比较曲折。虽说是道路，却像木塞的开瓶器一样形状奇特。"（路易斯·卡罗尔）

在镜子王国中，道路就是这样蜿蜒曲折的。或许这也就是现代城市空间本身的存在方式。以每小时 64 千米或 161 千米的时速移动，对于通过的主体而言，城市的外貌不过是相继出现的画面罢了。城市内的距离，无法再通过文艺复兴时期的画家们（他们是确立了神一般的主体视角的科学家）使用透视画法来进行测定进而把握视觉空间。距离不再拥有绝对的尺度，只有依据对象物之间的相互关系才有认知的可能。只有关系是有意义的空间，并且只有能够继时性地感知断片的非连续性空间才会有现象。

只要认同人类从步行者变为机械的操控者这一视点的转变，那么就认同了我们的空间概念发生了出人意料的大修正。在那种空间的内部，人类的视觉即包围人类的物质的外形的意义在不断下降。操控者所发现的风景，不断拓展、拥有重量，但它并不是从形态上与意义密切关联的物质的存在感中创造出来的，而仅仅是经由测量仪器测定的，被翻译为符号的对象物和主体间的相对关系。对于夜间靠仪表飞行的飞行员而言，就是整个空间都被压缩、收纳进一群测量仪表中。他们不需要依靠自己的眼睛，只用相信仪表所测定的结果。这是因为知觉形态发生了变化。

对于飞奔在高速公路上的汽车驾驶员来说，目标物只能用标识来加以识别，别无他法。

"距离收费站还有 2km、1km、500m……"，毫不夸张地说，诸如此类的一系列标识才是城市中物质的存在形式。显然，收费站作为特定的坐标点是真实存在的。但是距离收费站几千米开外的标识，同样属于收费站的一部分。换言之，标识的分布状况精确地变成了对象物的全貌。收费站不必很大，无须在很远处就能看到。通过标识的适当分布，反而能够支配空间。标识可谓是从实体中剥离出来的符号。符号群按一定间隔分布，这种状态类似于电视中插入的广告。电视广告突如其来地、非连续性地闯入显像管，高速上的空间体验，非常类似于我们对电视的体验。

今后，我们的城市恐怕会一如既往地诞生巨大的建造物吧。我自身所关注的那种多功能综合体的巨大建造物即所谓的超建筑，今后或许还会以难以区分是城市还是建筑的形态出现，但是它们不会拥有让城市产生古典式均衡感的那种意义。它们成为构成城市整体的织体，换种说法就是装饰吧。尽管装饰无法带来塑造空间比例关系的骨架，却可以输入内在的生命。同样，在不断改变东京轮廓线的超高层建筑成群出现时，它们无疑在改变空间的本质，营造及瓦解氛围，相互纠葛在一起。那是一个多种色彩与折射无限反复的万花筒般的世界。城市空间成了由符号编织而成的模式。

一旦开始剥离就不会停止，看一下广告就能清楚理解。倘若将企业或构成城市的要素，向包围它们的外界传递信号视为广告，那么，它将无极限地细分化，形形色色的媒介物被发明出来，广告塔、广告牌、霓虹灯、出版物、电视总动员。尽管信号的发送源存在于城市的某一个地点，但是广告的传播途径却无止境，渗透到城市空间，可以"瞬间"（麦克卢汉）覆盖整个城市，同时，在确定的目的地开始有计划地闪烁。城市空间被这种电子媒介组成的纵横交错的网络所覆盖。原本与物理实体粘连的固定在空间内的符号，开始游离并跃跃欲试。

想要捕捉这样的城市空间，仅仅依靠物理性外观毫无意义。恐怕需要通过只有在特定感光纸上才能显示的符号群来实现吧。最重要的是城市空间在不断扭动和移动，是瞬间事件的连锁。它有光，有声，展开纷繁复杂的活动。也许它就像没有明确轮廓，不断摇摆的影子。

换言之，我们被置入了不可视的环境中。围绕着我们的是闪烁明灭的声光、通信、交通、各种行为、移动物体的轨迹等不可视的符号群。它们作用于五感，唤起我们复杂多样的堪称内部触觉的感官。城市内部的各类事件，如此这般地包裹我们，如果知觉只有通过五感或超越五感的复合性媒介才能成立，那么对于在城市内部行动的人而言，只有在动态的作用下才能把握城市。当然，我们无法再仅靠一张记录静态距离的地图表现一个城市的整体。城市设计也产生了从不可视要素入手进行重建的需求。我们现在终于开始拥有了这种手法。

只有过程可信

关于美国的城市我已经赘述过多。实际上在不停变化、无极限扩散，永远无法和固定的图像联系在一起，并且陷入广告与噪声无限增殖的旋涡中的，正是我们所处的东京的日常空间。以超越人类的尺度组成的立体方格且被覆盖在方格上的透明薄膜所营造的薄暮笼罩般的空间所包围的公园大道、感觉不到走在路上的人的身影，而是仅由移动的容器构成的日落大道，从它们的特征能被明确地抓取这一点而言，就可以将它们视为优秀的范例。但是东京只拥有它们那些特征中的碎片，而且更加复杂多样、混沌不堪。

日本原本就没有那种作为实体长期构筑的城市，或许其中一个主要原因是，日本城市的主要构成材料是易腐、易燃的木材，实际上，即便将实体融入城市这一观念，或许也会立刻变得毫无意义。

就我自身而言，探寻城市这一观念的原型是长久以来的课题。我工作的目标是"城市设计"。要在尚未形成专业的领域开始思考，结果只能以某个原型为出发点。

原型恐怕来自人的发现。那么对我而言，城市的原型可以说就是战火燃尽后的废墟。在那一瞬间，我突然窥见了日本城市的裸体。B-29 的燃烧弹如大雨般降落，所有的设施都陷入火海。那些过去在我眼里坚不可摧、永久不变的物理性实体相继崩塌，不，全部消失殆尽。战火燃尽后的废墟与欧洲古代城市的废墟不同，废墟早在你去参观之前就已经变成废墟了。但是火海中的城市，却是在瞬间将所有肉眼可见的实体消灭得一干二净。这些曾经围绕我左右，支撑着我的实体，却在下一个瞬间不复存在。尽管仅剩下了燃烧后的废墟，但它曾经是一座城市。请大家想一下二十二年前的广岛。与其说它是废墟，不如说它更近似于完全的"无"，但是我们不得不承认，转瞬它已经拥有了比战前更多的物理性实体。

战后不久，东京拟定了以300万人口为目标的城市重建规划。在当时的情况下，此种程度的城市复兴基本上是无望的。有谁能预料东京人口转眼突破1000万，现在正无极限地向外膨胀，并且，据说近5年的建设投资已经超过了过去100年的投资总额。明治百年，后人仅用了5年的时间就超越了。我们的生活环境越发呈现出流动的趋势。

如果将城市放在变化的时间轴上，甚至可以将其视为一种处于熔融状态下不断增殖分裂的有机体。这恐怕"既不是为了改变其中一个面而不得不彻底打破所有面的同一性的那种牢固结合在一起的事物，也不是任意一件事物能和其他任何事物同样轻易发生并联系到一起的事物。它在缺乏牛顿物理学图像的刚性的同时，也是全无一丝新事物得以诞生的热能的消亡，即在熵的极大的状态下纹丝不动的缺乏波动性的世界。这就是过程的世界"（诺伯特·维纳）。当下我们看到的这个世界，是流动过程中的一个断面。断面从来不会固定下来，转瞬便向下一个状态移行。在拥有这种外观的城市中，只有过程是可信的。

可以说设计或规划的一个属性就是过程的逻辑化，它在某个时点上所做的决定，就是将流动的整体切断。即便是建筑那样拥有固定特征的对象，当城市发生急剧变化时，它也便被置于成长、变化、代谢的过程中。于是，所有的方法，在某个时点上把握切断面，或与具体化的行为结合在一起。对于设计者而言，设计就是将对象物的结局提到现在的时点上。结局的状态，可以理解为就是将一切都还原后的原点。

因此，对我来说，未来都市和作为城市原型的那座废墟并非毫无关系。未来的城市，正是将完成后的状况导入现在的时点。当它和消失重叠在一起时，设计及建设就会现实化。未来城市即是废墟。

虚体的城市

仅处于熔融、代谢、流动过程中的城市，一旦踏入、跻身其空间内部，它便是扭动的、多元化的、一刻也不静止的，且是从外侧完全无法感知的现代城市。为了设计这种城市，虽然它和现代城市的各种构成要素关联，最终的结果，也是与此无缘的一个想象的产物，我们必须构筑虚体的城市，将它投入变化的过程中。

　　要将这一虚体变成现实，就必须进行两种对立的思考。一种是抽象化的，仅仅依靠想象产生的新的城市观念。设定空中、海上或者地上的居住空间，交织、移动、失去距离。劳动变成游戏，生产成为消费的同义词，为了维系空想，破坏也可以经常被理性化。那就是幻觉般的城市。拥有幻觉的设计师，用自己的语汇填埋每个角落，创造这样的城市，这恰似四十年前理查德·巴克敏斯特·富勒为了将宇宙构成原理的极限技术化，在他深入"以最小限获得最大限"的世界时的那种孤独的工作状态。富勒的圆屋顶犹如飞碟突然笼罩在我们世界的上方。不知它何时出现，这是不存在预想的与传统没有连续的思考。

　　同时，我们无须追究卡夫卡的城堡究竟为何物。在我眼里，那个城堡正是现代城市本身的象征。它是一个虚体，甚至是无法入侵的想象空间。土地测量员K最终也未进入城堡。假设通过测量这一古典技术有可能进入城堡，我们也能预想到那里的空间大抵是无法测量的。进而，支配城市的是电话这一通信媒介，就连这一媒介发出的电波都是无法触及、捉摸不定的。虚无缥缈的电波，在空中乱舞，只有它的整体所构成的模式能和人脑类比，也许它就是被有机化的各种类的通信网络的网眼所覆盖的现代城市的固有结构。

这座城堡是一种假想的机构，因此拥有可逻辑化的想象中的空间体系。如果可以将其模拟化并进行解析，那么，在可能的条件下，它会逆转，产生现实性。它具备那种可操作的类比即假想模型的特征。

还有一点是，彻底运用我们刚开始拥有的城市解析技术对抽象空间的析出。我前面论述了现代城市中的物质被符号化，经过剥离布满空间，并摇摆不定。归根究底，所有的空间都是符号的场，潜藏在其内部的系统浮现出来。当下，它是系统工程学正在不断发展和开发的手法。操作，只要被系统化，就势必和计算机有关。在此，城市作为一个系统模型，将开始被重组。

事实上，对于虚体的城市，我们并不像卡夫卡的城堡那样从远处眺望。那座城堡无限膨胀，填埋所有空间，与现实的城市混杂在一起，将我们掩埋。我们在日常生活中已经对此有所体验，感到困惑。那么，是不是不存在可以用来替代基于远近法的三角测量法呢？即便失去了距离，失去了内部充满物理性内容的物质存在的意义，但是逼近这一不可视对象的新的测量法现在正在出现。

这即被称为系统解析。将构成空间的所有要素都还原成符号，只着眼于符号之间的关系。计算机取代了测距仪。绝对距离消失，系统本身成为测量的单元。因此，空间靠符号填满的图式呈现出来，而不是远近法。主体视角在外侧变得绝对化，不再得以保持，最终被卷入对象的内侧，变得多元化。控制论支撑着这一逻辑。探索由控制论支撑的城市空间，或许会成为我今后研究的主题，但在此之前，我想先将现在的状况与近代城市规划的蜜月期即1920年前后作个比较。五十年的差异呈现出了决定性的样态。科技的发展从根本上决定了与城市状况相适应的方法。

从协动到模拟

从机械入侵城市导致城市形态发生改变开始，众多幻觉型城市规划逐渐诞生。当我们将视线聚焦在1920年时，会看到当时构成我们今天的城市的大多数素材和机械尽管不完备，却是可以使用的。铁路、汽车、垂直上下的电梯，甚至运输人的平面道路都在试运行中。这些提案，从空想之物到现实中的变革手段形形色色，但是，它们几乎都是一些受到当时刚刚开始崭露头角的机械技术强有力触发的事物。

最早将机械城市设施结合的安东尼奥尼·圣埃里亚的"未来主义城市"、阿尔卑斯山顶上如同水晶般闪耀的布鲁诺·陶的"玻璃城市"、预设了无限展开的基斯勒的"空间城市"、巨大结构体在空中纵横交错的切尔尼科夫等人的"构成主义城市"、与立体化交通组合而成的超高层建筑群的杜斯伯格的"交通城市"……没有人料到这些设想能够现实化，它们作为对机械所造就的技术的城市空间的翻译，在隐藏着若干可能性的同时，用具体图像对新的状况进行了提案。与这些提案齐头并进的还有对理论的提炼。"住宅是居住的机械"（勒·柯布西耶）的构想正是典型的代表。这也是机械的逻辑。

为遭到分解的各个要素赋予功能。机械，就是各种功能的结合体。当然，这样便能得出城市也可以是同样的构成的推论。1928年成立的CIAM（现代国际建筑家协会），作为多年的研究性成果所采用的《雅典宪章》中，充斥着功能主义城市规划的图景："城市是由居住、工作、游憩、交通四种功能构成的。"

城市设计，由上述的四种功能构成，使各个要素结合并得以统合是它的目标。首先将有机体图像化，并朝着这一方向聚集所有的努力。设计过程中的能量，注入到要素的组织化或作为建构逻辑的结构的发现中。随之，相应的语汇被创造出来。

在机械时代，构成和统合的逻辑优先于其他的一切。支撑它的现实条件是工业化、是构成其核心的大批量生产。福特工厂的流水线作业成为最基础的存在，泰勒系统彻底侵入建筑的方法中。生产物的模块开始被列入研究，协动受到采纳。诸如此类的生产物无节制地增加，城市逐渐被掩埋。

我曾经将设计方法的发展整理成四个阶段（《建筑年鉴1963》）。这四个阶段分别是建筑造型直接与城市设计相连的实体论阶段、CIAM归纳的功能论阶段、从20世纪50年代开始逐渐意识化的构造论阶段，以及仅一小部分现在开始着手开发的象征论或者符号论阶段。

使得这五十年的发展成为可能的，最终还是科技的条件。正如功能论——构造论阶段与机械生产逻辑结合那样，符号论阶段也诞生于电子学逻辑。针对流水作业的大量生产，计算机反馈路径会在整个城市范围内形成吧。与未组织的断片生产物的协动曾经是主题相对，设定了各种模型的模拟成为新的焦点。

随着这一发展，设计的主题也必然发生巨大变化。关于这一点，在与传统乐器的比较中把握新型电子乐器特点的麦克卢汉的话非常具有启发意义。

"无论什么样的声音，电子乐器都能不受强弱和时间的影响进行创作。从前的交响乐队，打个比方的话，是被赋予了有机统一的效果，是各种单个乐器的集合。电子乐器，作为完全同步的即时性事实，一开始便具备有机的统一。所以，尝试制造有机的统一效果完全是错误的。电子音乐必须寻找其他的目标。"（麦克卢汉《理解媒介》）他认为，由于乐器这一媒介的变化，艺术的目标发生了质变。这种断裂，也能在我称之为象征论阶段的城市设计各种手法中见到。

让我们将上述问题和以计算机为媒介的模拟手法占据支配地位一事也加以关联。构成城市的要素，并不是只有外形需要研究，应将它们作为完全不可视的各种系统的组合加以理解。因此，城市作为包含被抽象化了的无数系统的模型加以构想，将这种模型与现实状况相对应，并在假设的条件下推进，这才是模拟。如此，设计便与制作模型同义。

换言之，虚体城市的构想与20世纪20年代单纯的空想及被称作乌托邦的构想有着本质的区别。虽然是非日常、幻觉般的存在，但正是经历过这一阶段，模型的制作才成为可能。哪怕与现实的城市隔绝、完全不相容的构想，如果能够模型化，就可以进行模拟。这正是以计算机这一媒介，突然与流入现实城市的可能性联系了起来。对我们的城市来说，综合、视觉性秩序的形成、形态的统一等恐怕都会变得毫无意义。开发"海上城市""空中城市""迷宫之城""死者之城"等各种类型的城市概念，将这些概念进行模型化操作，不断覆盖现实城市，到那时城市设计者就成了操控者，绝不会被先入为主的固有观念所束缚。因为那是无限重复互动的空间。在某个条件被设置的瞬间决定了下来。可以说，城市设计和按钮战争的机制非常相似。

控制论及环境

或许下面的结论有些为时尚早，但是城市空间，当然也包括建筑空间，都是同系列的空间，它们今后应会拥有如下特征。这些条件今后一定会作为设计的主题加以开发，其中的大多数，都是可以在现实的城市中发现的。

1. 环境披上保护膜，用以维持一定均衡的条件

2. 富有互换性的空间

3. 包含各种可动装置

4. 人类——机械系统成立

5. 拥有自我学习的反馈路径

恐怕在看不见的城市中，只是人类视觉的价值相对下降，比起过去的城市，诉诸人类五感的事物反而变得更多。城市设计仅限于创造形态的时代已经过去。以不可视之物为对象，其领域越发扩大，科技和规划重叠。从这一观点来看，这些条件显然可以被视为设计的对象。

在此没有时间一一对五个条件的细节进行说明，概言之，城市空间过于侧重于抽象化的表现，实际上人类在城市中赖以生活的环境，是用以驱使现代电子信息技术维持生存的场。五个条件应具备该环境所拥有的特性，换言之就是城市设计中对环境的定义。

换一种视点来看，这里的环境是指支撑文化的各种信息的传播空间（爱德华·霍尔），是通过电子媒介瞬时使人类参与的事物（麦克卢汉），在系统工学中可以理解为环境是将变化的系统包括在内的所有事物或者事件的组合（亚瑟·霍尔），进而在现代艺术中，人类无论好坏都是其中的一部分（阿伦·卡普罗），并可以看作人类和周围正在发生的各种动态关系（"从空间到环境展"要旨）。换言之，上述正在从各领域，接近"环境"这一概念。这一事实，也可以视作开始对看不见的部分进行综合检索的证据。

对我而言，现代城市是看不见的并且无法捕捉的妖怪在筑巢、乱飞。现在我们无法看清它的真身，用力透视未来似乎也毫无指望，那一空间的实质，唯有受到现代技术的强烈支配这一点是确信无疑的。因此，设计的方法也应该尝试把赌注压在科技上。预设的五个条件的空间，应该将控制论摆在最根本的位置上，也可以称之为控制及环境。对这一视点的设定，就像是在迷宫一般的城市内部缠上阿里阿德涅的线[1]。不可视的迷宫，据此可以得到测量。我们现在才刚刚开始拥有这一技术。

---

1 西方有句成语"阿里阿德涅的线"，用来比喻解决问题的方法，迷宫的引路人。

1968

　　1968 年学生运动蔓延至全世界。由于直接处于运动现场，我的内心也发生了些许变化和动摇。实际上 1967年夏天我居住在加利福尼亚，接触到远离既成权力集团的嬉皮士是我对那场运动的最初体验。甚至在建筑或城市那种可触的现实领域眼睁睁地看着日常生活的样式处于不断崩溃的状态，我预感到自己必将卷入其中，无处遁形。

　　《被捆包的环境》写于福冈相互银行大分支行竣工之时。该建筑，从一开始建设便越出了建筑的框架。模型阶段，它作为一个色彩雕刻参加了展览会。如果用今天的素材即塑料来制作色彩，只需薄膜就足够了。那样的薄膜，无疑会成为形成我们环境的决定性因素，但是仅此不足以用作解释建筑现象的手法。与图书馆时运用"切断"的手法相比，"捆包"则属于这一类。在现代，手法不只是用于作品创作的手法，手法本身已上升为现实的行为、观念的表达、对事物的认识。

题目冗长的《……"晟一趣味"的诞生》是当时唯一一篇谈论其他建筑师的工作的文章。沉迷于运用错乱的手法制作迷宫般的空间，这是我针对那种样式主义（Maniérisme）表达我兴趣的最初的文章，决定放到本书中。

第十四届"米兰三年展"对我来说，是紧接在斯科普里重建规划后的又一项海外的工作。就在我自以为只要稍稍向外迈出一小步或许就能跻身于主导方之列时，自己受到主办方邀请工作这一事实，还是让我明白了自己还是列入了被主导这一侧，处于完全无法自主行动的境地。《被占领的米兰三年展》零散记录了事情的经过，并介绍了那时创作的作品内容。不过，我觉得创作的意图与现实的一部分也多少产生了关联。当时，我也反省了自己在一些基本方面的欠缺。我所谓的混沌与不确定的时间的连锁，也可以说是一种"情感"。诸如嬉皮士、校园占领等事件，情感不断填埋城市空间的情况在各种场所泛滥。城市规划必须经过复杂的过程，因此必然带上秩序的指向性，但是，我认为必须对那样的城市规划论发出根本性的质疑。

《观念内部的乌托邦……》一文是在向现实迈进过程中职业性介入变得完全无能时我内心多少有些绝望的明证。自1966年以来，我一直在参加日本世博会的规划。我在策划大众参加的节庆演出活动时，却经技术官僚之手逐渐篡改成了体制性的节庆活动，面对这一事态，我找不到解决的办法，几乎被逼入了绝境。此时，物质在城市内部无极限增殖和泛滥的状况，与占领车站及校园的状况叠加，同时，出现了诸如建筑及城市的观念从既有的系统中自动提取的各种提案，我开始对这些产生了极大的兴趣。在这样的状况下，建筑已经解体，通过其他关系进行连接。《移动、电子、流行》描述的是受加州大学邀请在那里停留数月时的美国西部建筑的光景。所到之处，"建筑"这一概念已经开始解体，无论我们是否情愿，也只能选择接受。

《"轻量、可搬运之物的侵略"》也是同样的主题。不过，我在文中预测，在形形色色的符号逐渐支配城市结构时，图形无疑将再次成为城市空间的装饰。

最近数年，与工作相关的主题呈现出不断扩散的趋势。状况在更早之前便已开始发生变化，我则顺其自然，只能做出一些微乎其微的反应。在《城市住宅》举办的设计竞赛时，我以评委的身份写了《冒犯你的母亲、刺杀你的父亲》一文，旨在激励自己，同时也激励投稿参赛的人。可是，大多数参赛者却将"冒犯母亲"理解为"回归母胎"，当时，让我产生了无法传递思想的感觉。我甚至觉得，事实上潜藏于我们内心深处的难以救赎的惰性，才是元凶。

在冻结的时间中央与裸体的观念面对将全部赌注押在瞬间选择上建构而起的"晟一趣味"的诞生与现代建筑中的样式主义创意的意义

绕行在黑色深成岩的圆柱体上突起的波斯产孔石量块中的迷宫般的房间里，我想到，恰如其分地放置在各个角落的家具及日常物件，才是需要精确记录下来的。

假如它们仅仅是出自诺尔及赫曼米勒等美国设计师，或欧洲现代设计师之手的家具，想必不需要感到吃惊吧。但是，伊姆斯设计的安乐椅的边上，放着一个英国维多利亚风格的装饰柜，柜子边上的墙上，挂着一面佛兰德斯风格的凸面镜，当我偶然目睹了这番光景，并且发现它们之间不仅毫无违和感，而且正如当初规划时所预期的那样成了空间构成不可或缺的要素时，不禁打了个趔趄。这些物件，听说都是从英国及法国的古董门店找来的。由于选择目标明确，所以并不在意制作年代。文艺复兴时期风格的西班牙椅子等，古典风格得以再现，仅用一把椅子便完全支配了宽敞的电梯厅的空间。从这样的布局来看，让人只是感觉到不就安放了一把文艺复兴时期风格的皮革椅吗，就实现了与空间的完美融合。

当我发现，那是在犹如大海般浩渺无垠的物件群中选取、捕捉到的那一件时，不禁意识到，无论是美国的、丹麦的、意大利的，还是德国的现代家具，不是因为它们的现代性，只是制作年代新而已，无疑是用统一的标准、统一的"眼光"遴选出来的。

我在记录亲和银行总行的文章中，冷不防地从家具配置的话题开场，如果从该建筑中去掉家具及日常物件，建筑的意义大概就会突然发生变化。我想首先指出选择家具一事所占的重要地位，同时，这一设计中，潜藏着白井晟一的建筑特征中的重要部分，这也是事实。奇诺巴公司生产的黑皮革椅、阿尔弗雷德·基尔公司生产的高背黑皮革椅、法国产的镜面床头柜……我的记录冗长得无止境。最后，到了最高楼层上的中庭里的枫树、挂在同样用栗木建成的和室会客厅墙上的泽庵和尚的书法和琵琶等物件时，这些彻底颠覆了我们对样式的连续性所持有的固有观念。古今东西的各种物件、家具、会客厅中的饰物等林林总总，五花八门地混合于此，其中的一切，尽是从拥有帝王般绝对性的一个个人的"眼"中抽取出来，形成了一个群的物体。

论证它们的由来恐怕毫无意义。首先，这也无法做到。这一群家具用品，经过白井晟一的甄别后与他的建筑一体化。它们通过他的肉体被挑选出来最终聚集一堂。建筑也是为物体的邂逅设置的场所吧。因邂逅物体的种类不同，它们也演绎着相逢时的紧张感。反过来说，所有的建筑都成了供它们表演的舞台。构建建筑空间的逻辑，此时不是渗透于各角落的被客观化了的秩序，而通常是类似于用异质的物体填补缺损那样的流动的场所。

试图通过被甄选的物件组合创造新的美感的手法，至少是在经历了一个中世时代后形成的，无疑是日本固有的。大致经由利休之手得以完成的这一手法，我们是通过西方的观念来接受的。它与通过样式的线索来理解建筑的方法是彻底对立的。

如果对建筑的每一个角落加以构成、设计，那么，从该建筑的细节到装饰、空间结构等，就需要用一个统括的样式来覆盖，这是不言而喻的。自文艺复兴以来，建筑师努力的主要目标，被认为就是用单一的样式完全侵蚀一个建筑空间。不同"时代"有不同的样式，这就使得从建筑的总体到构成部件用一个样式进行贯通成为可能。

近代建筑也同样，全部的构成部件，都是基于摩登样式的再设计。样式显然侵蚀了细节。异质的、无关联的事物，包含偶发性关系的，即内含某种不确定性的逻辑，原则上总是被排除在外。无疑，这是直至20世纪50年代停止自我发展前，近代建筑的样式一直坚持的逻辑。

与此相对，可以说日本的中世逐渐建立起了完全异质的方法。例如《君台观左右帐记》被认为是记录足利义政所收藏的以舶来品为主的名品账册。该账册记载的物品，大部分是洋货，但每一件都进行了鉴定、考证，同时，重点记录了绘画及举行茶道会时所用的各种器具，这一点值得关注。它们毫无关联地被生产出来，经由当代的目光脱颖而出，它们不仅被认定为高贵的物件，而且经过组合，呈现出了它们更高级的美感，这里，一个规范在不知不觉中逐渐形成。

该规范经过珠光、绍鸥，经利休之手得以完成。利休在仅两张榻榻米大小的草庵风格的空间中投入了所有。构成要素被逼近了其存在的极限。在破除界限，丧失了建筑的日常尺度的极限空间内，反而出其不意地诞生了独自的小宇宙。

借用白井晟一的话便是："利休卓绝的说服力在于，他的行为，是一种能够自然而然地包裹其他感官的生命力量，迫近直观，通过彻头彻尾的具体的流露，粉碎人们对美的记忆和信仰，在宛如电流穿过身体使人战栗的同时，又令人皈依强烈的美的光明。"

利休的这种美的呈现方法，是将物质的设计做到极致并用以驾驭整个系统。他不仅从外国的名品中，而且从无名的日常生活用品中，按照自己的趣味选取极少的物品，通过组合搭配，成功构筑了完全属于他自己的独立的观念世界。这一设计方式，与西方的现代社会中既已普遍化了的理论逻辑完全对立。

如果按照以上的分类来看白井晟一的建筑，毫无疑问，它来自日本的方法，这一点非常明了。不仅如此，选择上的经验积累，甚至发展成了一种可称之为拥有统一感觉的个人"趣味"，可以说，选择的标准在不断提升。仅使用栗木的会客厅，没有人能说那是其他时代的感觉。所有的主题及寄托的形式，即便是会客厅，从整体效果中所渗透出来的感觉，也可称之为"晟一趣味"，富有张力的构成是它的支柱。

同样的事实，也可以用在谈论黑色深成岩的圆柱内部如洞穴般的无装饰的空间上。纯白的、弯曲的墙面和从屋顶泻进来的曚曚昽昽的微光，孤零零地放着长着几条腿的椅子，这一空间，无法设想它的具体功能。非得说是什么的话，就是冥想的空间。为了获得与那一宇宙的秩序合体的感觉，限定了所有的窗户，将经过压缩的茶室般的空间移至现代时，它便以这种冥想的洞穴的形式出现了吧。对于为了冥想而建造建筑的这一事实，现在除了弗雷德里克·基斯勒1963年发表的名副其实的《冥想的洞穴》一文之外，其他一无所知。基斯勒，最终通过创作属于他的民族圣典的"死海之书"的纪念碑，将他所有的思想得以象征化和升华。白井晟一的冥想始于"原爆堂"这一点显而易见，那么，他是朝着什么样的目标不断升华的呢？

因与逆光的光庭形成反差而深陷昏暗的行长室、用巨型椭圆贯通的讲堂略微倾斜的地面、旋转式上升的洞石螺旋梯，这些房间也与复杂的洞穴空间及会客厅连接，形成了一个巨大的观念的迷宫。该银行总行的建筑，据说并非是设计当初全面规划好的，而是和不断扩建的日本传统建筑一样，经过一点点增补、添加而成的。现在正在进行下一期的施工。在不断增补的过程中，建筑逐渐向中央大厅的空间聚拢，它的整体折叠起来，转化成重叠图像的集合体。

　　的确，从建筑的整个范围来看，分布并隐含着不同时代的主题，在拥有这些外观的同时，这一建筑却与侵入日本现代建筑中并已植根的难以避免的样式意趣无缘，这是为什么？

　　用一句话来概括，我想说，我见过无数堪称王朝风格、民居风格、元禄时代风格、路易王朝风格、柯布西耶风格等装饰风格的建筑，白井晟一的建筑和它们的诸多样式多少有些关系，但是和它们的方法却是完全绝缘的。我们从中见到的白井晟一的建筑手法，完全告别了将建筑的基本构成委身于被客观化了的诸要素的系统这一方法。他将建筑解体为构成要素，对应对象对它们进行再构成，这种方法尽管支撑着现代建筑的一部分，实际上诸如此类的手法，却与将样式论的建筑普适化的布杂学派是联系在一起的。这里存在一个与主体无关的外部秩序的系统，可以将之理解为建筑师的意图的外延化，因此，在当时的时代，诞生了一个被统合了的样式。即便现代建筑被认为是在与样式主义绝缘的条件下发展起来的，事实上，在信奉外在化了的秩序这一点上，并没有出现新的局面。我们见到，那些为数众多的衰退的建筑与诸多样式苟合在一起，变成了泛滥成灾的日本风格、密斯风格等。如果只想活在醒来的世界里，这样的事实就成了过于理所当然的结果。

　　我之所以斗胆地探寻白井晟一作品中的"趣味"的要素，讨论观念的迷宫、各种样式的奇妙混合等问题，是想指出下面这一事实，他所做的是探明日本式的"数奇[1]"的逻辑，并从这一逻辑出发，与现代总是保持抗争的姿态，从而建立起自己完全独立的非样式主义的世界。

　　用热内·霍克的方式来表达的话，那就是样式主义的世界。在表面化、绵延流动的历史时间中，样式主义不是用肉体所拥有的眼睛，而是从"灵魂"或"观念"的视角凝视外在的各种事实。被导入其中的世界，不是可触的、视觉上的物理性客体，而是经由那种要素得以明确想象的事物，是自我内部世界的显现。

　　他们尤其试图从不连续生成的时间的裂缝中，而不是从时间连续的历史中去认识脱落的世界。

　　借用白井晟一始终热心追随的道元[2]的名言，不是"时光飞逝"，而是时间内在于一切存在中，非连续性地生存和消亡。直面这种时间，从而落入不连续的历史的

---

1 即风雅、风流之意。

2 日本镰仓时代（13 世纪）初期的僧侣，日本曹洞宗鼻祖。

接缝中，与裸身的存在对峙，令我们突然抵达漫渺无际的瞬间这一时间的裂缝，而非醒来的连续的世界。

此时，所有的外部秩序发生崩溃，可依靠的是我们自身的内部的逻辑，但是，在那个瞬间，方法的意识化成为不可能，存在的只有个人化并内面化的无意识的内部及记忆和经验。所有客观化了的技术所拥有的秩序被放弃，最终，只有全身的，不断受到训练的肉体的无意识的应答成为唯一的判断基准。

如果这是建筑设计时的判断，无疑所有客观化了的逻辑便遭到放弃，彻底蒸发，所有样式反而变得等价，一下子侵入历史的裂缝，完全按照自己的趣味，在巨大的虚无的空间中自主地拓展各种要素。

因此，虽然我们能够在亲和银行总行见到形形色色的样式的混合，但是，如果认为白井晟一是折中主义者，那也不是事实。对他而言，样式不是被从外部采用，而是在每一个瞬间的选择时在他的内部闪现的观念的投影物。那不是逻辑，是经过训练的肉体的瞬时的应答。此时，时间正是冻结的。由应答的累积所引导的世界是他的宇宙。可以说，那一宇宙，也因此便是这一建筑被赋予的观念本身。

支撑经过训练的肉体性应答的，只有"稽古[1]"一条路。对他而言，设计建筑，等同于将诸如此类的日常中的练习的积累彻底排泄于一定的空间中。因此他用心对待每一个细节，重视专业技术，在细节上精益求精。(书法练习是他的日课。尽管我能感到这是他精通书法的源泉，但我更觉得这是他在日常生活中对世阿弥所说的"稽古"的挑战。因为，唯有"稽古"这一肉体性的训练，才是将内在的观念现实化的唯一正统的方法，这也是我们的传统思想。)

1955年，从那一堪称梦幻般杰作的"原爆堂"的规划案发表以来，对于我们来说，白井晟一一直是一个谜样的存在，这应该是事实。建造"原爆堂"只有用来收藏丸木、赤松夫妇所画的"原爆图"这一非常现实的目的，因此连占地面积、建设目标都没有写上。

当时，"原爆堂"有着反对核武器的纪念馆这一明确的主题，因此该规划广为人知。但是，现在回头来看，我们对于该规划案所持有的各种意义理解得过于粗浅。由于我们不具备任何预备知识，所以在参观了亲和银行

---

1 即练习之意。世阿弥云："稽古坚持不懈，戒骄戒躁。"

总行之后立刻理解为，原爆堂是它的建筑原型。因为那个特征鲜明的黑色深成岩的圆柱，以及圆柱上突起的波斯产孔石的石块跃入了眼帘。不仅如此，当我们从中央螺旋梯经由地下通道进入通顶敞亮的中央大厅时，我们发现它和盘旋上升的楼梯不是一样吗？同时，引入外部微光的展厅、收纳空间，和这里的亲和银行干部们的办公室不是如出一辙吗？

按照这种思路思考的话，包括建筑上的处理，所有的创意都集约在了那个原爆堂的规划案中。白井晟一创意的根本性特征在原爆堂的这一主题中得以爆发，建筑上记录的诸多特征，至今经过十三年的岁月，正在一点点地接近完成。提到1955年以后的十三年，是我作为建筑师开始进行思考的整个期间。这一期间，日本建筑界一次次地重复着人员的交替和变化。

每个人都在承受着那种变化，这是事实。对我而言，实际上在令人感到时间风驰电掣般流走的年代，我作为设计师，完全没有任何犹豫，持续不断地追求那个唯一的主题。如果能明确定义那个主题，我也就能解明白井晟一的建筑，然而，我能叙述的只有距离今天十三年之遥的两个作品中共有的概念"原型"和"现实化"。其间，还穿插了雄胜町和松井田町的厅舍建筑，以及几座木结构住宅，不过所有的工作都还是回归于原爆堂，并且可以说亲和银行总行以那些年的执念的凝缩形式逐渐诞生。

实际上，对我来说最大的谜团是，雄胜町厅舍的二楼和亲和银行大波止支行，为什么出现了那些刻着条纹的圆柱。松井田町厅舍只有独立的立柱是圆柱。更重要的是，原爆堂面向水池的等候厅的列柱上深刻着这种条纹。这种圆柱上没有其他任何样式的附属品，底色和图形都已脱落。我还记得，出自他自己之手的出色的圆柱草图刊登在《新建筑》的封面上。刻有条纹的圆柱，也现存于希腊及罗马各地，它们有的半坏，有的坍塌，有的还坚持挺立在那儿。它们带着物神般的执念出现。

这种圆柱突然混入，它们被突如其来地导入、投置于使用众多现代手法构成的空间中，实际上，它们显示出白井晟一按照自己独特的方法徐徐建立起来的姿态。在他迄今为止的作品中逐步成长的形形色色的要素浑然成为一体。尤其当我理解了工具和日常物件的选择中内含了他的主要方法时，我也真正理解了这些圆柱在他的作品中所占的位置。

对于白井晟一而言，建筑是将内部观念现实化。这一现实化的过程中，他的全部的记忆和肉体化了的素养都参与了规划的策划。不存在被采用的外在化的系统。反之，随心所欲地选择，全部赌注都押在了它们的配合上。它不是被客观的、透明的逻辑所证实的笛卡儿主义的思考，而是对将观念的全部重量倾注于瞬间判断上的这一架空念头的信赖。

这样的执念使得他的样式主义的特征凸显出来。他在各处挖掘椭圆的洞穴，消解相互牵制空间的两个焦点，用凸面镜凝聚成有焦点的空间。进而，装上由水平和垂直组合而成的镜子，使得一个室内向其对角线的方向伸展。这里见不到强调物质存在感的征兆，而是让空间变形、流动，最后被引入洞穴，有的正是样式主义空间的意图。反过来说，隐藏于各种不同样式背后的构成物件，试图以这一样式为线索，重新将图像交错、混合流动的这一拥有意义或语言的迷宫覆盖在那一空间上。我们了解了这一事实，再次回顾原爆堂时便能发现，所有的手法，在十三年间，不，在更早以前就已经准备好了。

刻有条纹的圆柱，是蜿蜒上升的螺旋及深挖的椭圆和铺设砖瓦的等候厅的同义语。当我在彻底玩味了那一物体拥有意义的内部，确认了毋庸置疑的存在事实时——同时，我确信那种判断是他的瞬间决定——所有外在的物体就飞入观念的内部，确保了它们的位置。这些物体间相互的非连续性纠葛，它们之间碰撞出的火花，才是白井晟一追求的想象中的宇宙本身的构成。对于只依靠客观化了的已经苏醒了的部分来建构的现实主义者而言，与这种创意大概是无缘的吧，并且也是应该避而远之，与之绝缘的。因为在混合选择无名之物的行为背后，存在着被一个设计师肉体化的观念。这归根结底是完全个人化的行为，是仅由他的记忆和经验支撑的极为私人的空间。

换言之，这一建筑，不，白井晟一的所有建筑，仅仅对应的是他在希腊建筑、文艺复兴建筑、罗马建筑、巴洛克建筑及日本形形色色的古典建筑的世界里徘徊的轨迹和全过程。因此，就我而言，东拉西扯地谈论他的个人趣味几乎是无意义的。因为我从中看不到他试图将他的个人趣味普适化的意图，存在的只是封闭性、直觉性、官能性传达的可能的空间，是白井晟一这个人的整体人格的外延。如果试着分析他的人格，我们无疑可以发现，它至少是多层化的，内含矛盾，近乎起爆雷管挤在一起的管线。

他只是显示了完全个人的严格意义上的近代的自我、日本的白井那一代人所拥有的典型的知识分子的精神构造。我无法踏入那样的内部的世界，他则了然于胸。在

《设计批评》上，原广司执拗地追问他关于他的方法的普适化问题，当时他只回答了一句话：

"别和我做相同的事比较安全。"他明确拒绝了将自己的建筑普适化。他的拒绝有着拒绝本身的意义。因为他的创意本身就是很样式主义的。

对我而言，留给我的只有选择用人造卫星或火箭替代圆柱的造型，用猫王或披头士的唱片封套替代泽庵和尚，构建完全不同于白井晟一的浸淫在日常世界中的我们的观念。正如白井晟一试图从诸多文明智慧的混合中开辟自身独特的世界时所做的那样，我们只有从包围我们的环境中析出支配日常生活的要素，为那些不确定的、不连续的事物设置关系发生的场。我有一种预感，堪称波普建筑的众多的日常性，并且极度现代建筑的领域已经开始得以设定，尽管还微乎其微。这种时候，白井晟一的独自的方法，恐怕会带着崭新的意义横亘在我们面前吧。这是封闭的孤高的世界，甚至有些固执。因为在这一方法中内含着出色的样式主义者的方法，即让无限拓展的各种事件，突然流入特定的场，形成完全独立的领域。白井晟一乃是触发这一契机的独一无二的设计师。

被捆包的环境

　　如果设计过程中发生的各种事件对结果会产生重大影响这一点是理所当然的，那么，福冈相互银行大分支行的建筑几乎完全突破了迄今为止的建筑框架。

　　恰好设计推进中的 1966 年 9 月，日本桥的南画廊举办了"色彩与空间展"。换言之，这是被称为"色彩雕刻"的展览首次在日本举办，其中也展示了该建筑初期的模型。此次展览会，虽然旨在充分展示雕刻中的色彩的意义，但与此同时，由于该作品尺寸很大，并且创作以设计图为媒介，所以它成了促成"定制艺术"这一奇怪的词在艺术界流行的契机。

　　当时展出的模型，制作成该银行内部空间的二十分之一，略去了细节，考虑到尺寸的变化，在只有外形的骨架上涂上散发荧光的涂料，将黑光用作照明。

想要通过模型宣传实际存在的空间确实勉为其难。因此，展示的模型变成了彩色的雕刻，而不是模型。顶棚占了很大面积，我们将它倒置后变成垂直物体。除了尺度，重量感也被消解了，与此同时它还原成了仅有色彩的存在，建筑消失了。

从空间走向环境

同年11月，在银座松屋举办了"从空间走向环境展"。该展览由画家、雕刻家、美术设计师、摄影师、建筑师、城市规划师组成的"环境之会"主办，我承接了会场构成设计的工作，因而不得不在新的意义上思考环境问题。如果对世界范围的艺术界动向加以推测，堪称"环境艺术"的倾向起着决定性的作用。该展览会在无意识中成了这一动向中的一环。

我深陷这些事件的旋涡，在整个过程中推进银行的设计。在建筑业已完成的现在，需要探讨的是，我在多大的程度上成功地将跳出建筑框架这一可能性置于这一建筑中。

我感觉最终与之联系在一起的，正是两个展会的名称所表达的色彩、空间、环境等诸多事实。一言蔽之，即通过这一建筑的设计过程，是否将形形色色的环境与这一建筑产生了内在的关系。我的感觉成立的话，该建筑无疑具备可称为"被捆包的环境"这一特征。

正如我后面将阐述的那样，现在各领域，"环境"一词开始爆红，进入人们的意识。城市、建筑、生活、雕刻、电子、信息，日常生活的所有空间的分类都加在"环境"一词前面，可以指称这些特殊的内容。这一点表明了以下的事实，即围绕在我们身边的状况发生了巨大变化，从中起核心作用的，或者说在所有层面上发挥相同作用的，便是人们开始使用的"环境"这一概念。我无法在此一一加以定义，我想谈一下银行设计过程中意识到的环境，它与内部的空间的形成方法联系在一起。

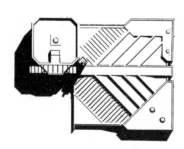

图 41
福冈相互银行大分支行
屋顶平面图

光线的浓度分布

我逐渐将建筑所拥有的内部空间，作为光线浓度的分布状态来加以认识。例如，在银行设计起步时，正处于大分县立图书馆内部建设最紧张的阶段。在图书馆设计的过程中，我考虑运用光线进入内部的方式来决定所有空间的质感。在建造该图书馆之前，我几乎都预设了使用清水混凝土来完成建筑内部建设。在考虑用坚硬、表面粗糙的混凝土占领空间时，就如众多日本的建筑曾经错误地模仿柯布西耶的作品那样，用强调素材的原始性来威慑人类，这么做只能诞生令人绝望的、空洞的建筑空间，这已经通过众多的例子得到证明。对我而言，在与欧洲传统石头建筑的交流中有了最初步的发现，即室内即便使用石头，在光线受到限制的条件下，也可以有计划地在内部实现将外部原本强烈的光线变换成完全不同的触感。例如柯布西耶的那些令人清晰回忆起 20 世纪 50 年代的各种清水混凝土，尽管露出了粗犷的素颜，但是通过将光线巧妙地导入内部的演绎，反之甚至造就了柔和、透明的空间。拉图雷特修道院，让人觉得不会再有比它更为粗犷的混凝土的这一女人兔入的建筑内部，反倒有着一种若隐若现的情色的调性，与其说它是用来与至高无上的上帝对话并祈祷的地方，不如说它给人的是为了肉体的交流而建造的感觉，我记得这一事实给了我强烈的冲击。可以说，这一秘密就在于，混凝土的肌肤不只是为了混凝土而存在，更重要的是，它在使得光线产生各种反射的同时转化成了面，用以调节包围空间的光线。

图书馆设计初期的状况，集中于如何在上述的基础上导引出新的空间的质感的问题意识上。因此，我决定优先考虑从各种角度分布自然光。设计的当初，我打算开发顶灯、侧灯、脚灯、隐藏于暗中的采光、强弱的光影变化等方式。

带上色彩的光线分布

在我的脑海里，这些光线的分布状态实际上是单色的世界。我几乎一直在追求用混凝土这一单一的素材构成建筑，所以单色或许是再理所当然不过的了。

但是，我还是想在仅限于人的走道这一部分使用色彩。该色彩，不是制造视觉性的模式，而是让色彩包围移动中的人们，这点意图一开始便得到了保障。不过，说实话我无法预见一定能出现正确的结果，对此没有把握，我带着赌一把的心情开始思考色彩。可以说当时脑子里只有抽象化的、概念化的色彩。施工结束后，我一次次地走在那个走廊上，色彩以设想的状态映入眼帘。它不仅进入人的视线，而且扩散至视觉的外部，仿佛身体的背后也能感受得到，它所拥有的如此这般的复杂的残留效果十分明显地显现出来。

我开始意识到，迄今为止我试图将建筑内空间称为"光线的强弱分布"，在这一过程中，不是应该换成"带上色彩的光线分布"吗？与此同时，假如涂上色彩只是为了凸显，则必死无疑。它形成的只是平面的模式。类似于混凝土在被光线照射产生阴影时才开始变得生动起来那样，当这些色彩化成光线时，才对人的知觉产生强烈的作用。因此，可以换一种强调该意义的说法，即"变成光线的色彩"。光线不仅有强弱，而且用牛顿的方式来思考的话，它还有由波长排列起来的光谱。即便在可视光线中，它无疑也在为我们搬运色彩。我们的世界，显然是由光线支撑的，为它着色的是固有的色彩，应该也可以换成"光线是为了传播色彩而存在的"。

在设计福冈相互银行大分支行时，色彩是最初就存在的。色彩，闯入了该建筑的构成要素中，乃至其内部空间的图像到了离开色彩则无从谈起的程度。换言之，我甚至考虑彻底去除构成该建筑的沉重素材的表面。因此，设计过程中的素材的选择条件，我首先注重的是色面的耐候性。

物质的非在化

我之所以认同色彩自体的存在，也是为了解释一种新的状况。我也写过如下文章，来厘清这种普遍的状况。

"以20世纪60年代为界，实际上我们接二连三地遇到了各类奇妙事件。在那之前，说到底就是物质活生生地将黏糊的内脏往外挤。'物自体'一词，渗透于各艺术领域。对野兽派而言，同时对从传统论入手的自称现实主义者而言，物质的重量无疑是真实的。

"让铁更具铁的特征，也让混凝土粗暴地裸露在外，从不隐藏任何设备管道，任其在空间穿梭。人的激烈活动破坏静态空间，击溃建筑形态，将它们导引至被称为拓扑空间的不定型的连续中。从那个瞬间开始，物质突然失去了重量。密集的块状素材，开始转化为只有表皮薄膜的存在，它们不再是物自体，所有表象，都被深深地置入虚像的空间中。

"贾斯培·琼斯的旗帜及靶心，作为波普艺术家们主题的大众媒体及符号群，仅有光线的、仅有行为的、仅有运动的存在感的，所有的一切，一方面都是表现物质的素材，另一方面又使得物质变质，剥夺其意义，使其最终转化为假象本身。野兽派所拥有的方法，是将物质逼入它的存在极限。对于城市，也存在彻底允许其运动、成长、变化、代谢的认识。各种装置在与物质对应时，则诱导它们尽可能地将其性能发挥到极致。

"如果要对这种倾向追根问底，那就是拒绝作为物质性存在的建筑及城市。只是作为事实想象的城市、建筑开始出现，因为实际不存在而拥有意义，这一悖论凸显出来。"（"创造现代建筑的人们"。）

我觉得恐怕重新挖掘1960年以后的我的意识内部的作业才是当务之急，不过，那里清晰浮现出的是，物质的非在化、虚幻的图像，以及忽明忽暗的事件系统的空间，抑或只有被膜构成的物质、进而不断被还原成符号的认识、信息量决定一切的世界等形形色色不可视的物质、走向非实在化的物质的倾向。

与近代建筑曾经由铁、混凝土、玻璃等工业制品的日常化支撑的基本逻辑相对，高分子化学和电子工学的制品，20世纪后半叶开始走向实用，同时急速渗透到我们日常生活中，并从内部开始颠覆形形色色的固有图像，它们的存在受人瞩目。

构筑性与环境性

换言之，铁和混凝土及玻璃是构筑性素材，与此相对，诞生于高分子化学的塑料及电子工学的技术四处开花，它们不定型，渗透人类的生存空间，它们流动，诞生了瞬时的、忽明忽暗的传播方式。它们变成环境性的事物，而非构筑性的。相对可视性的实体的物质而言，它们是不可视的，非实体性的，无重力，是薄膜，它们使得瞬间性符号的传播成为可能，轻易地在空间内创造出信息量的浓度和节奏。

在这样的状况下，只有单一焦点的物体、仅依赖视觉性知觉的物体、静态的固定化了的物体等，不足以表现将我们包围其中的整体状况。我们必须明确地想象以下各种状态，即它们有几个焦点、异质的系统同时存在、允许偶发性事件、总是摇摆不定、将人包围起来、持续不断地为知觉感官递送信号和刺激、它们缠绕在一起、热动、四散。这意味着被文艺复兴以来占有统治地位的古典的单一系统所控制的空间正在破产。换言之，它不是被构筑的建筑物，而是被程序化的环境。环境终究无法被固定地把握，也许它更接近被系统性地程序化、运作这一概念。

拥有被膜的素材

从不断四散、互相缠绕等特征上考虑，作为创造色彩的素材，塑料显然是最为接近的材料。事实上，过去我们对这一可以用来创作色彩的新生材料过于谨小慎微。

例如，我们将木材及混凝土等素材直接用作构成空间的要素，但是将硅等塑料系涂料覆盖在其表面，外观上看上去还是原始的状态，上面却已经盖上了透明的被膜。只是由于怠惰的我们对于自然素材的无意识的依赖，透明的被膜才成了被追求的对象。虽然透明性实际上才是我们面对的最新的色彩，但是它作为色彩、作为透明的存在物的存在理由经常不被人认可。它只是低调地自己隐蔽起来了而已。具体拥有色彩、开始用强烈色彩覆盖所有能肉眼看出的人工素材，从涂料的特性上而言是不定型的，甚至能自由渗透任何部分。令人吃惊的是，粗重、密集的量块，仅仅由于它们的表面被严严实实地覆盖上了色彩，物体的粗重感顿时消失，被膜竟拥有改变其质感的强大力量。同时，内部一旦涂上色彩，便将人带入了色彩的海洋，令人徜徉其中。人在空间内畅行无阻，在完全被色彩侵蚀的状态中发现新的美感及人与物质对应关系的质变，我们完全无须担忧色彩一步步地覆盖人类的行动空间。

迷幻的环境

　　覆盖、包裹、压迫、缠绕……建筑空间的内部，开始构成新的环境，将它的范围扩大，抽出堪称电子式环境的空间看一下，更多的意义便会清晰地显现。例如，迷幻灯光秀，它是由各种电子媒介组合而成的一种演出。记录这种演出，我觉得最重要的是，会让我想称之为"环境"的这个词的内容浮现出来。

　　不，体验才是最重要的。如果那是诸如魔法小屋或者镜子迷宫那样的场所，我倒也可推荐别人去某个日本的游乐场看看（"黑暗空间"——迷幻的空间结构），但是，这种迷幻迪斯科舞厅在日本尚未正式出现，再过几个月无疑也会在日本的某地登场，目前说的还只是大洋彼岸的事情。

　　我无法准确地说出"环境商业"是谁发明的，是通过怎样的途径走向企业化的。它大概两年前诞生于旧金山，在美国西部一带逐渐流传开来，纽约的猎豹夜总会和电场等固定场馆出现在1967年，同时也在伦敦的圆形大厅及电动花园上演，罗马及都灵的夜总会也有演出。

这是突如其来地在全世界广为传播的崭新的演出形式。

　　这一形式的主角都是电子媒介。光、影像、音乐，它们投影于将观众包围起来的整个空间，充满其中。在这些媒介中，使用电声乐器的摇滚乐创造了基本的节奏。如果仅仅如此，那无疑只是指被称作"综合媒介"或"混合媒介"的蒙特利尔的场馆。我可能还需要做更为具体的阐述。

　　恰好 1967 年夏天我在旧金山遇上了布鲁斯·康纳参演的迷幻环境秀。布鲁斯·康纳本是美国西海岸"装配艺术"派的雕刻家。不知什么时候他放弃雕刻，拍起了"地下电影"，还举办了阿瓦隆礼堂灯光秀。因嬉皮士而闻名的海特−阿什伯利附近估摸能容纳 2000 人的类似于体育馆的四角形空间，大概是对过去的舞厅进行改造后的产物。它的两侧墙面是超大的宽屏幕，中央是舞台。只是这么一个简单的空间，每天挤满了观众。数台装有循环胶片的电影放映机、数台称作"液态投射"的让色块满场飞舞的高架投影仪、间歇性地投射写实影像和迷幻模式的数台全自动幻灯机，加上聚光灯，这些装置同时包括超宽的屏幕、舞台、天花板，在随着被称为"迷幻摇滚"的乐队一起舞动的观众头顶上，配合着一眼望去杂乱无章的电子乐器变调而成的摇滚节奏跃动了起来。当音乐到达高潮时激光灯加入进来，不断闪烁，黑光下各种发着荧光的物体浮现出来。据说一明一暗闪烁的激光灯，倘若1秒钟闪10次（阿尔法脑波），它能让人产生视觉性幻觉；倘若1秒钟闪6次（贝塔脑波），能使人与潜在的发狂状态同步。它在如此这般地调动起人体的所有感觉器官的同时，利用电子媒介不断给人以强烈刺激，将人引入幻觉状态。因此，这也被称为"幻觉艺术""LSD艺术"。至少，对于我们而言，这一电子化环境不是正常的安定的世界，它让我觉得那里出现了一个集团化的密教的空间。

犹如游乐场的魔法小屋那种单纯的物理性特技很轻易地让我们的感觉失常一样，迷幻的环境，将我们的感觉圈入其中，唤醒新的知觉。并且，所有的一切，都作为电子性媒介得到重新开发，进而通过复合性演绎，唤起整个体内的全新感觉。

这一非构成性、非实体性的环境，清楚地显示了我前面提到的20世纪60年代的虚幻图像。其中没有过去的用语所说的被设计的物体，只有不断闪烁的事件的系列和被卷入其中的人类。也许，"设计"一词，已经成为这种环境演绎的同义词了。

捆包

再一次回到上述的银行设计。对于色彩问题，我一开始可能有些强调过头了，不过，无论是色彩还是各式各样的采光方式，都是该银行内部形成独特环境的一种手段。在实际问题上，该银行分行的建筑内，包含了几个种类不同的房间。这些房间，理应根据各自的不同用途而具备迥异的特征吧。诸如用于营业、开会、休息等，目的不尽相同。因此，房间的大小、形状、色彩、光线不同是理所当然的。在具体位置中组合各种变化，使之能在其中包含各种活动，这才是中心课题。从这一点来考虑的话就会发现，我们并没有将重点置于"建筑"这一名词一直以来所表达的概念中，即在城市中作为单体独立存在，而是将它作为行为的系统，或内含企业活动的系统来加以理解，对环境进行充实。由这种方法建造的建筑物，它对于城市这一外部环境而言，必然形成独自的内部环境。并且，被外部赋予的各种条件中，需要有保护内部的被膜。该被膜，换言之即是从外部眺望该建筑时的形态。被膜包住了内部环境。如此一来，也能称之为"被捆包的环境"。

自 20 世纪 50 年代中期起，建筑师们通过在世界范围内开始发展的城市化现象，试图重新挑战城市的图像，也可以说那是他们在结果并不安定的流动化发展的城市中对建筑的存在状况进行重新确认的过程。由此诞生的逻辑，也只能从空间是多元的、流动的视点出发，经过城市性环境这一接近法才最终把握住了问题。现在，即使对于建筑的内部的逻辑，通过给出环境性的解释，预计将会开创出新的局面。

被占领的米兰三年展

第 14 届米兰三年展预定于 1968 年 5 月 30 日举行。是年 5 月，从巴黎楠泰尔扩散的骚乱，事态甚至扩大到了最终将拉丁区定为解放区，那是一场"五月风暴"。在三年展开幕的同时，楠泰尔被蜂拥而至的美术家和学生们彻底占领了。该占领于 6 月 7 日夜晚由于警察的介入而遭驱散，经过两周之余的冷却期后三年展还是举办了。

然而，威尼斯双年展也受到了攻击，虽然最终在警察的保护下得以开幕，但是主要作者因反对这种态势而拒绝参加。

这一事件并不仅仅发生在欧洲，这点十分清楚。尤其在美国和日本，作为对旧体制和体制化的教育系统及思想的对抗，现在正在进行根本性变革，对我而言，米兰三年展的占领，是我首次接触正在发生的世界性规模的变动。对我来说，由于卷入这一事件，日常工作的意义突然扩大，意义变得明确，缺陷显露出来，我经历了这样的全过程。

过去，作品意味着作家以自身内部发酵的事物已经完成的形式，将其置于一个场中。但是，米兰三年展的情况是，较之作品的内容，首先是它的作品的表达方式、摆设方式，即参加的方式才是起决定作用的。

换言之，我作为被邀请的设计师部门中的一员，被分派了一个展室，即我参与了该房间的策划工作。不管是什么样的意义，参加了，就是被占领者了。去掉各种掺杂物，最终划分为敌方、我方两个阵营，被这一单纯的政治原理所吸收了。总之，在占领方的美术家和学生眼里，我是主办方一侧的人。

也许应该像古巴那样，在被占领的艺术殿堂的屋顶上，将自己国家的国旗插在巍然挺立的红旗边上，以表示对占领者的赞美。也许我也可以像负责捷克馆的老建筑师那样，抓住眼前的机会，暗地里采取什么行动。可是，我只懂意大利语，身陷这一事件的旋涡中，难以把握形势，不知所措，这才是实情。

第十四届米兰三年展的策划，饶有趣味的是不像过去那样主办方的策划者只限定意大利国内的设计师，在委员会的组织者吉安卡罗·德卡罗向全世界发出的呼吁中，众多的建筑师和设计师展示了一个共同的主题——"大数字"。

主办方一侧的执行委员会的主流，包括德卡罗在内均是左翼人士。他们有着很强烈的问题意识，且政治性很强。德卡罗等人的展会是由学生运动所支撑的。

街头路障的再现、学生斗争的图片展示、全日本学运的羽田斗争……这些在所有图片中占据了主角地位。另一个展室内，展出了国际上反帝国主义运动的各类图片，有越南的、中国的、古巴的……

法国团队的几乎全体成员表示，这些展会引起了他们对巴黎街垒的共鸣；我的作品，试图唤起对广岛巨大破坏的记忆；阿尔多·凡·艾克的作品，抗议化学药品的散布使得越南丛林消失。在这种状况下，最感心痛的大概要数德卡罗了吧。他是展会的筹划者，也是邀请建筑师前来参展的负责人。他自身以同情学生为主题的作品，却受到了包括学生在内的美术家们的否定。正如布鲁诺·赛维在关于该事件的报告中所说的那样，这一动向，来自对"设计"建立在与工业社会的逻辑紧密结合的基础上的强烈批判，我们必须看到这一侧面。

米兰三年展在近五十年的历程中成为设计的国际运动中心，它在支撑近代设计的同时，试图最大化利用设计的工业社会给予了它以支持，这也是事实。问题是，拥有这一历史的"设计"，它得以成立的基础的意义正在被深究，展出的内容中，出现了显示设计自我崩溃倾向的作品，这也是诸如此类的各种要素综合交错在一起的象征性事件。

本次米兰三年展的主题是"大数字"。按照这一主题，运用视觉手段与观众进行交流，这是由主办方的策划显示的全部宗旨。从结果上来看，各种答卷以不连贯的方式交织在一起，可以说这成了米兰三年展的特征。

例如，索尔·巴斯用无数个箱体组成迷宫，在其中的一些箱体中，设置了不停打字的打字机、初生婴儿的哭叫声。休·哈代等人，收集了泛滥于美国街头的签名、照明、汽车零部件等，布局得密密麻麻，甚至没有插足余地，试图以此导入城市环境。阿尔多·凡·艾克用越南的大量破坏对应这一城市的现实，他将从色彩表上获取的色带，通过徐徐增量抵达终极黑暗，数量之大让人毛骨悚然。当然德卡罗的取名为"年轻人的抗议"的房间，表达的是学生运动的主题，集中表现了现代社会的矛盾，然而出人意料的是，这一政治性意识，与"占领"这一意外的也可以说是当然可以预见到的事件重叠在了一起。

另外，阿基格拉姆学派试图利用电子媒介，表现各种科技型媒体在环境中繁殖这一稍显乐观的提案。主持奥地利馆的汉斯·霍莱因在他精巧的计划中，制作了埋入无数环境媒介的显示屏，旨在表达对数量巨大化的热讽。

我最初接到参加米兰三年展的通知时，那上面写着主办方的希望，即尽可能展示与日本的城市设计者们有关联的作品。我对展现20世纪60年代初期日本建筑师们引以为傲的成果毫无异议。于是，我首先将新陈代谢派及周边建筑师们的项目与"大数字"这一主题对应，开始展开工作。

然而，当我开始认真回味我自己同样所处的20世纪60年代初期巨大城市中为数众多的规划内容时，却陷入了无法言表的落寞情绪。

甚至可视性秩序还未及形成，无限持续繁衍的东京这一城市已经陷入了匍匐、叠加、蠕动的混沌状况，建筑师和规划者们所设计的建设工程是否准确地应对了这种状态？他们难道不是还未及提案，一瞬间就被从现实的城市内部膨胀起来的情感吞噬了吗？这既可以称为城市的情绪，也可以称为情绪充斥的空间。这一情绪，不应该揭示它在城市内部发生的位置吗？与此相比，建筑师们所描绘的看似十分明了的被称为"未来城市"的图像竟是何等虚弱。幻想般的规划案，发生于完全无关的位置，即便它成长到了甚至吞噬一切的地步，却一直受到难以理解的汹涌的指责，但它一定不会崩溃。我们在20世纪60年代初期，貌似有着世界性影响的那个空想式城市规划案辈出的时期，是否真的创出了一个坚定不移的方案？在看似略感繁荣的情势下，可以说大部分的规划案完全不值一提。1967年年底，我被上述的这种情绪所缠绕。对于本次参展，我开始考虑将城市设定还原为白纸，尤其应该让人看到从中抽出的情绪。

结果展示分成两部分。一部分是16张弯曲的旋转板块群，另一部分是3台投影仪投射出的巨大板块。

正如下页图示，大板块用蒙太奇的手法呈现广岛焦土上废墟化了的未来城市的建筑物。广岛，可以说是对我而言的城市的原型。事实上，实体城市瞬间消失的这种体验，至少对我来说是无法抹去的记忆，它深深烙印在了我的内心深处。无论是现实中能看到的建筑物，还是将要建成的形形色色的未来的城市建筑物，都无非是建在二十五年前消失得一干二净的日本各城市的土地上的物体。

图42　米兰三年展中为大屏幕制作的蒙太奇

这一光景出现在设在地面上的显示屏上，通过3台投影仪合成了日本建筑师们的工程。制订规划案是为了实现规划，同时，通常也预设了它的消失。规划的消失与建设的破坏，当它们成为同义词的瞬间，具备能够介入具体状况这一意义的空间才终于得以显露。

这一显示屏和投影的图像，显示的是与现实的外部城市，或者说是与建筑师的职业相互关联的场，16张旋转板，意在表达向城市中高密度化的人类内部的渗透。外围的12张板，人手触碰便会旋转。中间的4张板，对安装在与之无关的走廊的红外线计数器做出回应，一旦有无关人员经过，发动机便会突然启动，同时磁带发出声音或音乐。换言之，站在这一板块群中的观众，会被卷入周边不确定的墙壁的动态中。就这样，我们制造了对不确定信息做出回应的环境。

弯曲的旋转板，包上了锃亮的铝合金，上面放置着剪切的图像，一部分覆盖着丝网印刷的地狱之火。弯曲的板块旋转时，其表面生成多种重叠的图像。它们也与移动的观众的视点相对应，意在营造出曲折的互动状态。

在此营造的图像，是日本的怨念——地狱图、幕末浮世绘中的妖怪、原子弹爆炸后不久的光景、尸体、饿死鬼、地狱中的鬼、妖魔……无限繁殖的怨念凝聚、形象化后的产物交织在一起所产生的虚空，不正是被大量物质和人类的洪流压得喘不过气来的现实城市的内在图像吗？

事实上，出于被占领之故，甚至我自己都无法确定这一策划的视点是否得到了准确体现。但是，在被占领时，与这一意图无关，我的情绪处在哪怕放弃也无关紧要的状态中，这起了决定性的作用。尽管三年展经过冷却期后得以开幕，但在结果上，对我来说这次的参展变得并非十分重要。因为我虽然参展了，并与占领无关系，但是，自己却被归入了被占领一方，它所产生的意义，至今还重压着我。

观念内部的乌托邦与城市的、地域的交通枢纽中的及大学里的共同体的构筑是否是同义词？

现在，我对将我的身体内部毫无条理地相互纠缠撕扯的两个作业怀有强烈兴趣。一个是从对抗正在遍布全世界的以学生们为核心的权势集团的抗议热潮中派生出的大概与建筑存在某种关联的诸多事实。另一个就是正在建筑师们的心中发酵的完全非现实的、与梦幻的一部分联系在一起的空想的规划和观念本身。

上述两者看似毫无关系，其实它们甚至相互攻击，绝不会和解。

事实上，我切身体验到两种作业的冲突，是来自1968 年的米兰三年展的占领事件，之后，我自己内心感到冲突，受因于应该如何理解也在自己内心撕扯的两者，完全无法发出个人的声音。

在那个半年多时间里，日本的状况发生了决定性的变化。和我住处等距离的两所典型的大学——日本大学和东京大学被学生占领，几乎所有设施都被封锁了。封锁并筑起路障。我走进这些大学，或者说我的精神变得分裂，但是，我一直对构筑由占领所显现的一个共同体的强烈欲求，以及让建筑师的我从内心产生动摇的也可称为绝对空想的、幻觉的城市和建筑的图像，都经过了与定型化的现实的各种制约进行对抗的过程，终于浮出了表面，我开始感觉到，在这一位置上或许可以架起桥梁。换句话说，针对现在的大学、交通枢纽及地区内部正在建立的共同体，它能否与往往只深潜于个人内部状态中的乌托邦产生相互信息交流的状态？我开始感觉提出这一问题似乎是有意义的。坦率地说，当两者都拥有强烈的幻想过程时，才终于获得了存在的理由。在与幻想过程的关联中，我觉得可以找到击溃现代建筑的能量。例如，我去走访过某大学被学生封锁后周边设置了路障的建筑物。我曾去过几次，所以熟悉内部的通道。然而，当我一踏入建筑物内，便陷入了内部巨大的迷宫，没有学生引路根本无法行动。正面入口被封住了，只有后门有一条小的通道（其幅度大约450厘米），堆着书桌和椅子，我从下面穿过，见到两个楼梯，不同楼层交替地被桌椅堵住了（所以我只能走Z形步），走廊上，如工地般地堆满了木材和混凝土的碎片。

曾经被设计成明快通道的该校舍的秩序，一时遭到了破坏，并且被占领此地的学生们置换成了用只有他们才能理解的语汇填埋的迷宫或混沌的世界这一完全另类的系统。因此，曾经有序的直线走廊和楼梯消失了，它们之间横亘着翻倒在地的书桌和椅子，甚至一瞬间我脑海里浮现出了卡普罗的偶发艺术的纪实写真：巴黎的小巷子中用铁桶封路的基督教徒将报废的轮胎堆满纽约LOFT公寓中庭。这一使得日常化的意识受到破坏的突如其来的事件，导致它发生的行为，在当下的这个时点上，正是按照集团的意志，以防止警察侵入为目标，在另一个不同的维度上得以成立。并且，没有制造路障的现成样本，因此可以说，参与其中的每个成员的积极创意，集聚成了极为混沌的杰作。

路障充满了如此出其不意的美感，这仅是因为看到了结果而已。这一背景虽然是针对大学管理者的抗争，但是既存的秩序或系统，正在经由自发而起的学生的手，发生了出人意料的内容上的变化，我开始期待，从中不也存在着将建筑彻底还原至其发生状态的这种思考的可能性吗？

1967 年 MIT 建筑学科的制图室中发生的非常事件便是一例。春季学期以制图室太小为由爆发了一场乱斗。一部分学生用废弃物等分割房间，开始画地为牢。负责解决问题的新部长德林·林德决定秋季学期在部分课程中由学生自建制图室。结果不到三周时间出现了各式各样的拼搭，中二楼层全遭覆盖，整体氛围变得嘈杂起来。学生们设定自己的领域，总体上杂乱无章，但是从中加入了对自我意志的表达，和占领大学中的路障一样，制图室内含着集聚为一体的各自独立的系统。

中二楼层的建筑，急速在美国的大学里蔓延。休斯敦和耶鲁等大学也都出现了同样现象。在耶鲁，由继任部长查尔斯·摩尔指挥，经学生之手，用与躯体完全无关的银色隔断将保罗·鲁道夫建造的那个水泥墙围住的空间斜着横隔开来。

通过学生自发参与过程的"手工建筑"的作业，内含改变建筑的诸多要素。最重要的是，建筑的生产或建设的过程中，随着工业化发展和规模化加剧，尝试将已经离开建筑师之手并转化为抽象化的存在的部分，再一次在其本身的过程中拉近自己的肉体，我们大概必须从这一点出发吧。既成建筑所拥有的各种条件，再一次还原为它的发生状态。当它回到原来的位置，从那里重新出发，之后便不能回到原地。与此同时，用于往前推进的具有合法性的评价基准也一定不复存在。我还是不清楚应该如何来说明诸如10月22日深夜发生在新宿那样的事件——数万人众包围、占领车站，进而经过电视等媒体，在更多群众的支持下，无数人的情绪都集约到了一个场上。不过，至少城市的物理性构成，经过一种情绪的集中投入，意义发生了决定性变化的这一事实变得明确起来。那天深夜向新宿投下的情绪的旋涡，让人看到了城市内部有别于封锁大学的另一种共同体诞生的可能性。该共同体，不是具体的可永久持续的产物，而是在它消失时会被更加虚体化、信息化的共同体。那种信息，作为冲击波加以传播，激发大众内心的幻想。城市，已经开始相对地降低自己作为物理性存在的意义，但是，正如我们从新宿事件所能看到的那样，它具有的"场"的特征，也可以说与居住者所抱有的幻想的"量"有着很深的关系。

　　大众各自抱有的幻想，如何集约化、形象化于一个幻想？犹如新宿事件，通过骚乱所激发的幻想，究竟是否能集约化于一个场中？那个具有共性的幻想，是否充分拥有堪称共同体的结合力和蜕变力？这些无限连接的问题也开始横亘于眼前。

　　汉斯·霍莱因、阿基格拉姆学派、阿列克谢·古特诺夫等人都是我在米兰三年展上遇到的。加上被称为"美国草根派"的哈迪·霍尔兹曼·弗夫尔的团队，形成了参加米兰三年展的最年轻群体。弗朗索瓦·达勒格勒最为年轻，他在三年展半个月后的阿斯彭设计大会上，与阿基格拉姆一起成为报告人。

　　他们的工作有一个共性是幻想，建筑自不待言，无论造型艺术、城市、环境等所有门类中都拥有幻觉性要素。幻觉性，在现代意味着该项目工程与现实或实施是绝缘的。因此，它能够摆脱现实中所必须受到的各种制约。换言之，不需要与现在的体制产生联系。所以，无论是建筑被赋予的作为现实性条件的结构上的完整性，还是具体到是否被使用，甚至目的也无须明确。同时，即便它在观念内部交错，现实性要素与非现实、过去与未来混杂在一起，也能以它本身的状态得到提示。鲜活的观念保持在其发生状态上也是可能的。在此可以看到的是，被现实原则压制的诸多要因从制约中解除时最初应有的形态，而且，也能形成总是将对现实体制本身的批判内含其中的一种乌托邦的提示。例如愿望、科技、情绪、扩大的感觉、记忆的痕迹是其手段。其端部被扩张，往往是偏执狂，并且出于都是建筑师之故，将工艺的要素置于创意的深处。

其共性大致在于，现今传播得更广、越发巨大化的科技，存在于观念的内部，人类在受到侵犯的同时，反之通过机械、装置、娱乐与之纠缠在一起，科技带着双重的意义登场。项目工程作为幻想的一部分，将控制它的日常化的要素从日常世界中突然剥离成为可能。在城市内部建立路障，令诞生于情绪集中化的共同体出现，尽管角度不同，但具有同样的意义，这也是事实。同时，毁坏建筑得以成立的既存条件，并破坏支撑它的观念本身，将建筑和城市彻底还原至发生状态，这种行为和思考正在各自得以建立，可以说当下已经到了可以明确谈论的地步。的确，从现象上理解的话，科技对于现代的管理社会在各方面起着强化作用，甚至让人感到，它与只强调自发性参与的直接民主主义水火不容。

然而，它是通过从日常性被压制的状况中的直接行动蜕变而来的，科技的发展，也同样内含对放逐于日常性的观念从内部加以破坏的力量，这么思考的话，在各自的幻想领域，这一水火不容的部分在往前推进的过程中，也存在屡屡架起不连续的桥梁的可能性，我觉得也应该看到这一点。

在穿越路障的同时，我感到了城市还原成废墟的图像与眼前的光景具有共性和联系，这一思考也许是我对当时的记忆所做的牵强附会的解释，现在，我觉得只有认识到两者是同时存在的，才能继续向前迈进。

轻巧的可移动物体的入侵

　　如今的现代城市，其结构之复杂，到了对其意义无法准确理解的地步。称之为多样化也好，多元化也罢，或者混沌也没有问题，它有着如此这般的奇特风貌，然而，就是这样的城市，它的真面目也能够在出人意料的瞬间被窥视到。

　　1968 年夏天，苏联突然入侵捷克布拉格。我无法论述该事件的政治性意义。对于这一事件的意义，谈论得最多的是市民抵抗非法入侵的故事。他们在某天夜里，将大街上的路牌全部撤除。对当地街道两眼一抹黑的苏联人来说，路牌突然消失，意味着他们手上的地图变成了一张废纸。布拉格，在物理意义上应该是存在的吧。所有马路，可以说都在市民的脑子里，那里有着外国人无法靠近的、宛如拥有复杂机关的黑匣子般的城市。那不是物理上的、肉体上的抵抗，而是这个城市所养育的卡夫卡式的创意，在现实的事件中被活生生地用作了抵抗手段。此时，布拉格变成了对 K 先生而言的"城堡"。

假如这是中世纪的城市，路牌这种标识大概是不需要的吧。至少在中世纪，城市里耸立着教堂的尖塔、市政厅的高塔、公馆等物，无论道路如何曲折，都有着明确的视觉性的结构。这种结构，与视觉即物理性实体本身具有一致性。所有的要素都被赋予了该形态恰如其分的意义。

但是，正如现代城市一举将布拉格市民充满智慧且严肃的幽默一览无余地展示出来那样，物理性实体并非拥有决定性意义，非实体性的、表皮的、被附加和被定义的关系性往往才是重要的。换言之，较之实体，符号更占有优势。

标识是诸如此类的符号的一种表现方式。对于布拉格市民而言，标识是在日常生活所处的空间展开中固定他们的图像的一种手段。石壁的墙角、地砖的斜纹、凸窗的数量等林林总总的日常之物，纷纷落入他们的记忆中，为马路和街区加上番号及其标识，建立记忆中的共通项。这一标识的发生方式，换言之，它们在空间内的分布，有着以番号为基础的一定的系统。该系统在消失的瞬间便会出现混乱。可以说，让混乱成为可能的手段，才是当下追求的、寻找的，这是来自形势的要求。

在洛杉矶这种为车辆而建的城市中，标识的意义更加不同。这些标识，随着车辆的移动速度不断延伸，仿佛伸手便能触摸到它。马路的弯道，它的指示牌如果只安放在那个弯道处，那么人见到它时则为时已晚。对于在一定速度下移动的司机，必须给他充足的时间准确驶入可以拐弯的车道和减速。因此，指示某个位置的标识，一般会装在凸显的、较远的位置，目的是使预备认知成为可能。这一点在数条车道并行的高速公路上贯彻得更加彻底。变道、减速、出口等，必须让标识反复出现，不断提示司机。

如果只看标识的配置，它理应是在固定位置上，但是，由于时速100千米的车速侵入静止空间，位置关系被拉长、变形。固定的点，随着观察者视线位置的移动而延伸，应该可以理解为空间内发生了变形。近似于相对性原理的时间、空间的关系，在现代城市中现实存在，要了解它的话，关注标识的分布堪称捷径。

再者，林林总总的广告物对城市表情起着支配性作用，这是谁都无法否认的。直立的广告、屋顶上的广告塔、巨大的广告牌，它们立体化且变化着，并且，装饰着各种霓虹灯。这些广告，某个企业自我宣传的那个部分，显然在不断剥离、四散、交错，不断繁殖，几乎覆盖了整个城市的中心部。

对于古典意义上的城市美学及建筑美学而言，是应该将诸如此类的广告性附加物排除在外的。然而，无论怎么想排除它们，这些广告物都在一味地增大。它们渐渐遮蔽了建筑物的外立面，盖住了整个屋顶，张贴于入口的周边，最终，建筑物被广告的外衣所缠绕，深深地掩埋于其中。

曾经定点安装在实体上的标识开始剥离，浮游于城市空间内的每一处，它们在热闹的场所落脚，并从那里继续开始繁殖。一旦城市内部所建的网络无法承载，它便会冲破网络，摇摆不定。

建筑不需要自己独自的逻辑，它开始遵循广告的逻辑。广告变得超大化，它的象征体则变成建筑。对于建筑而言，体现功能的部分，其功能本身发生了质变，最终陷入了建筑偏安于立体化广告一隅的状态。

是悲是喜但凭用户体验。贪得无厌的建筑广告化正是洛杉矶这种为车辆而建的城市的基本现象。例如，热狗造型的热狗屋，无论是从讽刺的意义上，还是从真正理解它的意义上而言，都是功能变成了形态。功能正是广告本身。

城市的物理性形态，存在着由这些标识群决定的可能性。这些标识及广告，使得古典的城市结构、建筑的性质瞬间发生质变。它们浮游于物理性坚固形态的表皮，从那里剥离、四散，这种状态才是现代城市本身的状态吧。只有探明这些标识所拥有的意义，才能确定现代城市的特征。并且，标识本身属于平面设计的领域。

广告可剥离，体量轻巧，易于移动、置换和破坏，并被大量复制、重复。通过这种"轻巧"的物体，我们可以看到平面设计渗透于城市的状况，但是，无疑它已经不再是曾经的图案式的平面设计。在它产生的过程中，可以发现具有一定的系统。换句话说，标识十分有用，视觉传达的方式本身有其重要性。这种视觉传达方式本身的变革，现在需要受到关注。

这些"轻巧"的物体，每时每刻都在吞噬着现实中的城市。广告甚至可以改变城市及建筑的生存状态，这一点毋庸置疑，例如机动车。机动车在古典式石头建筑的城市中，如同蛆虫般出现、爬行，逐渐开始腐蚀坚固的石壁。它给予城市规划决定性的打击，城市开始为车辆而建设。与此同时，建筑物也开始变得摇摆不定起来。

预制构件建造的居住单元，在城市内部拓展、组装，呈现出惊人的繁殖状态。同时，住宅变成了一种集装箱，用拖车运送。还出现了装有所有生活用具的移动住宅，再次出现了大篷车时代。较之过去的流动者们将生活的全部一肩挑的移动方式，这些移动住宅十分随意，根据居住者的心情改变位置。这种由拖车及预制住宅建成的城市，不是如铜像一般用浇铸的方法，而是像搭积木、像可变性的塑料仿真玩具一样，失去了固定形态。它不停移动，发生继时性变化。这样的城市必须在构成要素上具备可动性，它能被分解，便于组装，总能保持其安置的临时性。

对于建筑而言，正如其构成素材是石头或混凝土那样，在必须依赖多量、廉价供应的时代，搬运组装、解体建筑物是一项至难的工作。现在使用的是各种引擎驱动的车辆。城市本身开始在空中、海上及水中移动，这也已经可以通过现实中的科技的诸多条件来加以充分推定。

将引导城市解体的技术性条件组织化，恐怕是在设计今后的城市方面的基本设想，我觉得势在必行。1968年之后城市也许会发生更为戏剧性的变化，我们已经经历了让人产生这种预感的事件。

例如，学生所占领的大学建筑物的内部。这些建筑物，恐怕原本是由最为单纯、明快的系统所构成的，玄关、大厅、走廊、配置恰当的楼梯，等等。但是，这些建筑物被占领，被设置了障碍物，整个特性突然改变。正门紧闭，后门开了一个小口，走廊上堆满桌椅，只剩下微乎其微的缝隙，各楼梯在不同楼层交替封锁，结果只能走Z字形，绕远通过不同的楼梯上楼。

按明快动线规划建设而成的这些建筑物，由于设置了障碍物，明快的秩序突然变成了迷宫。迷宫，是用于抵抗警察进入的学生们自发意志的集聚体，它出现在了我们面前。这种集聚体所产生的混沌，或者说迷宫，瞬时转换成一种语言，即变成了表达决定既成秩序崩溃、某种新事物出现这一意义的语言。它甚至也是一种错乱。错乱重叠在一起，最终是否扩散至其他地点，与彼此场景下的事件的本质有关，但我们需要注意的是，这种错乱，是由相对于石头、混凝土而言较为柔软、简单、可搬运的凳子、桌子、箱子等制造的。由于位置的改变，用途发生了逆转，同时带来空间内的质的即功能性的转换。这也许是只有轻量级物体才有的特权，它们瞬时完成移动且质变。家具是可移动的这一原发性意义在这里得以再次确认。并且，家具被编入了当初全无意料的系统中。正如由于能阻挡车辆而在街道上时常设置路障那样，家具与城市中的车辆同价。

不，我们遇到了内含更为强烈意义的情况。他们揭示了应该在所有的特殊性中给予占领意图一个方向，那就是使用宣传单、宣传册、海报，更为单刀直入的则通常采用立式招牌。

我们通过立式招牌，可以发现视觉传达最为原型的手段。那是在必须向他人传达自发意志时不得不采用的最为原始的手段。至少，我们的这个世界，布满了由报纸、广播、电视等信息传达媒体无限交叠的网络，这是事实，但是，当形势处于紧迫状态时，则需要无视媒体所拥有的权力一方的限制，彻底隔绝、拒绝进入媒体，选择最为直截了当的传达方式——用扬声器放大声音，同时手写立式招牌。

立式招牌，它本身不拥有在城市空间中流动的信息传达系统。它是孤立的，犹如过去的告示牌、打油诗那样放置在固定位置，从那个位置对不确定的媒体发出信息。它显然近似于广告诞生于城市内部初期时的状况，对一种逻辑、意志的存在加以确认和传播，承担着发信源的作用。同时，它是视觉化了的文字或图形，无意识中直接引出了和意图密切相关的直接表达。

同时，这些立式招牌的繁殖，也能导引出一个提升整体环境的犹如节庆般的表演。被无限拓展的招牌、旗帜、海报填埋的空间，直接反映了对既存系统的否定。

相对城市以具有重量感的素材构成的时代，可以说现代轻巧的、动感强烈的事物，从根本上颠覆了重量级事物，但是，这种轻巧事物所具备的要素，却是平面设计从一开始就有的。

海报，作为广告的一部分被制作出来，它是翻印的作品，侵入室内，张贴在墙壁、天花板等各处，甚至缠在人的肉体上。建筑内部因海报而发生质变，外衣也可更换。当然，家具本身的意义也在发生变化。家具变得巨大化，或解体后四散、飞溅至空间各处的地上、墙上、天花板上，最终自身变得巨大化，独占室内空间，变成两层楼，与结构部分结合，如同机器人一般，试图使得自由互动成为可能。它确立了称之为"巨型家具"的居住空间的支配权。

另外，图形的色彩和模式，与居住空间的一个个构成要素无关，它用独自的色彩，以宛如将人类彻底覆盖的巨大形态，切实地侵入我们的内部环境。它诞生色彩，与地面、墙壁、天花板等诸如此类的坚硬的建筑的要素部分的逻辑毫不相干。它在内部空间，赋予色彩本身的存在以市民权，与此同时，它在仅留存于表皮的意义上解体所有物质。称之为"超大图形"的手法，可以说赋予内部空间的环境化以决定性意义。图形所创造的模式和手法，扩张、外延，成为建筑的一部分，因此，图形和建筑同时变身，转化为可以称之为"环境"这一领域的一部分。可动的物件动摇建筑的禁锢，使之流动，令其与工业设计本身结合，在城市的规模上，决定其新的环境特征，成为可以组合、可拆分的建筑。它由拖车运送，有时它本身就是拖车一样的住宅。它是可以恣意形成的环境。它随人们的自由意志行动，而不是被赋予特定的形态，在限定的条件中供人居住。它造成让人一眼看上去只存在着混乱、错乱到极致的系统的状况。图形利用它的"轻巧"，使得图形本身、工业设计、内部空间、装置、建筑及城市流动，最终形成混沌的环境，此时开始出现新的状况。

与此相对，存在于城市这种"场"中的物体，它自身在符号化时所诞生的特征归图形所有，与此同时，符号化过程的各种手段，在终端上扩大，产生自我运动，最终失去发生时的意义，由此转化为新的符号，在这种创造再生的复杂运动的展开中，对我们而言，图形带着极其重要的意义出现在我们面前。至少，在城市空间这一"场"中，如果我们将符号视为它表达自身的手段时，图形便能从图案的阶段突然发生飞跃，成为环境的关键性要素。

也许它已经迥异于平面设计的领域，但是，由于建筑和城市，随着工艺要素的进入，当其自身处于解体的边缘时，图形也无法留滞在狭小的方框中。可以说其框架限制了作为再生可能性手段的印刷方式。被印刷出来的部分，当下无疑在全新的系统中飞散。同时，它巧妙地改变尺度，将极小的模式徐徐放大至远超人类的尺度。速度增大、空间伸缩、再生与复制等诸多状况，无疑使得平面设计再度超越视觉传播的框架，带来各种错乱的新媒介成长。

移动时代的光景

　　20世纪60年代上半期，整个世界呈现出未来城市规划繁盛的景象。事实上，日本的建筑师扮演了点燃火炬的角色，或可称为引领者，他们将在海上、海中、空中等建造巨大城市的图像传达给世界上的年轻建筑师，如今，诞生了无数空想式的作品。它的主要倾向是，解决了城市的巨大化和集中化的技术性问题，创出了立体的、巨大的建筑骨架。

　　这种称之为"巨型建构"的结构体，采用拥有城市规模的建筑综合体的设计，最近几年非常流行，当然，也开始出现在学生设计的规划案中。罗伯特·文丘里在发言中对此泼了冷水："不能拘泥于巨型建构。学生想学建筑的话应该去西部。那里的大街上，随处可见轻巧的、小型的、临时性的建筑。那才是新的环境的构成要素。"

　　他作为建筑师设计了一些小建筑，前年纽约近代美术馆出版了他的《建筑的复杂性和矛盾性》。这本薄薄的、很难读懂的书让他名声大振。被誉为"勒·柯布西耶《走向建筑》以来的重要著作"（文森特·斯库利）的作者，带着耶鲁大学的研究生造访拉斯维加斯，对赌场的场地配置、广告牌、各类标识展开了调查。

　　结果很显然，这里和残留着欧洲城市要素的东部各城市截然不同。对于机动化贯穿每个角落的西部城市而言，堪称城市结构体的是那种堪称欲望象征的广告，以及指示赌场位置的标识分布，而作为具体容器的建筑，只是躲藏在其身后，成了浅淡的影子。

　　至此，对于西部城市表情的陈述大概不会引起争议。他进而认为可以将建筑视为广告物。他制作了可以从高速公路眺望的广告板，安装在功能齐全的房屋上。

　　事实上，洛杉矶散建着不计其数的这类小型建筑物。例如，热狗外形的二层楼建筑的后背紧贴着平房。从讽刺的意味上而言，功能和形态一致的该建筑，也许最为直截了当地显示了现代城市中的建筑的特征。现在，建筑师们开始转过头来向与建筑师无关的大众建筑学习。可以说曾经借助屋檐的广告，开始彻底攻陷主房。夜晚布满街道的成排街灯及在空中闪烁的霓虹灯，它们所打造的城市夜景不正可以称为建筑吗？提出这一观点的是英国的建筑评论家雷纳·班纳姆。他是新野兽派的代表性批评家，不断将铁、混凝土、砖瓦袒露于建筑表面，从而也在日本产生了巨大影响。他最近被洛杉矶吸引，目前正在写有关这个城市的著作。他的观点是，正如铁和玻璃等第一次机械时代的工业所拥有的独自的造型语言对20世纪上半叶的建筑产生了影响那样，现在电子电器、汽车、电子工学等第二次机械时代的技术，变成了人类环境形成的主角，建筑只能发挥支撑这些设备的作用。

事实上，拉斯维加斯的夜景富丽堂皇，超高层规模的霓虹灯掩埋了整个城市。白天略煞风景的沙漠中的城市，到了夜晚，在巨大电力的投射环境下华丽变身。同时，电子设备也能在建筑内部演绎各种效果，营造出与白天完全异质的空间。这样的夜景，虽然在日本的诸多城市也司空见惯，但在洛杉矶及拉斯维加斯更是无孔不入。西部城市几乎全都建在沙漠中，要形成人工型城市，需要巨大的电力能源，那是能量的释放。这一光景，正开始改变传统建筑的意义。

堪称建筑界披头士、在年轻建筑师及学生中颇有人气的伦敦阿基格拉姆学派正在制订"立即城市"规划。那是只有驮商形成的城市，与城市这一称呼不匹配，类似于马戏团的帐篷扩张开来的村落。城市的所有设施都能移动，按需组合。和集中化、巨大化的城市相比，他们的意图是，建设随时处于熔融状态的城市。这当然是与"巨型建构"对立的创意。几年前，学派刚成立时，他们提出过建设拥有超大骨架的城市方案，全然没有在意两者的矛盾。他们之所以开始有了现在的提案，和下面这一事实密切相关，即有几位成员来到了洛杉矶的大学，移动住房占了当今美国住宅建设总量的三成。踏入郊外，各处都能见到移动住房聚集的"立即村落"。其中，既有移动着的住宅，也有已经安居于此的住宅。洛杉矶更是这种住宅的巨大集合体。

这里所举的 3 个事例，显示的是大众广告、电子科技、机动化城市的日常生活等固有特征正在反过来影响和侵入建筑思想的事实。从西欧城市及建筑标准的角度来看，似乎一眼望去由随意且简单的建筑、眼花缭乱的广告、超长的高速公路网组成的西部城市，是应该遭到唾弃的坏事例，但是，植根于此的技术、视觉语言和生活，拥有瞬间颠覆正统建筑思想的潜力，恐怕这在不久的将来会让我们惊觉。

冒犯你的母亲、刺杀你的父亲

18 岁的你一定非常想挣脱一直以来父母无微不至的佑护。在你的意识中，"房产"这种大人式的、小市民式的奇怪感觉是难以忍受的束缚，是你必须与之绝缘的对象。

在"上街去！"的召唤声中，你走上了大都市的柏油马路，投身队伍，点燃自己的热情，此时，你觉得在与政治的简单联系中，你的所有思考就能彻底切断与那个令人犹疑不决的父母之爱及与"家"的存在逻辑的联系。同时，当你蹲伏于街头，与人集结，放弃所有世俗欲望，不抱任何希望并且精神恍惚时，填满这个大都市的围墙中的核心家庭，大概就是唯一被唾弃的存在。当你超越它，在空中遨游于欲望完全得以释放的乌托邦时，也许你就站在与"房产"彻底绝缘的时点上了。但是，25 岁的你，尽管对肉体交流的不可靠性感到愤懑，但是你又被肉感的实际存在，即被它缠住、束缚你身体这一预感所困扰。即便在街上或所占领的校园草地上的假寐生活中，它也依然与需用饮食、排泄来填满一天 24 小时的每个瞬间的记忆的积蓄中的，尤其是口腔、肛门、性器官等感觉难以分割地联系在一起。

支撑这一日常的皮肤化了的感觉，有时变成"活着"这一实感。并且，"家庭"这一被公认的安全地带，显现在你的面前。它保护一对男女，同时制造出一套封闭的系统。这一无疑已经形成了社会观念的领域，至少，在限制的同时又释放你的肉体性欲望，发挥着阻止社会性混乱的安全阀的作用。

即便你对"饮食""排泄""睡眠"等日常生活中的每一种行为持怀疑态度，但你还是在切实地经历着这一切，当你开始形成自己的日常生活，你便开始面对"住宅"。

但是，对 25 岁的你而言，"日常生活"中那种让人身体无法动弹的充溢着酸甜体液的疲惫感，大概尚与你无缘。谈到你的家庭，有两个相爱之人支撑，这一解释无疑是理所当然的。此时，那个"房产"在你的意识中虽说依然遥远，但你必须意识到，它已经到了与你仅隔一层窗户纸的位置。

这种维护"家庭中的日常"并使之成立的疲惫感的意义，在你还能有意识地付诸行动时自不必说，但是，这种时常充溢你身体的模糊感觉，让你不由自主地停止思考。

这一瞬间才是决定性的。在停止思考的同时，这种疲惫的日常的感觉开始吞没、渗透你的皮肤。不管怎么说，这种感觉的渗透，无疑是让人产生快感的。它让人唤起对胎儿摇摆不定的胎内浮游这一感觉的记忆。幼儿期与父母接触时累积的皮肤感觉，与"家庭"这一掩蔽体重合，在你肉体的细部留下记忆的痕迹。这些感觉被重新唤醒、恢复。由这一停止思考所引起的快感恢复，最终开始图谋状况的正当化，并维护状况。此时，你一举被"房产"掩埋，幽闭其中。当外界开始越发听凭非人性的机构支配时，你便在模糊的感觉中浮游，发泄末梢的欲望。"日常性"就这样开始侵犯你的内心。它侵略的据点着实需要加以明确。那是通过外部信号的刺激所接受到的全部感觉，并在这一感觉的适当刺激得以持续的系统中受到保护。可以说这一保护和维持的系统，使得"房产"得以成立。于是，当你面对"房产"，与充满其中的"日常性"接触时，首先必须关注你无法意识的皮肤感觉，尤其是平滑肌的活动部分。

在日本的城市生活者中，"房产"的存在逻辑，已经替代了战前的"家"的存在逻辑，其重要性完全得以逆转。"房产"既是宣传口号，也是电视广告，又是定义某种实体的状况本身，也是系统及意识的内容，可以认为它显然反映了今天城市的结构。

决定今天的城市住宅特征的，可以说是战前农村土地所有制的解体。大规模的土地所有阶层相对集中在战前的农村，与土地结合在一起的"家"，是构成日本社会的强有力的逻辑，这一点已经从各种角度得以明证。在城市生活者阶层中，也维持了这种农村的所有制。与该状况相比，现在城市的住宅地，除了分售还是分售，不断将极有限的零碎的所有土地进行分解。与解放农地不同，这意味着，在那样的住宅地上，不断在建造极其狭窄的住宅。

这种现象，和历代政府一直贯彻的房产政策无缘。政府放弃了由公共机构推进的大规模住宅建设，采用以个人为单位的土地和房屋所有体系，可以说这使得日本的各城市完全被房屋所掩埋。即便是极小的土地和房屋，在这一平均化的领域，城市中级生活者阶层，也被赋予了安全且轻松的目标，造成了决不突破框架的竞争状态。

在经济上，采取微温式加热方式，最终，大众消费的流通网被覆盖。这一微温式的加热状态，对政府而言，能使得间接性诱导或操作成为可能，带来用于经济增长的劳动力补给和消费者群体的培养等双重效果。从住宅地开发、立体分售等方式中见到的所有权分散，为人们提供了能够快速实现的目标，与此同时，也使人们对拥有所有权的土地或房屋产生依恋，从此停止了移动。郊外的小住宅群、市中心的立体公寓，已经习以为常的光景，现在这些近十年来加速发展的现象应再次引起关注。

"房产"，是将这样的城市生活者的欲望禁锢在极其有限的所有权中的主要的策略或目标。私家车、彩色电视机、房产……大众社会化了的经济机构为以上耐用消费品的获得提供了各种便利。

"你家的……亲人聚集一堂的……爱巢……小型车……经高速公路……去别墅……度假……"当电视中无休止地反复播出这些镜头时，你感到了语言的陷阱。然而，当电视中提及"房屋按揭……按月分期付款……"等让你触手可及的体系时，你便会觉得这一切似乎都可以拥有。首先，如果能全部拥有，没有比这更让人觉得有面子的事了。这里提出的目标，有时也是你安排生活的决定性手段。所谓日常生活，多多少少是简单的、诸多生理性行为的反复。挤进循环往复的单调时间内的口号，撩拨你的生活，为它加热，让住宅的图像浮现于你倦怠的日常中，甚至让你生活的目标发生转化。原本只是虚像的"房产"，突然变成实像进入你的视线。虚像在日常生活中，开始商品化、物神化。

对建筑师的你而言，首先出现在面前的客户，无疑就是被这种实像所包围的城市生活者。你需要为他们对生活的想象，不，为目标化了的实像提供形态。这种形态是什么？至少是发自你内心的设计，是在提供给客户之前先提供给自己，经过反刍之后的形态。倘若你当下日常的工作，是设计这样的小住宅，那么你要进入客户们的想象中，并与自己重合，在这样的格斗中，生产出两室一厅、三室一厅、通顶、墙面、顶灯、巨大家具等无穷尽的模式化的设计语言。你将这些实像变成客户们的房产。对客户而言，他们得到了有形的商品，实现了梦想。微温化的城市住宅群就这样持续蔓延，全然没有衰退的迹象。"房产"既是诱导目标，也是维护的技术。在无休止重复、大量建设的过程中，犹如遍布城市这一活体的细胞，当统一的模式在内部开始形成，其要素走向普适化并大量出现时，便自动产生了组装技术收敛于一种模式的倾向。普通城市生活者脑海里的典型图像被组装起来。客厅、厨房、彩电、音响、三大件、独立卧室、私家车等，以耐久性和消费性为两大支柱，消费物资嵌入不同的阶段。你大部分的客户，如此这般地要求你将想象中的各要素进行立体组装。同时，他们一方面潜意识地谋求与平均的模式同化，另一方面又力图追求趣味的变化。结果，设计的意义，几乎在所有场合下被淹没在这种变化中。可以说模式化的手法正是通过"房产"的形式来加以维系的。此时，对家庭、日常、性、繁殖的本源性考量被轻易放弃。因为，本源性考量，有时也被还原为裸形的存在，但绝不被具象化。当你作为建筑师设计小建筑时，你可以对这种本源性考量进行若干自问。只是，存在于社会化关系中你与客户的接触，仅限于提示经过具体化了的形式的时候这一矛盾。在穿越这一矛盾的短途中，当出现了与皮肤化了的感觉联系在一起的"房产"这一模式时，你便陷入了没有出口的状态。你身陷社会观念化了的模式支配下的巨大物质的洪水中。你必须在里面游泳。游泳技术看上去尤为重要。

例如核心家庭这一思考形式。当我们不断从"家"的控制中脱离时，战后日本的城市，开始诞生以夫妇为基本单位的核心家庭，这一点不言而喻。如果我们不再次干预人类存在的内部，将核心家庭作为理所当然的事实加以接受，"房产"便必然成为解释现象的有效手段。在此，有一对独立的男女，由他们的生殖过程产生下一代，随后再次分离，形成下一个核心家庭。与这一显而易见的、毋庸置疑的事实相结合，"房产"一词才有了现实感。但是，这种核心家庭伦理，成立于只承认男女关系因生殖而存在的基督教社会中。正因为它恰好符合支撑近代资本主义的社会伦理，该概念才得以合法化，且开始成为社会的普遍原理。在此，肉体对潜藏于内部的暴力和死亡的恐惧、对爱的下降，仅在被限制的核心的框架内部才能被容忍、被驯服。并且，唯有这一框架内维系肉体的技法被详尽组合起来。例如性爱，就是"房产"中的一个技法。关于末梢快感的维系，产生了极其详尽的技法，但不阻止、追究性爱所拥有的本质的、与暴力性他者的同一化作用。由此，得到公认的是，核心家庭这一受限的安全地带中的内含秩序的变化。同时也产生了日常本身的倦怠。于是，甚至我们所称的"欲望"也开始消亡。一旦"房产"变成了维系的技术，可以说住宅也就和衣食、性爱一样，沦落为组合、配置的单纯技法。

当下，如果想重新思考"房产"问题，仅仅分析迄今技术高度精密化的、被赋予了社会性体系的现象，进而附加细节上的模式是不够的，必须从挖掘决定你日常性的核心事物出发。这种日常性，是控制你肉体记忆源泉的胎内的浮游感，恐怕是你与母亲肉体的触感，是为与外界隔离而准备的保护膜保持其渗透性体液的触感，上面加上了将你幼年时代与社会绝缘的父亲的记忆。如何与容忍如此形成的"房产"的肉体或生理性感觉斗争，这一过程中抓取的、攻击性的提案，是能够给予构成这一社会总体的思考模式以打击的吧。该提案，或许只有从疯狂着手，也许只能留下对你的肉体实施撕裂般的暴力性破坏。

但是，如果你是建筑师，就应该尝试具体探索这些疯狂和暴力及情爱是如何控制建筑项目工程的。在此，我只想指出，在支撑对"房产"加以控制的日常性感觉中，在难以撼动的亲人所拥有的触感的记忆中，存在着必须维系这一社会状况的主要因素。我们必须认识到，与这个部分对抗，会陷入生与死、快乐与恐惧、生存与破灭的矛盾心理。要让你的观念突破这种矛盾心理，也许只能撕裂你自身。当你和这一根本性部分对抗时，我所能说的只有下面一句话：

"去冒犯你的母亲，刺杀你的父亲。"

年代笔记

0

　　至少，我所想象的建筑师，最低限度需要的是仅在他内部萌芽的"观念"，虽然它对应逻辑、设计、现实及非现实的所有现象，但最终那只是与这一切无缘的观念本身。这一观念的存在，只有在信息传达成立时才能得到证明。因此，我们必须对应传达媒介的种类，发现能真正切实传达观念的媒介，尽管这种媒介也许活动性很强，变化多端。建筑设计，也可以说是专业的手段。

　　观念大概与肉体所处的状况复杂地纠合在一起。当我出发，去邂逅也许下一次会出现的"观念"时，最需要的是肉体经历的轨迹，它也是在与十年间的状况联系中形成的观念的推移。我之所以斗胆撰写编年体笔记，或许是因为我曾经身处各种社会性事件及状况中，我以为这种过程的轨迹，多少能促使我从当下再次出发。

1

我经历过"血色五一"[1]的时代，它发生在我学生生活的最青春年代。当天，学生们被诱至宫城前广场受到镇压。很快，日本共产党发起转入地下投掷燃烧瓶的斗争。全日本学生自治会总联合会的活动家，突然以间谍嫌疑遭到调查委员会调查。我的才华横溢的"山村工作队"的朋友，由于营养失调成为废人，从大学里消失了。那是一个充满艰辛的时代。

对于日本经济而言，以朝鲜战争为契机，从此进入了高速成长期。虽然经历了一些曲折，但还是迎来了和平与繁荣。每当想到战争真的结束了，过去的这些事件在我的印象里总是过于血肉模糊。

现在，当我注视南越僧侣自焚的写真时，眼前就会

---

1 指为反对美日"媾和条约"，日本全国各地举行的抗议示威游行活动。

浮现出"血色五一"当天日比谷公园旁横卧的外国轿车身上燃起的火光。不，我的记忆被拉回到了更遥远的岁月，那种火光，也许和 B-29 在夜空中投射的莫洛托夫燃烧瓶烧煳日本城市天空时的光景如出一辙。战争的岁月里，我大概带着少年的纯真，穿越在燃烧弹中。

在我成长为学习建筑的学生并开始思考前的那一时期，我所经历的事件中，将我包围的实体尽是一个个走向崩溃，不，走向毁灭的事件。众多城市毁于战火。虽然它们曾经存在某种形态，但在下一个瞬间变得无影无踪。城市消失了，只剩下焦土。焦土，犹如希腊和埃及的废墟，不是在我抵达它们之前毁掉的。包围我肉体的物理性实体，突然脱落、消失。因此，我感觉走在焦土上，不是焦土变化了，而是它给予了我消失感。这一记忆，在学生时代以"血色五一"事件的形态再次出现。

对身处艰难岁月中的学生而言，革命着实是抚慰绝望状态中的自己的目标。至少在 1950 年之前，我们很认真地谈论过革命的可能性。追寻这一目标的切实行动不断受到阻挡，持续遭遇破坏，和燃烧的日本城市十分相似。日本共产主义所激起的极其迂回的波纹，只守住了它的表情，冻结了喜怒不定的学生们。我的内心，有什么东西再次开始脱落。

2

那一时期，广岛和平纪念陈列馆尚未成形便被搁置了下来，仅仅显出了它的躯体。钢筋水泥桩柱，与"原爆圆顶馆"扭曲的铁骨架隔河相望，远远无法和"建设"一词联系在一起。它让人联想到其是否也是废墟的一部分。

事实上，对我而言，当只有毁灭才能实际感受存在时，这样的光景，应该才是我熟悉和十分亲近的。

换言之，在变质过程中，迥异的物质之间保持了均衡。进而试着将它们分开时，那里存在着建筑。桩柱，在我之后访问马赛时，与这种形态非常类似，它与勒·柯布西耶那种食肉动物滴血的血腥场景大概无缘，似乎与剔除了肉质、冷飕飕的空间十分相称。

过去，我受制于建筑必须建得华丽、美观且精巧的固有观念。并且，在以有条不紊的秩序进行建设的过程中，我完全无法在自己内部的世界里将其现实化。我害怕自己下手，总是设法制订逃入古典世界的规划。古典世界，尤其是只要它的对象是建筑类的实体，那么，它就是脏兮兮的，冷酷的，甚至是残暴的。它和面对废墟时的心情是一致的。

建筑的建设阶段，则是更加惊人的、激越的。未经规整的部分裸露，无法整合，各种喧嚣。由三个建筑构成的广岛和平纪念公园一角的建筑群中，某场馆出现了故障，和平公园的建设绝非是一帆风顺的，这是我之后才了解到的情况。我在那个场馆中痛下决心，立志师从丹下健三学习。自那以后，我在研究生院的丹下健三研究室度过了七个年头。这一关系，通过东京大学城市工学科维系至今。

3

不知何故，我对处于尚未完成状态中的建筑有着极其浓厚的兴趣。例如，高迪在巴塞罗那留下的遗作——圣家族大教堂，现在终于在一侧的袖廊边上建起了高塔，但其表面和内部均是裸露的。尽管如此，建设还在继续，境内的一隅中，石匠们锤子落在石头上的敲击声，震得人们神情恍惚。我无法预估这种状况还会持续多久，但是，该教堂的确魅力四射。

因此，这一判断或许与广岛的焦土，抑或与历史更为久远的废墟的记忆是联系在一起的。未完成状态，换言之，就是通向遥远的完成之途，反言之，则是通往灭亡之途的过程。历史中存在的建筑，以裸露的形态本身出现，被窥视到的无疑是受弃于这一时间长河中的物体。事实上，埃及的祖玛及古希腊城邦的魅力，不在于让人联想它们曾经拥有的建成后的壮观样式，而是来自它们全部建成后的形式，在各处露出了正在被还原为物质本身的断面。

我在试图寻找我自身的建筑方法时，痴迷于完成后的形式与秩序在触觉上的违和感，结果便自然陷入了看起来很随意的、不得要领的"过程论"的构想中。

4

1955 年，一个居无定所的建筑师来到了日本——康拉德·瓦克斯曼。他不像富勒那么拥有商人气质并深谙饶舌的哲学。他逃离德国，似乎继续着始于两千年前的犹太人的流浪，不知尽头。他像个工程师，是狂热的逻辑的信奉者。他发明了独特的教学体系：以 21 名学生为对象，用 3×7=21 天的时间分析、总结 7 个课题，并在东京大学的研究生院的教室里开设了讨论课。他用整数的整合性来建构他的讨论课，这恰好让人联想起犹太教神秘学流派中的卡巴拉。不过，他和卡巴拉并没有关系，然而他对现代建筑做出的最大贡献——立体构架这一用单一的系统覆盖整体的抽象化的结果，使他最终变得与卡巴拉十分相似。当时香川县政府大楼的设计刚刚完成，日本建筑界在各种传统理论的框架下展开了热烈讨论。包括我在内，参加讨论课的不少人在传统理论的影响下，对于超越时代的、纯粹基于工程学的瓦克斯曼的构想无法充分理解。面对无趣的、七嘴八舌顶撞自己的学生，他一一摆出理由进行反驳。概言之，他的目的是要向我们灌输设计一个节点支撑所有空间这一想象。最终讨论课不是变得特别复杂就是他在怒吼："后面的事情交给我了，我一定会成功，你们干你们的吧！"这是教师的悲哀。结果，他的确用了超出 21 天 3 倍的时日，完成了学校单元的设计方案。

此时，我遇到了与众多日本前辈建筑师截然不同的构想，将一切集约于一种逻辑，最终抵达诸如终极原点的部分，我为此投入全部努力。如果找到了这种解决方法，不仅能解决特定空间的问题，并适用于整个宇宙。这近似于确信宇宙的结构存在着结晶起来的绝对地点，或许只有在无边的沙漠中流浪的民族才拥有这一神教的图像。与其认为这是问题的抽象化，还不如说是存在先验论的原点。

　　报名参加特拉维夫的设计竞赛时合作的古德维驰，也是在海法大学的瓦克斯曼的学生。实际上，该大学里有比瓦克斯曼更蛮横的老师，就是阿尔弗雷德·诺伊曼。他发明了建筑空间中的斜面这一特殊模型，计划和学生泽维·霍克及艾尔达·沙龙等人创作两三个作品。我在特拉维夫逗留时，费尽心机想见阿尔弗雷德·诺伊曼教授，那是在这位年近古稀的教授带着 20 岁的女孩子私奔后不久。我没有他的音讯，我只在这个城市的郊外看了他建造的巴特亚姆市政厅斜材起舞般的建筑。我感觉，它不完全是建筑，存在着某些欠缺，但洋溢着对逻辑的痴迷。

　　我发现，当我对构成城市的装置般的物体通过几个系列进行设计时，其看上去只需用一个立柱般的装置便足以支撑，我想起了瓦克斯曼节点的方法，心里不禁咯噔了一下。不过，在那一刻我反而学到了，在由此抵达的原型的存在中坚持己见的必要性。

5

　　想必每个人都有想不起自己经历过什么的情绪消沉期。1956 年至 1957 年间，我在丹下健三研究室除了设计究竟还干过些什么？的确，没有其他事情可干。于是，我们决定一有时间就报名参加只有无名设计师才参加的设计竞赛。这些主要是学会每年为学生安排的，或设计小型住宅的竞赛。我们计算并统计结果，将一等奖算作"本垒打"，佳作算作"一垒安打"。当时，我们的安全打击球率不低于七成，按上垒率计算的话，在二垒打左右。那个时期的好友是现在东京大学城市工学科的川上秀光，以及曾在前川事务所工作的奥平耕造。虽说小型设计竞赛也能让我们小兴奋一下，但最终不过是完成一种仪式罢了。大概生不逢时吧，没有一件设计落实到具体建设上。

我住在自己租借的本乡的屋子里，主要干着图纸设计的工作。房屋建在名为"菊坡"的崖边上，它肆意扩建，平顶屋上层层叠加的结构，复杂得难以用语言形容。我并不是喜欢住在那里，而是要在不打零工的前提下维持生计，这个出租屋刚好满足我的需求。事实上，日本的木结构的住宅空间，可以按照有规则的立柱位置，将它理解为透明的，有逻辑的。而我住的出租屋则截然不同：走上两三级台阶进入走廊，途中拐过两个弯道上楼梯，其后再次爬上左侧的楼梯，走廊的尽头位置是我的房间。漫长的岁月里，这里的房屋用途不断发生变化，经过修理、扩建、解体，多次用木材将它与所剩无几的老旧部分衔接，变形的造型在崖边纠合在一起，面目全非……堪称贫民窟。

后来我将这里称为"拓扑迷宫"，但在当时，我没那种心情。它犹如杂乱无章、结构复杂的山谷，一直前行的话，便会通往小石川的，即没有太阳的街道，比起人类，穿梭于这些房屋中的猫或许更了解这里的整体空间。

虽然多么想偏袒它，但这房屋看上去既没有水平面，也没有完全的垂直线。只要倚一侧墙面堆书，房间便会受其重量牵引，开始向一侧倾斜。房屋的主人有时来帮我用木棍支撑房顶。由于街上有人骑自行车，房屋不停震动，乃至我对小地震变得毫无感觉。居住空间稍有晃动，我也可以承受，把它想成碰到暗礁的船舱即可。所幸的是，我居住在此地期间，既没有遭遇过火灾，也未碰上过大地震，所以活到今天。由于结构过于复杂，我最终也没弄清楚，房间的正下方究竟通到哪里。有时换了住客，还能听到奇怪的发动机的声音。住在这个空间里，我最急于考虑的是能否逃离此地，不过，在逃离之前，我最大的兴趣点是，复杂的空间在地区中的扩张——非连续性空间的接触、偶发性事件、随意的扩张和消灭；多重用途的混合；空间的多重性；如莫比乌斯环扭动环绕的走廊，以及生产杂音和娇声的各个房间的门；老鼠、野猫、壁虱、金鱼及与直翅目动物杂居的人类……在以东京为对象开始专业性考察时，我发现无论这一城市的复杂性，还是变化的速度及非连续性，实际上都是和那个迷宫，即拓扑的扭曲空间无障碍地连接在一起的。我的现代城市空间论，之所以是从多元化的诸多事实经复合化、多层化并显示其过程特征的图像出发，我的建筑设计，之所以与若干的不定型性联系在一起，追根溯源的话，也许也与那时候的记忆有关，在难以清晰回想起自己做了些什么的几年时间里，自己被封闭在那个空间，并无奈地游走于名为东京的城市街头。

6

提及五期会，除了最后一年，我一直是比较积极的会员。该会创立于我大学毕业后的第二年，我觉得当时自己与长我近十岁的、已经几乎成为建筑师的那些主要成员在很多事情上产生了截然不同的问题意识。不过，我还负责该会的机关刊物《设计·组织》的发行工作。我也曾暗中尝试，将"驾驭机关刊物之人，便是驾驭学会之人"的组织运动的原则付诸行动。最终的结果却是，我作为一名热情有加的会员，自始至终都在为学会打下手。形形色色的建筑运动，随着建筑黄金年代的到来，被建筑量剧增的态势所吞没，随之消亡。对于五期会，依然没有沉下心来，展开尽如人意的活动，确切地说，未能对它全力以赴，留下了一连串的遗憾。究其原因，似乎与以下这点有关，即在会员的年龄构成上，最下层中还有我可用来垫底，那些已经依靠事务所实际发表了作品的，或成为大型事务所主设计师的成员，当他们将创作活动中的组织问题设立为中心目标时，恐怕就缺失了将这一目标与自己的创作经验加以比照及验证的余力和积累，只是忘乎所以地开始了工作。

在五期会中，什么是建筑师应有的形象这一话题是谈论的核心。具体的建筑师形象，正如最终在某个时点上，五期会的上层人物一个接一个地变成了日本建筑家协会的会员，现在是中坚会员这一事实所显示的那样，对前川国男通过战前的事务所活动所树立的民间自由建筑师的形象进行了修正，从个人的封闭性中解放出来，确立了尽可能合作的体系。在这之前，出现了对所谓"民众论"的讨论，即集体设计"总评会馆[1]"、各类同人

---

1 位于东京都千代田区。

组织开始开展活动等事态，带来了建筑师主体性解体。五期会内部的讨论，也是这些状况的集中化表现。在这样的环境中工作，我并没有损失什么。与新产生的大众社会的状况结合在一起，我决定对官僚体制问题做一番梳理。我认为，官僚体制恐怕会以某种形式不断掌握社会性生产的主导权。到了那一天，无论是合作团体还是同人，仅仅依靠这种对陈旧的建筑师形象的修正能否守住建筑师创作活动的主体性？如果创作这一内部活动产生于这种小团体，结果将反之依赖组织，主体会变得极其堕落、毫无力量。只有拥有不同个性，才能创造团体。只有这种个性在该过程中拥有变质的可能性时，与团体的联系才能存在。

因此，我之所以能和团体顺利联系在一起，是因为这一时期遇上了伊藤郑尔和川上秀光二位。我们开始联合署名撰写论文，后来起了一个笔名："八田利也"。我们三人性格迥异，专业不同，共性只有嘴上不饶人这一点。当时我们都事业不顺，处于失业并情绪低落期。我们"集体讨论""共同写作"。对于当时的经纬，川添登在我们的著作《现代建筑愚作论》中通过"补论"的形式，以"建筑界妖怪的内部"为副标题写了一篇美文。

正当建筑师们涌入建筑家协会，五期会确立了要从内部进行改革的方针时，我却在精神上脱离了五期会。在经历了各种事件后，有一天我向当时的会长大谷幸夫提交了退会申请。我至今都不清楚他是否随大流地成了建筑家协会会员。他收下了我的退会申请，一如既往地少言寡语。现在回想起来，他好像用手捏碎了那张纸。

7

在《新日美安全条约》获得批准的拂晓，我身处首相官邸的大门口。

侧旁巷子里的狭小坡道上，横卧着一辆被抛下的装甲车，看上去是一群右翼分子占领了它。假如拥堵在国会周围的市民和学生们再次与警察发生冲突，这条小道便是死胡同。涌入小道的人群显然会遭到围殴。

即便没有大事，附近小的冲突也是时有发生，这台装甲车被孤零零地弃之于此，目的也是围堵人群。我是街垒队伍中的一员，与警察对峙。到了深夜，大家都已极度疲惫，整体状况变得毫无秩序，混乱不堪，也分不出彼此的服装，时而发现离队返回后重新拉起手的人竟然是右翼团队的成员，不禁开起了玩笑。

在这一天到来前的一周，我们几乎走完了一年要走的路。每天先在国会周围游行，随后流向银座，有时一天重复两次以上上述行程。因此，到了那天拂晓，我们变得筋疲力尽。深夜，国会批准了《新日美安全条约》。在此之前，我无数次地在游行队伍中幻想，堪比美国式巨大墓地的国会议事堂会不会燃烧起来。按照战争以来的记忆，那个瞬间，国会应该被烧毁。然而，什么都没有发生，只留下了一个少女死亡的记忆。天微亮起来，队伍绷紧的弦开始松弛下来。就在一瞬间，我注意到装甲车上一个叉腿站立的男人的眼神。他一边指挥着一群人，一边在等待着指令，身体几乎一夜没有动弹。这种眼神我从未见过。他无疑比我们更加身陷绝望。他瞪着眼睛，隐忍着绝望。安保斗争结束的黎明时分，仅有最终没有燃烧的议事堂和当时处在敌对位置上的那个男人的眼神留在了我的记忆中。

8

那一时期，我的一群艺术家朋友在银座街头开始了古怪行动。他们身着奇装异服，躺在车道上，令路人们惊叹不已。他们自称新达达派组织。

他们的创意和作品，与我想象中的城市有相似的部分。因此，我曾经计划和他们中的一位——荒川修作共同建造奇怪住宅，不过，这原本就不是容易实现的愿望。1962 年夏天，在我后来居住的房子里，举办了欢送吉村益信等人赴纽约的派对。只印着"SOMETHING HAPPEN"文字的邀请函送了出去。这既是对不期而遇的事件的期待，也是对一切在毫无关联中发生的状况所做的设定。

派对中发生了各种各样的事件。最后，土方巽和篠原有司男赤身裸体爬上了房顶。在自下而上的聚光灯照射下，漆黑一团的天空背景中，黑色的瓦房顶上浮出了两个男人的裸体，这恐怕是我迄今遭遇的最为超现实主义的光景。这是一起文教地区寂静的日常突然遭到破坏的事件，当然，也招来了警车。那个警察也成了事件的参与者，我们对他深表感谢。

第二天一早刚起床，我便在两名刑警的夹持下被带往富坡警署。我成了展示猥亵物的主谋。如果是因安保斗争的示威游行遭到逮捕，双方还能从正面来一场辩论，但现在是来为突发事件做善后的。我强调那是艺术。双方各执一词，这也在彼此的预料中。无论是安保斗争时与警察的对峙，还是此刻喋喋不休的争执，难道只是事件的本身，一切甚至互不关联地发生着重合吗？东京这一城市中的事件，尽是一些毫无关联的事物的各自摇摆，偶尔火花四溅，但很快又被下一个关系所吞没，这正是它的特征。它们不是可视的秩序，至多在彼此相交的犹如网眼的节点处，内含了令下一个关系发生的契机。

9

称之为"节点核心区"的系统被开发出来，并被理解为城市空间的联络系统之一。那根"立柱"模样的物体，原本应安放在城市内部网眼的一个节点上。反之，将立柱设定在那个位置上，也许就能改变空间运动的质。1962 年的秋天，新陈代谢派决定在西武百货公司举办"未来城市与生活展"。

会场上架空设置了东京的一个地区。在那上面准备了"立柱"和与之联结的"软线"，让前来参观展会的观众随意摆弄它们。

即由无数个毫无关系的人，按照他们的意愿操作一个系统，自动展示形成过程的活的形态。

这一实验产生了出乎意料的结果。用作"立柱"替代品的钉子，通过观众之手不仅被钉在柱基上，甚至被钉在墙壁、天花板上，绕在厕纸卷上的软线横跨空间，呈现了一个让人无法收拾的犹如蜘蛛网的立体迷宫般的局面。

期待这一现代城市建立视觉上的井然有序的形态几乎毫无意义。它常常被面目不清的内在力量所吞噬、碾碎。这一模型，模拟的是这种城市的生成机制，这一结果之于我而言，我开始确信，用新陈代谢派那种简单的生理学式的类推，城市及建筑的生成结构绝不会变得可解。

该新陈代谢派的展会，高山英华、丹下健三、大谷幸夫，加上我并不是团体中的成员，而是受到邀请的参加者，在那之后，我也成了新陈代谢派中的一员。

提到当时我为何不是新陈代谢派的成员，只是由于时间上比别人晚了一点而已。1960 年举行世界设计会议时，尽管是由该团体主办，但当时我还没有可在这样的会议上作发言及可谈及的项目。为《美术手帖》的特刊撰写《孵化过程》一文，是泷口修造为我创造的机会。当时的我，作为建筑师或规划师，放弃了难以回避的强制的技术上的思考，只专注于将发生状态下的观念对象化。最终，我的设计变得极为非逻辑化，既不是建筑，也不是诗歌，不是城市规划，不是哲学，不是一张画——非漫画也非解说图，概言之，既非时间论，也非空间论，与所有的一切都不相同，对我而言，似乎就是它们的全部，是一张蒙太奇的写真。

从我感觉到这一"孵化过程"是我初次进行自我确认的那一瞬间起，我就意识到，这与将切实要求走向对象化的实践这一技术作为逻辑支撑的建筑师的方法是无缘的。上述的蒙太奇写真所拥有的指向，与建筑及城市的新陈代谢和变化需要发现内在的秩序，寻找可以从方法上建构的技术这一新陈代谢派的思考，从根本上而言是不一致的。之后，原广司站在时间论的视点对这些问题进行了分析，我觉得，在靠近时间时产生的差异，更加单纯地来看，来自面对客观化了的技术时旁观地点的差异。

10

将建筑空间逻辑化，用方法加以组装，这是我开始从事建筑工作后很快就有的想法。我在 1955 年的硕士论文中打算研究这一课题，最终没能成文。在更早的时候，我陆陆续续阅读了柯布西耶的著作，虽然明白与五条纲领、城市设计有关的解说，但是，对最易读的，诸如《空间新世界》这本从绘画到城市的全部领域展开他的新空间图像的书却未能理解。

概言之，建筑空间不是外在的事物，是人类在进入那一场所并与之相处的瞬间，从内部感知、自那一时刻起开始存在的一种现象，所有的逻辑和方法，无非是令这种现象发生的手段。我这么思考，始于我四处参观拜占庭寺院内部的那个时期。我不说那是"启示"，那样的话有些夸张。现在回想起来，不过是最为坦诚地发现了理所当然的事实罢了。

我与建筑空间是在什么时候开始建立联系的，这不是一个大事件。我注意到空间的存在，是很久以前的事，只是没有明确意识，所以也没有逻辑化，各种空间记忆，也因此变得零散，在什么地方沉没了，仅此而已。建筑空间，恐怕是发生在我们意识内部的事件，因此，它一定是极其形而上学的。通过不同种类的媒体对这种形而上学加以现实化、进行演绎的，不正是建筑师和设计师吗？在他们意识内部萌发的这种观念，需要尽量准确地加以传达。因此，他们必须拥有匠人的眼睛和技术，掌握与各种专业领域的独有逻辑联系起来的方法，分析事件，具备统筹处理上述工作的组织战略。还出现了甚至让人无所适从的绕圈子的手段，以及有时将现象反过来看的侦探的手法。他们被赋予如此的责任，即在与越发变得复杂化、巨大化、不可视、丧失自律性、发生突发性飞跃的外部现实进行有机对应的同时，应将独自的形而上学现实化。

1964年春天，机缘巧合我为冈本太郎的大型个人展担任空间设计。他的作品非常华美，有些是色彩极其艳丽的大作群。我想将这些作品幽闭于一个黑暗的空间。绘画和雕刻，在黑暗中闪烁，他的作品会给人留下怎样的印象？我想设计的是让所有附属物消失，只有观众与作品面对面的场所。无疑，这取决于黑暗空间中光线浓度的分布。当我开始这么思考时，我注意到自己可以拥有将空间视作一个形而上学的物体加以创意，进行逻辑化、技术化的最初步的手段。从实际工作的结果而言，出现了预想不到的各种制约，只留下了这一想象的残骸。尺度和织体不是各自为政的，最终它们成为素材而形成空间。空间有着这样的特征，但我当时缺失了几个条件。

11

设计，大概就是最终拥有某种形态之意吧。因此，经常将设计视为形态本身、模式等并没什么问题，但是，通过该行为的整体，我想追究的是另类的，换言之也许是虚的图像。我在诞生于大分县立图书馆设计过程笔记的"过程规划论"中谈到，物质必然发生变化，视觉所能看到的，仅是某移行过程的一个截面，因此，我尝试展开的是，当我们将"过程"这一被假设的概念视为更为实在的事物时的规划方法。关于"黑暗空间"也同样，大概是幻觉才是空间的实体这种预想。这一图像，与我在1963年合作编辑《日本的城市空间》时的"看不见的城市"的构想是连续的。最终，通过构筑虚体，我产生了尝试与现实中隐藏的核心黏结的欲望。诸如此类的各种观念，产生于我具体的建筑作品及项目工程的制作中。我没有经过先行思考。我感觉，设计时移动的手的轨迹，让观念有了支撑，变成了实在。

关于"看不见的城市"一词，我大概只是将它理解为被抽象化了的、在尚未还原为形态之前的信息操作的过程，我极其狭义地使用它。不知不觉中，它变成了广告式的用语，更多的人甚至超过我本人对它进行详解，基于更恰当的解释，它甚至变成了信息化城市图像的代名词。这让我觉得，追溯此事，可以解开信息化社会的传播机制的基本命题。在信息充斥的市场中制造出来的词汇，不可能事先赋予其严格的定义及根本性意义，它只是在市场上被吆喝，瞬间送到了无数人的手里。数年后，当我终于写出《看不见的城市》这篇随笔时，该词已经离我远去，为了在字里行间追上已经出现偏离的意义，我竭尽了全力。传播机制正是虚体，因此，论述虚体的文章，理所当然会被卷入其中。

12

历史上甚至出现过扬言建筑师不该插手城市规划的时代。20世纪50年代，我在丹下健三研究室，深受CIAM的影响。在城市这一总体的视野中反观，建筑应该是城市准确的构成部件这一普遍的认识，无疑发挥了巨大作用。因此，犹如念经那样，我们将"城市规划"挂在嘴上。当时，建筑师过于封闭。城市这一图像尚未成形，日本的各城市已经开始膨胀。那是以巨大的食欲吞噬建筑，而不是有秩序的建设。与此相对，建筑师却仅被限定在狭小的框架内工作。这一状况完全没有出现改善的迹象，但在意识上可以认识到这一点。经过1960年以后的经济高速增长期，建筑师的工作，甚至有了可以改变城市外形的影响力。最重要的是，开发的规模变得巨大。回头瞻望，不知不觉中开始出现了与城市联系在一起的建筑概念，可以说它突破了意识的框架。

这种状况如实地通过我的大脑，其结果，最重要的是，建筑不再固定化，可以从各种角度反复地进行尝试，这种操作变得常规化。建筑变成了一切，可以是图式及观念，也可以是绘画或机械，或者是音乐、光线、色彩本身、玩具、连环画等。工作内容也不局限于建筑师，开始谋求尽可能多的领域的专业人士间的合作。虽然这种作业会带来同行专家的激烈冲突、协作、统合，但对我而言，却对相互的渗透作用和融合颇感兴趣。我发现了不知不觉中已经搭上了多元物质输送机的自己，我觉得这种质变是颇有意义的。

13

1965 年春天，我们打算对东京的所有音乐会场馆进行调查。一柳慧创作了电子音乐《色即是空》，他计划改编成歌剧。我与之合作，负责美术及空间设计。我们考虑将顾客头上的棚顶及身后也设计成舞台，让演员和观众不加区分地融合在一起，要设置爆炸的椅子及超高音波放射区等，为此，中规中矩的场馆派不上用场。我们最终有了结论，即利用拳击馆。然而，拳击馆的场地死板得出乎我们意料。

　　解体演剧性空间，进行实验性尝试，这在东京看上去依然存在着巨大困难。建筑装潢尽管是 20 世纪风格，内容却一成不变地固守着 19 世纪的概念。因此，欲将杂技表演的惊险感与即兴表演的突发性，以及蕴含在剑道、茶道、书法等日本传统中的张力浑然合为一体的这一歌剧，最终也没有逃脱流产的命运。

　　有关电影的制作过程，其实我只是在书上看到过。可以说我仅仅依赖的是初创期发明了各种特技的乔治·梅里爱的纪录片。当有人找我担任《他人的脸》的美术策划时，我之所以被影像世界的实验的可能性所吸引决定尝试一下，其中的理由之一是，七十年前梅里爱就为我们证明了，影像所表现的空间，与我们建造的建筑空间可以是异质的。

　　不管怎么说，我是电影的外行。况且，丹下团队设计方案在柯布西耶设计竞赛中胜出，我被派往南斯拉夫。我通过信件这一奇妙的办法展开实际工作。最终，我的简单的笔记和素描，通过众多工作人员之手扩大、增幅，获得了远超预想的效果。我首先必须感谢导演，他理解了我这种只能提供不完全合作的合作者的意图，拍出了十分准确的图像。同时，担任造型美术的三木富雄制作的展示架，可以说大幅度提升了透明感和物质的非实在感。

为电影工作还算是和空间的建造具有连续性，并未感觉到什么大的矛盾，但是，当我被邀请参加东野芳明策划的"色彩与空间展"时，说实话，我不知道自己可以干什么。他的脑子里有"模型""定制艺术品"等诸如此类的构想，他也希望能将建筑、城市规划的模型视为"作品"，通过意义转换或变位，或许可以出现新的问题。

最初我打算将几年前坏掉的"空中城市"模型修好，奇怪的是，当初兴致勃勃制作的这个城市模型，无论如何都无法对它重构。匆忙中，我决定用二十分之一的尺寸制作当时正在设计的银行的内部空间。我省去建筑的细节部分，只制作了空间形态的原型，并涂上色彩。

此时，我想用该模型来反证，我不是将建筑当作雕刻来制作的。然而，当制作完成后，它却仅仅是一件模型，是类似于彩色雕刻那样的作品，与我们想通过模型理解实际空间的意图毫不相干。这一尺度断裂所产生的效果，正是我需要再一次深挖并反思的点。

14

当初，我打着绘画＋雕刻＋设计＋建筑＋摄影＋音乐的旗号，开始参加上述领域专业人士的展览会。团体名为"环境会"，1966年秋天举办了"从空间走向环境"的展览会。

对我而言，这也是几乎两个月前举办的"色彩与空间展"的连续，最终我以相同作品参展，并由于担任展会空间设计的工作，有了一种全新的体验。展会的意图在于"打破观众与作品之间静态的、和谐的关系，将老套的'空间'改变成将观众和作品等所有事物包含在内的动态的、混沌的'环境'这一'场'的概念"，具有这种可能性的艺术家们，拿出了各自的参展作品。

彼此毫无关联，却要试图在不同色彩、光线的作用下将顾客带入作品，因此不可能让会场陷入沉静的氛围。所以，我不得不向参展者提出诸如重复、冲击、干涉、限制等并不太令人愉快的条件。况且，我还发现会场非常狭窄。

对于结果，究竟是产生了嘈杂混沌的效果，还是出现了新的和谐，我毫不在意。平时安静的展览馆，现在呈现的是愚连队在街头游走，抑或是游乐场热闹的氛围。

至少我可以称它为小城市的模型。它不是物理性实体构成的住宅区，只是单纯地抽取了活力四射的活动，它本身就是闹市。这一状态，意味着探索"环境"的可能性。

通过这一次的经历，我预感到了可以将城市结构的图像作为一种事件群来加以理解的方法。的确，每一个作品都是拥有个性的存在，但在总体上已然很难区分，只能说那是高层次事件，是一种城市空间的模式。

如果通过另一种类推的方法，我甚至觉得，以"风流"等完全非理性的概念为切入口，对诸如庭院、建筑、家具、礼仪、音乐、哲学等过去存在于整个中世纪的形形色色的手法进行统合而成功诞生的茶道这一事件，或许存在着继续通过对环境的思考，解体各领域，回到让它复生的地点的可能性。

15

经过对各种感觉地毯式轰炸般的刺激，我将精力集中于称之为"环境"领域的艺术的工作上，该迹象出现在"从空间走向环境展"之后。环境，原本就应该更接近于人类生活的本身，而不是那种多发性末梢神经炎似的手段。将它理解为触觉性的知觉，或者参加的形式，或者体验的过程，这已经是常态，反过来思考，被卷入环境，或事件的主体的眼中，看到的依然是物体，是风景。所谓规划风景，即是规划映入人类眼睛的，且可以体验的风景，恰巧是在那样的时期，我干了这份工作，即我为创作了称为"丰后追分"这类歌曲的诗人设计石碑。

那些诗人将九州中央拥有让人联想起火之国光景的久住山和阿苏山写入了歌曲。诗歌碑的位置，自然定在了久住山麓。

我考虑借助诗歌碑，将两座山顶尽收眼底。换言之，如同《圣维克多山》那样，在一个镜框里装入两座雄伟的高山。为了去除周边不需要的风景，我决定将石碑建在石壁底下，即设计一条从地图上看处于连接久住山和阿苏山山顶的轴线上的长达100米的明堑。人被这条久住山脚下的缓缓的平原中开挖的人工石壁吸入，当站在挖开的石壁下，两侧的石壁消除了所有障碍物，只能望见前后两座山顶。

在100米的石壁上反复作业，使其产生有韵律的形态，在此过程中石壁上的裂缝开始形成巨大的女阴外形。我发现，要使埋没于岩壁底部的这条隐秘的地形学上的轴线与诗人吟诵的浩瀚苍茫的风景吻合，该人工女阴是最为适切的方案。负责该项建设工程的谨小慎微的老人们，原封不动地实施了我的方案，然而，由于预算不足，他们犯了一个重大错误。虽然他们一丝不苟地将平面上的造型移到了大地上，却没有挖出能将人全都收容于内的深度，仅止步于腰部位置。当我为参加揭幕仪式抵达当地时发现了这一事实，我无法对违背我的意图的行为提出抗议，最后总算说服大家同意重新在石壁两侧的堤坝上大量种植灌木，制造一条柔和自然的通道。原本仅用石材堆积制造硬质触感的方案，通过这一事件，反向重新回归了柔性和情趣。

16

制定一种规则，尽可能反复试错，这一原则也等同于制作模块。我们习惯将所有的立足点都置于立体格子的笛卡儿式空间，所用的工具也很多样化，其结果便是使得脑海里想象的各式各样的形态成为可能，但是，假如我们对工具加以限定，或开发出新工具并仅使用新工具，就会出现惊人的变化，虽然只是简单的作业。

将玛丽莲·梦露的裸身用作规尺，只是在无数种曲线规尺中限定了一种工具而已，在银行设计中使用的$\sqrt{2}$的投影转换系统也是一种沟通工具。设计，原则上是经过相互毫无关系的人的手来进行的。这一他者化的过程，就是设计现实化这一操作，它所需要的一点是，通用的规则。并且尽可能地开发新工具，这也是获得意料之外的形态及结果。

　　如我们的传统曲尺，正反面有1∶$\sqrt{2}$的尺度。它能自动通过测量直径，求得内接正方形的一边。同时，当计算机，尤其是当图形显示装置开发出来后，我们的日常设计过程便发生了巨大的变化。不仅在形式上，而且设计的步骤等过程本身都不得不产生巨大的质变。在我们使用的铅笔变成光笔时，设计使用的媒介，对设计全过程进行了重组，玛丽莲·梦露规尺即便在那种时候，也一如既往地在无限重复的模式中，留下了20世纪中期的烙印，无疑维持了其与众不同的个性。

17

　　如果说城市在其生成过程中与文明产生了深层次的联系，那么，建筑则在其实现过程中直接与政治连接。即便不是直接的政治宣传，各部分中堪称非技术性、非艺术性、非功能性的异质的决定性因素，也制约着具体化的过程。

　　带有公共性的建筑，远比它的外观更具有政治色彩的投影。

　　大分县立图书馆，建设周期用了五年。从最初的基本构思至动工，经历了三年半时间。设计至进入施工前的阶段，是以通常的速度进行的，后来速度放缓的最大理由是，无法确定预算。

该图书馆，由三浦义一的捐款建立了基金。如果按此捐款金额来计算，实际上所能建成的建筑，连后来完成后的图书馆的五分之一都不到，换言之，是规划一座三浦义一文库那样的建筑。

当时该县立图书馆只有一座全日本最差的临时建筑。县民们对新图书馆建设充满期待，他们和通常的平民的功利主义者一样，不问手段，只要结果。当时，县知事来自革新派，实际上在保守派占绝对人数的县议会中很难开展工作。不过，该图书馆的建设规划，在政治性层面上完全显示了其中性化的特征。执政党和在野党达成一致，接受了捐赠。这笔捐款，以战时行动派日本主义者、战后与中央政界私底下关系密切的奇特的政治人物三浦义一母亲的名义，捐赠给了大分县的县民。

对建筑师而言，不得不时常遭遇必须自创独门绝技来应对水面下暗流涌动的脆弱关系这一现实，此时，我也显然遇到了相同状况。

该图书馆的规划，无法获得合理的规模。换言之，无论哪种资金方案，都不存在绝对的条件。设计师无疑总是在强人所难地面对这种不确定的条件。规划立项，有时反之也能刺激周边的条件拓展。这种逻辑，可以说是在创立"过程规划论"时诞生的。我所做的工作仅仅是，寻找对大分县而言的"合理的"规模，用"成长的建筑"这一概念来加以统合，使其能够承受事态的变动。

我做好了可能失败并蒙受损失的心理准备，试着制定了貌似适合大分县的理想方案，结果变成了超出当时捐款金额十倍以上的规模。

该图书馆的设计，堪称我首次参加的社会性项目。所幸这一远超预算的提案得到了知事的理解。他附加了一个条件，不足部分由财政上的余力来补足。

就这样，动工至少推迟了两年。

所以，"过程规划论"是对我而言的政治。当建筑被置于新旧思想或不同立场的无数相关者中间时，存在着独立的逻辑，倘若建筑师内心对其缺乏足够的自信，则时常处于相对弱者的位置。规划阶段，为了承受规模上的若干变化，建筑师需将建筑视为如同变形虫那样拥有可伸缩的触手的有机体，并促使与现实中的诸要素产生联系的"切断"行为成为其中的媒介。所有的政治性判断，以及观念的表达，都需要投射到这一点上。

18

　　为什么人们对大型工程，即由不计其数的拥有不同想法的人参与的规划开始感兴趣？近几年，我总是在参与大型工程时外表上显得十分郑重其事，有时一个人独处时，我会反思自己的这一面，问自己："你究竟是谁？"之所以会处于这种状况，归根结底，或许是因为自己的工作与现代建设这一精致的机制连接在一起，从而产生了能够全面释放自己的幻想。

　　如果各种图像不超出幻想的界限，便会形成封闭的回路，就有可能对其加以充实。但是，正如大型工程那样，它是无限开放的，其决定性的逻辑，仅仅是手续，对于既不存在共同的美学体验，也不存在精神共同体的状况而言，究竟应该以什么为判断基准呢？

　　在斯科普里当地参与共同设计的体验中，对于没有共同美学意识的团体，我留下了苦涩的记忆，即各种美学基准只是简单地由多数票决定，即便很难认同这种结果，由于当初认同了联合国少数服从多数的原则，我也只能在上面签名。

　　团体性作业，强求人的双重人格。完全个人化的、直接面对赤身裸体的观念这一作业，与需要在团体内部尽可能获取客观性，形成逻辑化基准的这一作业，倘若两者结构清晰，必然能确立撕裂般的紧张关系。这种期待，在斯科普里时期，接二连三地出现了相反的结果。

换言之，团体作业，是一种政治性状况。各种决定事项，与其说取得了一致意见，不如说是连续的妥协，没有比这一次更让我切身体会政治就是妥协的技术这一定义。城市、政治、团体等，这些原本互不连续、互不相容的概念的妥协，造就了生机勃勃的团体性作业。

即便如此，设计师因其性情，想要在顾及各方面的同时干脆利落地推进设计的话，他需要拼上自己的体力。如果他身处激烈的政治状况中，他则需要赌上生命。当然，对于设计师而言，他脑海里的美学意识，需要在哪个部分得到升华。

在自由世界与共产世界、发展中国家与发达国家、西方与中东及近东，从裂缝中进行震后重建的这一动人剧情，维护了国际合作的大义名分，斯科普里的重建规划，是谁贡献了如此巧妙的演绎？当然，以丹下健三团队为核心的设计，令一个城市得以重构、重建。虽然我自始至终参与其中，却彻头彻尾地感受了冰冷的孤独感，这是为何？我想应该也有这一缘故，即在国际性规模的重大工程项目这一了不起的课题的参与中，我能够完全放下自己的转机仅仅出现在最初制定设计方案期间，在方案的实施过程中，它们一个接一个地被击碎了。然而，我却没有接受教训，依然决定参加日本世博会会场的基础设计。如此空前规模的项目，除了战争，从未在日本的土地上出现过。

19

关于日本世博会，我只能说，太辛苦了。在这五年中，我身处旋涡，乃至只能用这种反语来表达。说到整整五年，其占据了本书中的一半时间。然而，在世博会发行的文书中，也只是匿名撰写了与规划相关的说明文而别无其他。也是由于我涉入太深而无法评论。

现在，我犹如战争发动者，回味着巨大的疲劳感及难言的、无法甩开的苦涩感。之所以这么说显然是基于以下事实，即当初参与项目，中途心情变得沮丧，找不到摆脱的办法，为了对外尽到自己的义务，始终保持了与该项目的关系。沮丧情绪始于世博会项目规划由技术官僚全盘控制的预判得到了证实。内心愤懑不平，只能怪我们过于单纯。我存在着幻想，这不正是可以开始与现代工程学进行正面较量的时机吗？事实上，就结果而言，达成了数个工程学上的处理。然而，在这一实现的过程中，投入了巨额预算，形成了能够顺利克服困难的匪夷所思的官僚机构，同时，在国家层面上给予了大肆宣扬。

作为具体设施的设计者，抑或工程师，或者艺术家，即便他们在自己的领域施展才华，无论他们的工作进展成功与否，无意识中都被置入了技术官僚的思维框架中。当我预感无法找到与这种工作的推进方式进行抵抗的方法的瞬间，我的心情开始变得十分沮丧。不过，沮丧仅停留于情绪的层面，我必须用自己的提案，对新奇装置的设计与建设的总过程承担社会责任。当这种矛盾出现时，繁重的工作，全部累积成了疲惫。

当我为处理无聊学阀之间的冲突而奔走时，当庆典广场的基本属性会被运营和组织方严重曲解的判断变成现实时，当所有装置完成建设，确定它们能正常运作，工作暂告一个段落时，我总共有三次由于疲惫不堪而病倒。因工作而损耗身体，这种工作方式实在过于愚蠢。我离专业设计师的目标还相去甚远。

活跃于基本规划初期的城市规划师、建筑师、经济学家、人文学家、官僚、媒体人、设计师等，在他们成立未来学会，创建横向组织时，我开始做出自己的分析——该学会的目的，实际上不就是为了以日本的技术官僚支配的意识形态为后盾吗？我的这一分析，源自我内心开始对世博会中重大工程项目的推进机制有了了解，尽管不那么清晰明了。

中央政府发布政策实施的理论性依据，事实上，仅仅依靠东京大学便足够了的时代已经过去很久了，如今进入了重组过程。在那种学会以未来学的名目创立的形势下，对于工程学的终极驱使，一定能使我们的环境变得最好这一信念，与一旦开始将该理论投入现实便立刻会被技术官僚碾碎这一现实之间的矛盾，应该如何解决？我非常清楚拒绝未来学是远远不够的，然而，究竟如何才能深入其中，掀起逆流？面临的问题从现在开始。

20

尽管我在研究生课程留到了毕业期限的最后一年，最终在学会上没有发表一篇研究论文。我之所以保持了这一暧昧的态度，也是因为不得不对设计这一尚未真正成为学问的专业采取宽容的态度，别无他法。堪称知识界潜在失业者低级旅店的东京大学研究生院，着实是让人久待不厌的鸟巢，它还给我发了需要归还的奖学金。

尽管如此，我还是一篇论文都未写出，可以说问题在于我自身的思维结构。

无论是学院派还是出版界，各自有着堪称固有方言的逻辑与文脉。学会的论文，多多少少需要使用共用语言来写作，不然没有意义，我越明白必须运用反驳、实证，号称客观性，加以粉饰，我越感到这是离我遥远的领域。因此，我的发言场，只限于建筑或美术等领域狭隘的出版物。这里，领域的界定有些含糊，即便有些天真的自我表达也是可以被容忍的，比较宽容大度。

其实，在编辑本书之前，我打算以自己想放入的几篇文章为主，再确立一些特定的主题，重新写一些文章，结果，也是出于和写不了学会论文的相同理由，觉得十分勉强。之所以我觉得这很勉强，是因为我数次尝试执笔，在美术出版社的岩崎清先生带着出版我书籍的计划现身之后，我一次次地推翻自己的稿子，试图对每一个主题进行重新整理，结果，还是觉得进行全部修改为好，放弃了重写的念头，下这一决心，用了整整三年时间。岩崎忍受了我的拖沓、迟缓、不明事理。最终的结果是，将我十年间所写的作家论的文章意外地全部汇总起来后，形成了标注日期的随笔。倘若另择日期重新写，所有内容也都会发生变化，这是毫无疑问的。

　　所以文章几乎都是按照发表顺序排列的。在1970年的时点上不需要加入新的文章，将十年的时间定格在我身上就行。只有插入的过渡性的解说文，测出了我与1970年那个时点上的我之间的距离。

附录
为鹿儿岛出版社撰写的前言

时隔二十五年，我的第一本著作《致空间》新版本出版在即。当然，发行旧版本的美术出版社是美术图书的专业出版社，发行新版本的鹿儿岛出版社则是以建筑图书为主的出版社，这是妇孺皆知的事实。或许大家会认为我从美术领域转移至建筑领域了。这也是我所希望的。最初的版本能够面向美术领域而不是以建筑为专业的领域，这令我十分欣喜。书中收录的几乎都是在建筑专业杂志上发表过的文章，我不仅想摆脱当时建筑领域的狭隘框架，还想打破它。

至少，20世纪60年代的美术界在力图扩大自己的领域，音乐、摄影、舞蹈、戏剧等领域正在相互渗透和融合。建筑及图形、I.D，甚至城市设计也参与其中，可以说，美术界为上述的这些事件的发生提供了空间。总之，当时的状况和现在不同，建筑和设计类图书在书店里没有独立的书架而被搁在理工学图书版块中的一角。美术书放在艺术类图书版块，对购书者的吸引程度和前者当然有着巨大差异。

正如本书的末尾所写的那样，这是"标注日期的随笔"。书中收录了我整个 20 世纪 60 年代所写的全部文章，并且以年代顺序排列。我伴随着时代变化的步伐，思考、记录、设计。我甚至对是否尽情传达了那一时期的坚定主张也毫无把握，这只是可以将那个思考编辑起来的一种形式。我按年代排序。当然，这同时令我回想起文章背后所发生的时代的故事。二十五年过去了，我自身甚至都淡忘了对那个时代的其他事件的记忆。何况对于当时年龄尚小，或尚未出生的当下的年轻人而言，那是遥远的过去。从 1960 年的安保斗争、东京奥运会、安田讲堂落成等，对于他们来说，就如同对我而言的"九·一八事变"、布鲁诺·陶特、"二·二六"事件变得十分遥远这一点上来考虑，现在读这本书的视角也必然发生了巨大变化。至少，我所认为的我背后保留的 60 年代这一背景已经退到了很远的位置。呈现出的大概是我按年代排序的自身思考的轨迹吧。这是我在集结这本书时没有预料到的。确实不存在任何对建筑或城市未来表示关注的视点。对于只想远离学院派、启蒙式角色的我来说，的确只是单纯地表达自己做过的事情。尽管我将它称为"标注日期的随笔"，但意外的是，很多人将这本书看作一个年轻人与建筑这一无法抓住的对手之间较量的记录。我无法提出建筑、城市是什么，什么是可能的，什么是它们应有的属性等诸如此类对社会有所帮助的见解。不过，我在寻找解答它们的线索。职业上也许我被称为建筑师，但是，无法对它下定义的作者却在挣扎。我试图穿越世界所有的城市及庞大的建筑历史。动荡的政治局势遮挡了视线，事态变得越发不透明。也许通过按年代排序的记录浮现出来的，就是这么一个年轻人的图像。

"读了这本书，所以我觉得自己也要当建筑师。"我听几个已经成为建筑师并开始活跃于业界的人这么说。这让我非常高兴。他们大概不会从这本书中学到有关建筑的学问，也不会觉得有什么可学的吧。或许他们觉得，原来还有别人也在不知天高地厚地与建筑及城市的较量中陷入了郁闷状态，这让他们多少变得轻松起来。对我而言，20世纪60年代的全部，无论是城市还是建筑，或家庭，或职业，所有一切都不确定、不可靠，用"流浪者"一词听上去有些太酷了，其实就是个精神流浪汉。

我试图同时进行文章记录和从事设计工作。今天，我可以用"写作"一词来概括那个年代。那个年代，设计的机会很少，我用写文章的方式来补充，将设计的作品改编成文章，变成想表达的，应该表达的方式，仅此而已。这一方法，我应该是从勒·柯布西耶那里学来的。他论辩式地展开自己的宣言和主张，深谙如何将问题政治化，因此，他交替使用设计和文章的方法来记录。20世纪60年代，我生活在一切皆被政治化的状况下，因此，我不是与外部世界进行辩论，而是努力在自身内部将问题政治化，即一如先锋派的艺术家们曾经所做的那样，我与破坏既成框架、表达不同意见的那个时代氛围十分契合。这一行动手段，识破并打碎既成框架的桎梏。因此，这本《致空间》收录的大部分文字，是回归本源，换言之，我力图通过激进主义的形式，尽可能用文字多角度地提取自己的思考。

在本书出版当初，涉及城市与建筑设计方法的文章，我极其自负于从中有着自己独立的视角，然而，毕竟三十年了，我也感受到有用的观点已经被极度消费。被消费也就是新奇度的丧失，同时也意味着这些观点会在其他场合沦为俎上鱼肉。尽管不该因此瞑目，但如果最终不能再为他人提供参考，也就只能死心——文章的射程有限。不过，也因《孵化过程》《黑暗的空间》《看不见的城市》等文频繁地在国外受到介绍，我觉得还是幸存了下来。

三十年过去了，我变得相信将一切反复回归原点能延长其生命这一简单的原理。一颗种子、文化、生命、思想、方法，无论它们中的哪一个，尽管最初的形态决定了它们之后的发展，即便它们的内容逐渐发展、变化，只要它们保持了自我同一性，便会经常回归原点，并不断进行模仿。这一持续反复的机能一旦丧失，无论是种子还是文化、思想、方法、生命，也就迎来了死期。这是十分简单的原理，自古以来人们变换各种方式表达这种观点。人们之所以不断怀念青春，就是因为青春是原点。在一个流派中，流派的创始人之所以备受尊崇，也是因为尊崇行为是该流派维系生命的装置。人们说某位艺术家事业的全部秘密都隐藏在其处女作中，那是因为该艺术家无意识地模仿堪称确立了自身独特方法的处女作。这也意味着，在四分之一世纪过去后的今天，我必须自问，对我而言的第一本著作《致空间》，是否明示了我作为建筑师的原点。我还是可以说，这本书是我一切的出发点。

1968年之后，我们的世界以两极对立的形态悬在空中，我称之为"历史的脱落"，但是，1989年柏林墙倒下，之后可谓是历史重新回转。20世纪90年代作为对20世纪60年代的反复拉开序幕。在经历漫长的迂回之后，20世纪60年代萌芽的思考和视点，再次得以反刍。激进主义将舞台从政治移向了思想。我在《黑暗的空间》的结尾，预测空间将分裂出黑暗与虚空的两极，现在它们作为令人不安的深层迷宫和虚拟的赛博空间为我们提示了应该开拓的程序。当时我写道，不清楚那两极暗中是否连接，但是令人不安的深层迷宫显然渗透于赛博空间。并且，物质的存在形式，是堪用"无形"一词来描述的土地和图纸的不断翻转，轮廓模糊不清，层叠结构的图像无极限地纵深显现，各自悬浮。我不得不认为，这种状态，应该是我们在60年代持续所见的世界变换姿态又开始重现了。可以说，90年代的世界，是对60年代的反复，它远远超出我自身的反复。换言之，也不是不能认为，我也有意图地陷入了对这本《致空间》试图记录的文字再一次进行参照和反复中。

在二十五年流失的光阴中，我受到众人的关注，这和我在本书中的大量思考被消费有关。我虽然这么写，但其中还剩下一些难以被消费，即无法轻易下锅做成料理的东西。如卷头和卷尾的《城市破坏业KK》《冒犯你的母亲、刺杀你的父亲》，两篇文章在发表的当时均令人蹙眉，因为它们颠覆了常识。比起内容，标题更让人神经过敏，并没有人当真，以为是一个恶作剧。我作为城市设计师或建筑师，社会信用遭遇了巨大损失。由于我发出了否定自己职业的言论，好的工作也差不多离我远去。不过，很多客户不会去读这种书，一段时间内还算是安全的，但是，那些知道有这本书存在的年轻人逐渐在社会上有了地位，他们特别关注这种过激言论，排除法则开始起作用。因此，有一个时期，我在不通日语的世界里反而干得很顺利。尽管如此，我不管对手是谁，到了90年代，我越发感到在这两篇文章里表达的思考，需要再次加以展开，这是非常重要的课题。从前者，我可以引出破坏、废墟、溶解、无形、乌托邦等主题；而从后者，大概可以见到我对于问题建构的两大文字即"父亲"="建筑""母亲"="日本"的基本姿态。换言之，进入90年代后，我的文章的问题建构全都回归了我的这本处女作。设计所指向的主题也几乎都散落在本书中。

旧版出版时按照年代排序的"标注日期的随笔"这一特点，这次也无法改变。除了加上这篇"前言"，正文未做一字一句的更改。我们活在仅有一次的无法回头的生命中。我想，书也同样，一旦它被称作作品公开出版，甚至不再属于自己。因此，我不做增减。一旦开始增减，这本新版也就被消灭了。毕竟它已经承受了二十五年的反复，仅这一点，也构成了新版出版的理由。

（1997 年）

文库本后记

　　我的第一部著作《致空间》，四十五年后即将以文库本的形式出版。这本书按写作顺序，收录了 20 世纪 60 年代我署名的全部文章。如此看来也可以称为日记，但我个人从未记过日记。那个时期，我经历了两次离婚，数次离家出走。我每次都以不同的理由，几近身无分文地重复了五次世界环游。我过着放浪不羁的生活，居住在街垒和施工现场，出没于新宿闹市区的地下俱乐部，在深夜影院看着三部连放的电影假寐。有时，我延长自己的生活节奏，在旧金山海特-阿什伯利的蹦迪夜店里，躲进布鲁斯音乐角开发的液态投影放映室，思考如何将该技术转用到 1970 年的世博会上。我在卷末"年代笔记"中，用类似"后记"的形式记录了这一时期发生的事情。在日本的建筑杂志初次为我的工作发行特辑时（《建筑》1965年2月刊），我按照专业建筑杂志的格式要求整理了本书的正文，但是，我考虑到当初作为新人初登舞台尚有不足之处，并深刻理解了社会信用丧失的问题，因此，追加了不合常规的备忘录式的片段。两三年后，在同一本杂志再次发行特刊时也进行了追加，在编辑这本《致空间》之际，又以"后记"的形式稍作了补遗。卷末的"首发刊物一览表"中，之所以没有"年代笔记"的首次刊发杂志，是因为它在本书出版时用作了"后记"。

通过这些笔记，我想记录的是自己参与策划的和建筑有关的工程项目，并设计了其中的部分建筑，工程也已经完工，尽管我因此登上了专业建筑杂志，但我并不觉得自己如社会所认知的那样是一个专业的建筑师，我依然想保持一个业余爱好者的身份，只想一心打破建筑的固有规则。当我有机会在美术领域的杂志上发表文章时（《孵化过程》，《美术手帖》1962年4月增刊），我自称是不为世界上任何人认知的城市设计师，因为无论完成和未完成的，可能和不可能的，即无论是建设还是摧毁，我想通过项目工程，在世界的某处呈现一种图像，这才是我想表达的妄想。"不到四十岁，无论你有多么非凡的才能，作为建筑师，你都无法建立社会信用"，这句话出自岸田日出刀的文章，他在谈到维也纳分离派领袖奥托·瓦格纳艰难拼搏的一生时，对他的悲惨命运深表同情。岸田日出刀设计了日本现代主义建筑，堪称这一领域的铁腕，又在过去的一个时期，获得日本长青高尔夫球赛冠军，并考虑以高尔夫球为自己毕生事业。这位建筑家的晚年，我每天陪伴他流连忘返于居酒屋，并度过了博士课程的五年时间，因此，我自认为对奥托·瓦格纳的话感同身受，就这里所收录的全部文章而言，我脑子里想着尚有十年的宽限期，但是一直坚持写作［顺便提一下丹下健三，包括参赛的设计方案在内，他毕业以后，受到了岸田日出刀长久的呵护，直到仓吉市政府大楼、广岛和平公园建成（1955 年）］。

这一时期，即在我的宽限期内——三十来岁期间，我所设计的建筑全都位于我的出生地大分县。换句话说，这些来自家乡客户们的业务，尚不能证明我已经建立了社会信用。只是因为在其他地区的媒体上发表了文章，才有了和家乡以外的地区的联系，并着手设计了群马县立近代美术馆、北九州市立美术馆（均在 1974 年竣工）。此时，我才真正为成为一名专业建筑师而努力。我开始着手探索自己的建筑设计方法论。此时，是我为编辑《致空间》而犹疑不定的时期。我开始看到了这些公共美术馆设计概念的前景，终于痛下决心。这部首次出版的著作，汇集了我成为建筑师之前的所有随笔，是为一个阶段画上的休止符。它是一部"年代笔记"。换言之，我将四十岁之前的所有文章按照发表顺序排列，编成了"标注日期的随笔"。

可能有人认为其中包含了"过程规划论""柯布西耶规划的解剖"等具体的方法论，只是恰巧它们写于那个时期，所以收录进来放在那个位置。在我二十五年后执笔新版前言之前，人们似乎觉得是我随意杜撰出来的一些有关建筑及城市设计的痴人说梦般的歪理，无人注意到其中的内容。然而，时代随世纪的转换而发生了变化，当全新时代的读者出现后，人们开始关注到，创发形质、流动体包含在每一篇随笔的主干体系中。

我的第二部著作《建筑的解体》，汇集了我在1968年遭遇的文化事件的触发下为美术杂志所写的全部连载文章，四年后得以出版。虽然我以城市设计师自居并开始起步，但是，工作的规模并不足以建立设计事务所，我将只带有一个小书斋的工作室称作"Atelier[1]"。大部

---

1 法语，画家、设计师等艺术家的工作室。

分时间我只是个自由的打工者，为丹下健三研究室、城市工艺[1]、已经开始形成新陈代谢派的诸位学兄做帮手，有时为暮可出版社担任特约编辑。十年间我一直在为《都市住宅》杂志封面填空，这是杉浦康平交给我的难题，在没有三维立体系统的时代，我需要手工制图，绘出让人在平面上产生错觉的画面。空余时间，我着手调查世界上与我同时代的建筑师们已经开始令现代主义解体的激进的设计，成果就是当时发表在《美术手帖》杂志上的连载。我所选择的建筑师们，都在各自的国家和社会中处于孤立地位，当然也尚未建立社会信用，他们宛如孤独的航海家那样特立独行。我和他们意气相投，与所有人都建立了个人交往关系。最终，我们建立了一个国际性的网络，我也是其中的一个组成部分。

1960年上半年，我几乎将时间都用在了反对批准《新日美安全条约》的国会请愿的游行示威中；下半年，我在丹下健三研究室专注于制定《东京规划1960》，无论是肉体还是精神都完全处于燃烧的氛围中，最终因过劳而倒下，住进了东京大学附属医院。望着熄灯后一片漆黑的

---

1 日语为"ウルテック"，是位于东京的房屋地产及建筑、土木、装修设计施工的经营管理企业。

天花板，我寻思，"寝殿造"住宅里，躺卧在幔帐后的达官贵人们，他们望见的房顶骨架深处蠢动的魑魅魍魉，不就是这种黑沉沉的空间吗？这成了我写《黑暗的空间》的契机。我觉得我可以用自己的话语发声。于是，我决定出版《致空间》，用以向20世纪60年代告别。

在那之前，我一直住在本乡菊坡的出租屋里，我称它为"拓扑迷宫"。没有任何家具，我将我用来装书的柑橘的纸板箱当作矮脚桌，在那上面摊开白纸画设计图。我也买不起书，就经常去位于日本桥的丸善书店，在那里阅读。我在外国书类中觅得书店滞销的打折书，它们成了我最初的藏书。这些书后来都被翻译成了日语，用现在的话来说几乎都属于边缘型书籍。

德日进著：《人的现象》

诺伯特·维纳著：《控制论》

达西·汤普森著：《成长和形态》

这大概也就是与文学无缘的我之所以一直对安倍公房的作品怀有兴趣的理由吧。我是他的小说《墙》获芥川奖以来的读者，并为敕使河原宏制作、导演的安倍公房原著《他人的脸》改编的电影担任美术，三木富雄担任了该片的造型设计。我将社会上评价并不高的科幻小说《第四间冰期》(1959 年) 推崇为他的最高杰作。书中有着远超我所藏的那些边缘型书籍的思想，有着进而突破已经试图从内面打破现代主义的先锋派的尝试所发出的批评。该小说发表于 1959 年，详细描写了"水栖人"这一生物机器人。本书卷首用大字体印刷的"城市破坏业 KK"，可以看作就来自《第四间冰期》最后一章的一行文字"脚步声停留在房门的另一侧"结束之后，感知到该脚步声的 A 先生觉得那不就是 S 先生吗这一想法。安倍公房也是孤独的航海者。

我将书名取为《致空间》，却完全没有谈论空间。我觉得文章不可能谈论空间。初版时（美术出版社）装帧使用了浅蓝色的布纹。1945 年 8 月 15 日，所有的爆炸和喧嚣声戛然而止，日本列岛万里晴空，没有一丝云彩。我体验到了瞬间的空虚。之后我持续横冲直撞、盘旋，不断回到瞬间空虚的蓝天。桎梏在这一图像中的，就是这部"标注日期的随笔"，因此，我说我需要天空的浅蓝色，并勉为其难地请出版社为我额外加工染色。扉页上用银色印上了以"过程规划论"为契机得以完成的大分县立图书馆（现艺术馆）的写真。写真上是通过天窗斜射的光线散落在由混凝土全面浇筑的带有玻璃屋顶的大厅表面。我认为，空间只能通过光线粒子的浓度才能表现。书还被装进了一个薄纸盒里。《孵化过程》时制作的阿格里真托废墟的石柱写真上，用银色印上了被称为未来城市的新宿规划的粘贴画。我请泷口修造先生为我写了推荐文，印在纸盒上。二十年前新版本出版之后，没有再使用这样的封面设计和纸盒。纸盒上印有其为我的处女作题写的文字：

　　设计这一轻快而理性的观念，与建筑这一过于生硬的辞藻和观念融合，也会瞬间在各处发生龟裂，也会发生新出现的"环境"被捆包的状况。此时，我被矶崎新的"看不见的建筑"的理论所吸引，对这一现实感到了愉悦。现在阅读《致空间》这本书名简洁的论著，再次为类似于迷宫般的现实体验及想象力与直觉的新鲜感感动，我读懂了他所拥有的"虚像"与当下流行的忍术相似，实际上是为开拓建筑领域杀出了一条血路。我第一次读到如此青春的年龄所写的梦想和现实交织在一起的长诗。

　　　　　　　　　　　　　　　　　泷口修造

2017 年 7 月

矶崎新

首发刊物一览表

《城市破坏业 KK》。《新建筑》1962 年 9 月刊。

《现代城市中的建筑概念》。《建筑文化》1960 年 9 月刊。

《象征体的重生》。《近代建筑》1961 年 2 月刊。

《孵化过程》。《美术手帖》1962 年 4 月刊。

《现代城市中的空间特征》。《建筑文化》1962 年 1 月刊。

《为广告式建筑而存在的广告》。《记录映画》1963 年 1 月刊。

《过程规划论》。《建筑文化》1963 年 3 月刊。

《城市设计的方法》。《建筑文化》1963 年 12 月刊。

《日本的城市空间》。《建筑文化》1963 年 10 月刊。

《黑暗空间》。《建筑文化》1964 年 5 月刊。

《虚像与符号的城市：纽约》。《建筑文化》1964 年 1 月刊。

《世界的城市》。《读卖新闻》1964 年 10—12 月（晚刊）。

《死者之城：埃及》。《瑞惠》1965 年 8 月刊。

《迷宫和秩序的美学：爱琴海的城市和建筑》。《瑞惠》1965 年 5 月刊。

《意大利的广场》。《SD》1965 年 1 月刊。

《"岛状城市"的构想和步行空间》。《科学朝日》1965 年 7 月刊。

《路上的视角》。《瑞惠》1965 年 6 月刊。

《坐标与薄暮和幻觉》。《SPACE MODULATER》1965 年 8 月刊。

《发现媒介 过程规划续论》。《建筑文化》1965 年 1 月刊。

《幻觉的形而上学》。《建筑文化》1965 年 3 月刊。

《致玛丽莲·梦露小姐》。《建筑》1967 年 4 月刊。

《浅橙色的空间：福冈相互银行大分支行的案例》。《建筑》1967 年 4 月刊。

《解析斯科普里重建规划》。《建筑》1967 年 4 月刊。

《看不见的城市》。《展望》1967 年 11 月刊。

《在冻结的时间中央与裸体的观念面对将全部赌注押在瞬间选择上建构而起的"晟一趣味"的诞生与现代建筑中的样式主义创意的意义》。《新建筑》1968 年 2 月刊。

《被捆包的环境》。《建筑文化》1968 年 3 月刊。

《被占领的米兰三年展》。《建筑文化》1970 年 1 月刊。

《观念内部的乌托邦与城市的、地域的交通枢纽中的及大学里的共同体的构筑是否是同义词？》。《城市住宅》1969 年 1 月刊。

《轻巧的可移动物体的入侵》。《十二位平面设计师》（第 3 卷），1968 年，美术出版社。

《移动时代的光景》。《朝日新闻》1969 年 5 月 30 月（晚刊）。

《冒犯你的母亲、刺杀你的父亲》。《城市住宅》1969 年 10 月刊。

《年代笔记》。《建筑》1965 年 2 月刊。

《（附录）为鹿儿岛出版社撰写的前言》。鹿儿岛出版社，1997 年 2 月。